工程數學 （下）
Engineering Mathematics

洪賢昇 編著

質量-彈簧振動系統

y

$ke^{-\alpha t}$

k

y

0

m

$-ke^{-\alpha t}$

五南圖書出版公司 印行

序言

　　工程數學是工程相關科系的必修課程，對於工程各領域的專業應用，提供基礎的數學理論和方法。本書係依據教育部所訂之"工程數學"課程標準編著完成，適合大專院校理工科系教學和專業人員自修及參考之用。

　　基於作者多年來教授"工程數學"的數學心得，本書在內容的編排上力求簡明，使修習者易讀易懂。每一章節的觀念，均有例題的演算來說明，並提供各類型的習題可供讀者自我練習。此外，於附錄中附有每一章節的習題解答，供研習者核對結果，以期得到學以致用之成效。為了講求實用性，每章均有工程應用實例，以引發讀者的學習興趣。

　　本書分成上、下兩冊，共九章：

　　上冊內容有五章，分別為

下冊內容有四章，分別為

第六章： 向量微積分

第七章： 傅立葉分析

第八章： 偏微分方程式

第九章： 複變函數分析

授課教師可視學生科系和授課時數，對於章節內容加以取捨，以期收到最佳的學習效果。

本書編著雖經多次校稿，疏漏之處在所難免，敬請諸位教授及讀者不吝指正，等再版時予以訂正。最後，本書能順利出版，得力於家人、好友的支持與鼓勵，五南圖書出版公司的何頂立副總、穆文娟副總編輯、黃秋萍編輯之協助與支持及國立台灣海洋大學電機工程學系的林建宏和林家明研究生之打字編排，在此特別表示感謝。

洪賢昇

謹識於

國立台灣海洋大學

電機工程學系暨研究所

目 錄

【下 冊】

第六章 向量微積分

i

第九章　複變函數分析

附錄一　習題解答

附錄二 　微分和積分公式

附錄三 　常用三角函數公式

第六章

向量微積分

前言

　　在自然科學和應用工程中的物理量，可分成**純量** (scalar) 和**向量** (vector) 兩種表示方式。純量又稱為無向量，只有量的大小，不具有方向；例如溫度、壓力、質量等。而向量除了量的大小之外，尚有方向；例如機械系統中的力、速度、加速度及電磁學中的電場和磁場。有關純量的微積分運算原理和方法，可從基礎微積分學中學習而得，但不足以用來處理有關多維度的向量衍生的問題。因此，本章的重點在於介紹向量分析的數學工具，以期能夠有效的解決物理和工程方面的問題。

§6-1　向量分析

　　在本節中，我們介紹向量的定義及其基本運算，包括代數、幾何、**點積** (dot product) 及**叉積** (cross product)。利用向量的觀念和運算，有助於描述空間中的直線和平面方程式。

A. 向量的基本定義

　　科學家利用向量來代表具有大小和方向的物理量，例如力或速度。圖一表示物體正沿著某一曲線上運動，其速度向量 **V** 以

箭頭 (arrow) 來表示。箭頭的長度代表此物體的**速率** (speed)，箭頭的方向表示該物體移動的方向。圖一所示的三維空間座標系統稱爲**直角** (rectangular) 或**卡笛兒** (cartesian) 座標系統，其中 x, y, z 三個座標軸相互垂直，而點 O 爲座標原點 (origin)。

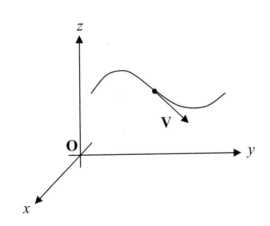

圖一　物體的速度向量

在上述的直角座標系統中，我們常以 i , j , k 來表示三個軸的單位向量，其長度均爲 1。利用此三個單位向量作爲量度之標準，則如圖二所示，任一向量 f 可表示成

$$f = ai + bj + ck \qquad （1）$$

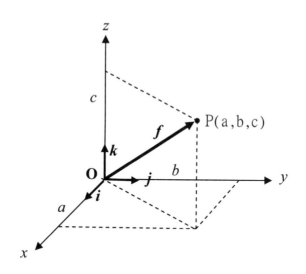

圖二　三維直角座標系統的向量及其分量

其中 a,b,c 為向量 f 在 x, y 和 z 軸上的分量，常以 $f = (a,b,c)$ 簡

記之。由於向量 f 的起點為座標原點，而終點為 P，因此稱

$f = (a,b,c)$ 為點 P(a,b,c) 的**位置向量** (position vector)。

　　由畢氏定理得知，向量 f 的**大小** (magnitude) 為

$$|f| = \sqrt{a^2 + b^2 + c^2}$$　　　　　　（2）

(2)式又稱為向量 f 的**模值** (norm) 或**長度** (length)。

　　以下是有關向量的基本定義：

【定義一】向量相等

　　若兩向量 f 和 g 的大小相等且方向相同，則稱此兩向量相

等，記為 $f = g$ 。

【定義二】零向量

一向量的大小為零，沒有確定的方向，稱為零向量 (null or zero vector)，記為 $\mathbf{O} = (0, 0, 0)$。

【定義三】單位向量

若向量之大小為 1 時，稱為單位向量 (unit vector)。

圖二中的 $\mathbf{i}, \mathbf{j}$ 和 $\mathbf{k}$ 均為單位向量，此乃因 $\mathbf{i} = (1, 0, 0)$, $\mathbf{j} = (0, 1, 0)$, $\mathbf{k} = (0, 0, 1)$ 的長度均為 1 之故。

B. 向量的代數運算與幾何性質

以下是有關向量的代數運算與幾何性質：

【定義四】向量加法

若 $\mathbf{f} = (a_1, b_1, c_1)$ 和 $\mathbf{g} = (a_2, b_2, c_2)$，

則 $\mathbf{f} + \mathbf{g} = (a_1 + a_2, b_1 + b_2, c_1 + c_2)$。

為了簡單說明向量加法的幾何性質，以二維向量為例。若 $\mathbf{f} = (a_1, b_1)$ 和 $\mathbf{g} = (a_2, b_2)$，則 $\mathbf{f} + \mathbf{g} = (a_1 + a_2, b_1 + b_2)$。因此，向量的加法可視為三角形法則 (triangular law)，如圖三所示。另一方面，向量的加法也可視為平行四邊形法則 (parallelogram law)，如圖四所示。

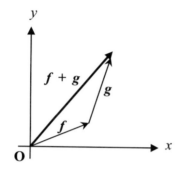

圖三　三角形法則

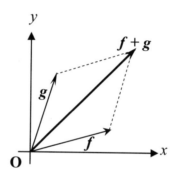

圖四　平行四邊形法則

【定義五】純量乘向量

　　若 $f = (a, b, c)$，而 α 為一純量 (scalar)，則 $\alpha f = (\alpha a, \alpha b, \alpha c)$。

　　由純量乘向量的定義可知 (假設 $g = \alpha f$)，若 $\alpha > 0$，則向量 f 和向量 g 的方向相同。因此我們有下面的幾何性質：

【定義六】向量平行

　　若 $g = \alpha f$，而 α 為某一純量，則稱向量 g 和向量 f 為平行 (parallel)，以符號 $f \parallel g$ 表示。

有關向量的代數性質，列舉如下：

若 f, g 和 h 爲向量，而 α 和 β 爲純量，則

1. $f + g = g + f$ (交換律)

2. $(f + g) + h = f + (g + h)$ (結合律)

3. $f + 0 = f$

4. $\alpha(f + g) = \alpha f + \alpha g$

5. $(\alpha\beta)f = \alpha(\beta f)$

6. $(\alpha + \beta)f = \alpha f + \beta f$

【例1】求通過點 A$(0, -1, 2)$ 和點 B$(4, 1, 3)$ 之直線 L 的方程式。

【解】：假設點 C(x, y, z) 爲直線 L 上的點。

令

向量 f 爲

$$f = \overrightarrow{AC} = (x, y, z) - (0, -1, 2) = (x, y + 1, z - 2)$$

和向量 g 爲

$$g = \overrightarrow{BA} = (0, -1, 2) - (4, 1, 3) = (-4, -2, -1)$$

則 $\because f \parallel g$

$\therefore (x, y + 1, z - 2) = \mathrm{t}(-4, -2, -1)$，其中 t 爲某一純量。

即 $x = -4\mathrm{t}$

$$y = -2t - 1$$

$$z = -t + 2$$

爲直線 L 的**參數形式** (parametric form) 方程式。

或

$$\frac{x}{-4} = \frac{y+1}{-2} = \frac{z-2}{-1}$$ 爲直線 L 的**正規形式** (normal form)

方程式。

【例 2】（力學應用）

圖五所示爲一 10 磅重的物體懸掛在兩根繩子上。試求此兩根

繩子上的張力 (tension) f_1 和 f_2 及其大小值。

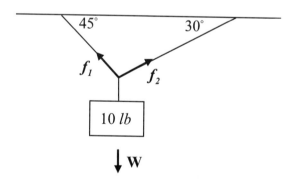

圖五 物體的受力情形

【解】：首先，由張力的水平和垂直分量可知，f_1 和 f_2 可表

示成

$$f_1 = -\left|f_1\right|\cos45°\,i + \left|f_1\right|\sin45°\,j \qquad\qquad (3)$$

$$f_2 = \left|f_2\right|\cos30°\,i + \left|f_2\right|\sin30°\,j \qquad\qquad (4)$$

其中 $i = (1,0)$，$j = (0,1)$ 為二維直角座標系統的單位向量。

由於兩個張力的總合 $f_1 + f_2$ 與物體所受的重力 $\mathbf{W}$ 平衡，所以

$$f_1 + f_2 = -\mathbf{W} = 10j \qquad\qquad (5)$$

將 (3) 和 (4) 式代入 (5) 式，得

$$(-\left|f_1\right|\cos45° + \left|f_2\right|\cos30°)i + (\left|f_1\right|\sin45° + \left|f_2\right|\sin30°)j$$

$$= 10j$$

整理後可得

$$\begin{aligned}-\left|f_1\right|\cos45° + \left|f_2\right|\cos30° &= 0 \\ \left|f_1\right|\sin45° + \left|f_2\right|\sin30° &= 10\end{aligned} \qquad\qquad (6)$$

解之，得到兩個張力的大小值如下：

$$\left|f_1\right| = \frac{\det\begin{pmatrix} 0 & \cos30° \\ 10 & \sin30° \end{pmatrix}}{\det\begin{pmatrix} -\cos45° & \cos30° \\ \sin45° & \sin30° \end{pmatrix}} = \frac{-5\sqrt{3}}{-\dfrac{1}{4}(\sqrt{2}+\sqrt{6})} \approx 9\;lb$$

$$|f_2| = \frac{\det\begin{pmatrix} -\cos 45° & 0 \\ \sin 45° & 10 \end{pmatrix}}{\det\begin{pmatrix} -\cos 45° & \cos 30° \\ \sin 45° & \sin 30° \end{pmatrix}} = \frac{-5\sqrt{2}}{-\dfrac{1}{4}(\sqrt{2}+\sqrt{6})} \approx 7.3 \; lb$$

將上面兩式，分別代入（3）和（4）式，可得張力如下：

$$f_1 = -6.36i + 6.36j$$

$$f_2 = 6.32i + 3.65j$$

■

C. 向量的點積

到目前為止，我們已討論了向量相和（或相減）及純量與向量相乘。那麼接下來該如何定義向量相乘，使其乘積為一有用的量呢？在本小節和下一小節中，我們將分別介紹向量的**點積**（dot product）和**叉積**（cross product）。

【定義七】向量的點積

若 $f = (a_1, b_1, c_1)$ 和 $g = (a_2, b_2, c_2)$，則向量 f 和 g 的點積為

$$\boxed{f \cdot g = a_1 a_2 + b_1 b_2 + c_1 c_2} \tag{7}$$

由點積定義可知，點積的結果為一純量，是由對應的分量相乘後相加而得。有時候，點積又稱為**純量積**（scalar product）或**內積**（inner product）。向量的點積，具有下列的性質：

1. $f \cdot g = g \cdot f$ (交換律)

2. $(f + g) \cdot h = f \cdot h + g \cdot h$ (分配律)

3. $\alpha(f \cdot g) = (\alpha f) \cdot g = f \cdot (\alpha g)$, α 爲純量

4. $f \cdot f = |f|^2$

點積的幾何性質,可由下面的定理來說明。

【定理一】若向量 f 和 g 的夾角爲 θ , $0 \le \theta \le \pi$,則

$$f \cdot g = |f||g|\cos\theta \qquad (8)$$

【證】:

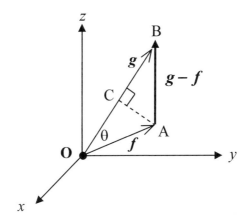

圖六

令 $a = |g|$, $b = |f|$, $c = |g - f|$ 。

由圖六中的直角三角形 ABC 可知,

$$c^2 = (a - b\cos\theta)^2 + (b\sin\theta)^2$$

$$= a^2 - 2ab\cos\theta + b^2$$

$$\therefore |\boldsymbol{g} - \boldsymbol{f}|^2 = |\boldsymbol{g}|^2 - 2|\boldsymbol{g}||\boldsymbol{f}|\cos\theta + |\boldsymbol{f}|^2 \tag{9}$$

$$\because |\boldsymbol{g} - \boldsymbol{f}|^2 = (\boldsymbol{g} - \boldsymbol{f}) \cdot (\boldsymbol{g} - \boldsymbol{f})$$

$$= \boldsymbol{g} \cdot \boldsymbol{g} - \boldsymbol{f} \cdot \boldsymbol{g} - \boldsymbol{g} \cdot \boldsymbol{f} + \boldsymbol{f} \cdot \boldsymbol{f}$$

$$= |\boldsymbol{g}|^2 - 2\,\boldsymbol{f} \cdot \boldsymbol{g} + |\boldsymbol{f}|^2 \tag{10}$$

比較(9)和(10)式，可得

$$\boldsymbol{f} \cdot \boldsymbol{g} = |\boldsymbol{f}||\boldsymbol{g}|\cos\theta$$

■

由【定理一】得知，若兩向量 $\boldsymbol{f}$ 和 $\boldsymbol{g}$ 正交 (orthogonal) 或垂直 (perpendicular)，則 $\boldsymbol{f} \cdot \boldsymbol{g} = |\boldsymbol{f}||\boldsymbol{g}|\cos(\dfrac{\pi}{2}) = 0$。反之，若 $\boldsymbol{f} \cdot \boldsymbol{g} = 0$，則 $\cos\theta = 0$，故 $\theta = \dfrac{\pi}{2}$，表示此兩向量正交。因此，下面的定理會成立：

【定理二】兩個向量 $\boldsymbol{f}$ 和 $\boldsymbol{g}$ 正交的充要條件為 $\boldsymbol{f} \cdot \boldsymbol{g} = 0$。

【定義八】方向角和方向餘弦

　　若一非零向量 f 與正 x 軸，正 y 軸，和正 z 軸的夾角分

　　別為 α，β 和 γ（其範圍皆在 $[0, \pi]$），則 α，β 和 γ 稱為 f

　　的方向角 (direction angles)，而 $\cos\alpha$，$\cos\beta$，和 $\cos\gamma$ 稱為 f

　　的方向餘弦 (direction cosines)。

【例 3】設有一平面包含點 P(0, 3, 1) 並與向量 $f = (1, 0, 1)$ 垂直。

　　　　求此一平面的方程式。

【解】：設 Q(x, y, z) 為此平面上的某一點，則向量

　　　　$g = \overrightarrow{PQ} = (x, y-3, z-1)$ 必在此平面上。

　　　　由於向量 f 和 g 正交，故此平面的方程式滿足

　　　　$f \cdot g = x \cdot 1 + (y-3) \cdot 0 + (z-1) \cdot 1 = 0$

　　　　即　　　$x + z = 1$　　為此平面的方程式。

【例 4】求向量 $f = (-1, 2, 1)$ 的方向角。

　【解】：設 α，β 和 γ 分別為 f 與正 x 軸，正 y 軸和正 z 軸之夾

　　　　角。由(8)式得知，

　　　　$f \cdot i = |f||i|\cos\alpha$

$$f \cdot j = |f||j|\cos\beta$$

$$f \cdot k = |f||k|\cos\gamma$$

$$\because |f| = \sqrt{(-1)^2 + (2)^2 + (1)^2} = \sqrt{6}$$

$$|i| = |j| = |k| = 1$$

$$f \cdot i = (-1, 2, 1) \cdot (1, 0, 0) = (-1)(1) + 2 \cdot 0 + 1 \cdot 0 = -1$$

$$f \cdot j = (-1, 2, 1) \cdot (0, 1, 0) = (-1) \cdot 0 + 2 \cdot 1 + 1 \cdot 0 = 2$$

$$f \cdot k = (-1, 2, 1) \cdot (0, 0, 1) = (-1) \cdot 0 + 2 \cdot 0 + 1 \cdot 1 = 1$$

∴向量 f 的方向餘弦為

$$\cos\alpha = \frac{f \cdot i}{|f||i|} = \frac{-1}{\sqrt{6} \cdot 1} = \frac{-1}{\sqrt{6}}$$

$$\cos\beta = \frac{f \cdot j}{|f||j|} = \frac{2}{\sqrt{6} \cdot 1} = \frac{2}{\sqrt{6}}$$

$$\cos\gamma = \frac{f \cdot k}{|f||k|} = \frac{1}{\sqrt{6} \cdot 1} = \frac{1}{\sqrt{6}}$$

∴向量 f 的方向角為

$$\alpha = \cos^{-1}(\frac{-1}{\sqrt{6}}) \text{，} \beta = \cos^{-1}(\frac{2}{\sqrt{6}}) \text{，} \gamma = \cos^{-1}(\frac{1}{\sqrt{6}})$$

∎

【例5】（力學應用）

在圖七中，有一物體在一恆常的施力 f 下，從點 A 移至點

B。若 d 爲位移向量，試推導此力 f 所作的功 (work) 之公

式。假設 $f = (1, 2, 1)$ 牛頓，A 點的座標爲 $(2, 1, 0)$ 公尺，B 點

的座標爲 $(4, 1, 0)$ 公尺，試求其功。

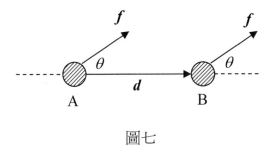

圖七

【解】：$\because |f| \cos\theta$ 爲沿著物體的位移之施力分量

$\therefore$ 施力 f 所作的功 W 等於此施力分量 $|f| \cos\theta$ 和

位移分量 $|d|$ 之乘積，即

$$W = |f| \cos\theta \cdot |d| = |f||d| \cos\theta$$

$$= f \cdot d$$

由於 $f = (1, 2, 1)$ 牛頓，A 點的座標爲 $(2, 1, 0)$ 公尺，

而 B 點的座標爲 $(4, 1, 0)$ 公尺，故

$$d = (4, 1, 0) - (2, 1, 0) = (2, 0, 0) \text{公尺}$$

$$\therefore W = f \cdot d$$

$$= (1, 2, 1) \cdot (2, 0, 0)$$

$$= 1 \times 2 + 2 \times 0 + 1 \times 0 = 2 \text{ 焦耳}$$

■

D. 向量的叉積

兩向量 f 和 g 的叉積 (cross product) 為一向量，因此叉積又稱為**向量積** (vector product)，其定義如下：

【定義九】向量的叉積

若 $f = (a_1, b_1, c_1)$ 和 $g = (a_2, b_2, c_2)$，則向量 f 與 g 的叉積為

$$f \times g = \begin{vmatrix} i & j & k \\ a_1 & b_1 & c_1 \\ a_2 & b_2 & c_2 \end{vmatrix} \tag{11}$$

$$= (b_1 c_2 - b_2 c_1, \, a_2 c_1 - a_1 c_2, \, a_1 b_2 - a_2 b_1)$$

【例 6】若 $f = (1, 2, 1)$ 和 $g = (5, 3, 0)$

$$\text{則 } f \times g = \begin{vmatrix} i & j & k \\ 1 & 2 & 1 \\ 5 & 3 & 0 \end{vmatrix}$$

$$= \begin{vmatrix} 2 & 1 \\ 3 & 0 \end{vmatrix} i - \begin{vmatrix} 1 & 1 \\ 5 & 0 \end{vmatrix} j + \begin{vmatrix} 1 & 2 \\ 5 & 3 \end{vmatrix} k$$

$$= -3\,i - (-5)\,j + (-7)\,k$$

$$= (-3, 5, -7)$$

■

以下說明向量叉積的性質。

【定理三】向量 $f \times g$ 與向量 f 正交，也與向量 g 正交。

【證】：

$$\because (f \times g) \cdot f = (b_1 c_2 - b_2 c_1) a_1 + (a_2 c_1 - a_1 c_2) b_1 + (a_1 b_2 - a_2 b_1) c_1$$

$$= 0$$

$$(f \times g) \cdot g = (b_1 c_2 - b_2 c_1) a_2 + (a_2 c_1 - a_1 c_2) b_2 + (a_1 b_2 - a_2 b_1) c_2$$

$$= 0$$

$$\therefore \text{所以 } f \times g \text{ 與 } f \text{ 正交，也與 } g \text{ 正交。}$$

【定理四】若 $\theta(0 \leq \theta \leq \pi)$ 爲向量 f 和 g 的夾角，則

$$|f \times g| = |f||g| \sin\theta \circ \qquad (12)$$

【證】：$\because |f \times g|^2 = (b_1 c_2 - b_2 c_1)^2 + (a_2 c_1 - a_1 c_2)^2 + (a_1 b_2 - a_2 b_1)^2$

$$= (a_1^2 + b_1^2 + c_1^2)(a_2^2 + b_2^2 + c_2^2) - (a_1 a_2 + b_1 b_2 + c_1 c_2)^2$$

$$= |f|^2 |g|^2 - (f \cdot g)^2$$

$$= |f|^2 |g|^2 - (|f||g|\cos\theta)^2$$

$$= |f|^2 |g|^2 \sin^2\theta$$

$$\therefore |f \times g| = |f||g| \sin\theta$$

　　由【定理三】可知，$f \times g$ 與 f 和 g 垂直。換句話說，$f \times g$ 的方向與 f 和 g 所在平面垂直的方向是相同的。所以，$f \times g$ 的方向可由右手法則 (right-hand rule) 來決定：假設 f 和 g 的起始點相同；若以右手的四指從 f 旋轉到 g，大拇指所指的方向，即為 $f \times g$ 之方向，如圖八所示。

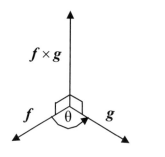

圖八： 右手法則

　　由【定理四】得知，$f \times g$ 的大小為 $|f||g|\sin\theta$。因此，如圖九所示，若 f 和 g 的起始點相同，則 f 和 g 所決定的平行四邊形面積為 $A = |f|(|g|\sin\theta) = |f \times g|$， 亦即 $|f \times g|$ 等於由 f 和 g 所決定之平行四邊形的面積。

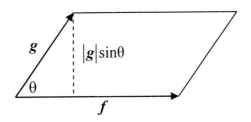

圖九 以 *f* 和 *g* 為鄰邊之平行四邊形

【例 7】已知某一平面包含三個點 A(1,2,1)，B(-1,0,1)和 C(3,-1,2)

試求此平面的方程式。

【解】：令 $f = \overrightarrow{AB} = (-1,0,1) - (1,2,1) = (-2,-2,0)$

$g = \overrightarrow{AC} = (3,-1,2) - (1,2,1) = (2,-3,1)$

$$\therefore f \times g = \begin{vmatrix} i & j & k \\ -2 & -2 & 0 \\ 2 & -3 & 1 \end{vmatrix}$$

$$= \begin{vmatrix} -2 & 0 \\ -3 & 1 \end{vmatrix} i - \begin{vmatrix} -2 & 0 \\ 2 & 1 \end{vmatrix} j + \begin{vmatrix} -2 & -2 \\ 2 & -3 \end{vmatrix} k$$

$$= -2\,i + 2\,j + 10k$$

由【定理三】得知，

$f \times g$ 垂直於 *f* 和 *g* 的共平面。

設 $P(x, y, z)$ 為此平面上的任一點，則

$$h = \overrightarrow{AP} = (x, y, z) - (1,2,1) = (x-1, y-2, z-1)$$

在此平面上。

$$\therefore (\boldsymbol{f} \times \boldsymbol{g}) \cdot \boldsymbol{h} = 0$$

$$\Leftrightarrow (-2, 2, 10) \cdot (x-1, y-2, z-1) = 0$$

$$\Leftrightarrow -2(x-1) + 2(y-2) + 10(z-1) = 0$$

$$\Leftrightarrow x - y - 5z = -6$$

即此平面的方程式為 $x - y - 5z = -6$

■

【例8】求以 $A(1,3,-2)$ ， $B(-2,1,-1)$ 和 $C(1,-1,1)$ 為頂點所構成

之三角形的面積。

【解】：令 $\boldsymbol{f} = \overrightarrow{AB} = (-2,1,-1) - (1,3,-2) = (-3,-2,1)$

$\boldsymbol{g} = \overrightarrow{AC} = (1,-1,1) - (1,3,-2) = (0,-4,3)$

則

$$\boldsymbol{f} \times \boldsymbol{g} = \begin{vmatrix} \boldsymbol{i} & \boldsymbol{j} & \boldsymbol{k} \\ -3 & -2 & 1 \\ 0 & -4 & 3 \end{vmatrix} = (-2, 9, 12)$$

$\therefore$ 三角形面積為 $\dfrac{1}{2} |\boldsymbol{f} \times \boldsymbol{g}| = \dfrac{1}{2} \sqrt{(-2)^2 + 9^2 + 12^2} \cong 7.56$

■

【定理五】若 f, g 和 h 爲向量，且 α 爲純量，則

  1. $f \times g = -g \times f$

  2. $(\alpha f) \times g = \alpha(f \times g) = f \times (\alpha g)$

  3. $f \times (g + h) = f \times g + f \times h$

  4. $(f + g) \times h = f \times h + g \times h$

在力學的應用上，考慮有一力 f 作用在剛性物體的某一點上，其位置向量爲 $\mathbf{r}$ ，如圖十所示。相對於座標原點，**轉矩** (torque) τ 定義爲施力點的位置向量 $\mathbf{r}$ 和施力 f 的叉積，即

$$\tau = \mathbf{r} \times f \tag{13}$$

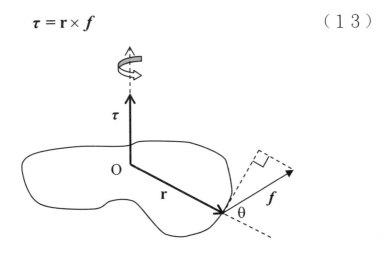

圖十　轉矩示意圖

轉矩是用來測量物體對於座標原點的旋轉程度，其方向爲旋轉軸的指向。依照【定理四】，轉矩大小爲

$$|\tau| = |\mathbf{r} \times f| = |\mathbf{r}||f| \sin \theta \tag{14}$$

其中 θ 為 $\mathbf{r}$ 和 $\mathbf{f}$ 的夾角。由(14)式可知，只有與 $\mathbf{r}$ 垂直的施力分量 $|\mathbf{f}|\sin\theta$ 才會使物體旋轉。**轉矩大小等於 $\mathbf{r}$ 和 $\mathbf{f}$ 所決定之平行四邊形面積。**

【定義十】純量三重積

設向量 $\mathbf{f}, \mathbf{g}$ 和 $\mathbf{h}$ 分別為 $\mathbf{f}=(a_1, b_1, c_1), \mathbf{g}=(a_2, b_2, c_2)$ 和 $\mathbf{h}=(a_3, b_3, c_3)$。則

$$\mathbf{f}\cdot(\mathbf{g}\times\mathbf{h}) = (a_1\mathbf{i}+b_1\mathbf{j}+c_1\mathbf{k})\cdot\begin{vmatrix} \mathbf{i} & \mathbf{j} & \mathbf{k} \\ a_2 & b_2 & c_2 \\ a_3 & b_3 & c_3 \end{vmatrix}$$

$$= a_1\begin{vmatrix} b_2 & c_2 \\ b_3 & c_3 \end{vmatrix} - b_1\begin{vmatrix} a_2 & c_2 \\ a_3 & c_3 \end{vmatrix} + c_1\begin{vmatrix} a_2 & b_2 \\ a_3 & b_3 \end{vmatrix}$$

$$= \begin{vmatrix} a_1 & b_1 & c_1 \\ a_2 & b_2 & c_2 \\ a_3 & b_3 & c_3 \end{vmatrix} \qquad (15)$$

稱為純量三重積 (scalar triple product)。

有關純量三重積的幾何性質，可由圖十一的平行六面體 (parallelogram) 來說明。

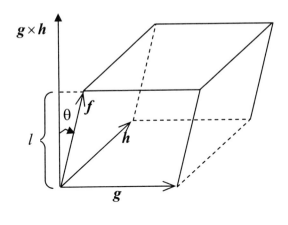

圖十一　平行六面體

此平行六面體是由三個向量 f, g 和 h 為**遴邊** (incident edge) 所構成，其體積 V 可表示成

$$V = 高 \times 底面積$$

$$= l|g \times h|$$

$$= |f|\cos\theta \cdot |g \times h|$$

$$= |f||g \times h|\cos\theta$$

$$= f \cdot (g \times h)$$

由於 V > 0，故此平行六面體的體積為純量三重積 $f \cdot (g \times h)$ 的絕對值。

【例 9】利用純量三重積來證明三個向量 $f = (2, 3, 1)$，

$g = (1, -1, 0)$ 和 $h = (7, 3, 2)$ 在同一平面上。

【解】：由(15)式，計算

$$f \cdot (g \times h) = \begin{vmatrix} 2 & 3 & 1 \\ 1 & -1 & 0 \\ 7 & 3 & 2 \end{vmatrix}$$

$$= 2 \begin{vmatrix} -1 & 0 \\ 3 & 2 \end{vmatrix} - 3 \begin{vmatrix} 1 & 0 \\ 7 & 2 \end{vmatrix} + 1 \begin{vmatrix} 1 & -1 \\ 7 & 3 \end{vmatrix}$$

$$= 2 \times (-2) - 3 \times 2 + 1 \times (3 + 7)$$

$$= 0$$

∵由 f, g 和 h 所決定的平行六面體的體積為

$$V = |f \cdot (g \times h)| = 0$$

∴ f, g, h 為共平面。

習題（6－1節）

1. 求以 A$(1, 0, 1)$ 為起點，B$(5, -2, 3)$ 為終點之向量。

2. 求 $f = (1, 2, 1)$ 之單位向量。

3. 求通過點 $P(1,0,4)$ 和點 $Q(2,1,1)$ 之直線方程式。

4. 設 f 爲位置向量，與 x, y, z 三軸正方向的夾角分別 α, β, γ，其值均在 $[0, \pi]$ 範圍內。證明 $\cos^2 \alpha + \cos^2 \beta + \cos^2 \gamma = 1$。

5. 求包含點 $P(-1,1,2)$ 並與向量 $f = (3,-1,4)$ 垂直之平面方程式。

6. 求包含點 $P(1,2,1)$，點 $Q(-1,1,3)$ 和點 $R(-2,-2,-2)$ 的平面方程式。

7. 求以 $A(1,-3,7)$，$B(2,1,1)$ 和 $C(6,-1,2)$ 爲頂點所構成之三角形面積。

8. 證明兩個非零向量 f 和 g 平行的充要條件爲 $f \times g = \mathbf{0}$。

9. 求兩個單位向量，使其與向量 $(1,-1,1)$ 和向量 $(0,1,1)$ 垂直。

10. 使用純量三重積，證明下面四個點爲共平面：

    $A(1,0,1)$，$B(2,4,6)$，$C(3,-1,2)$，$D(6,2,8)$。

11. 已知 $|\mathbf{a}| = 2$，$|\mathbf{b}| = 5$，$\mathbf{a} \cdot \mathbf{b} = 0$。求 $|\mathbf{a} \times \mathbf{b}|$ 之值。

12. 假設 $f \neq \mathbf{0}$。下列敘述爲正確或錯誤?

    (a) 若 $f \cdot g = f \cdot h$，則 $g = h$

    (b) 若 $f \times g = f \times h$，則 $g = h$

    (c) 若 $f \cdot g = f \cdot h$ 且 $f \times g = f \times h$，則 $g = h$

13. 證明 Schwarz 不等式：

    $|f \cdot g| \leq |f||g|$

14. 證明三角不等式：

$$|\boldsymbol{f} + \boldsymbol{g}| \le |\boldsymbol{f}| + |\boldsymbol{g}|$$

§6-2 向量函數

　　向量函數 (vector function) 是一函數，其定義域 (domain) 為實數系中的某一集合，可能是單變數或多變數，而其值域 (range) 為多維向量集合。單變數的向量函數常用來描述空間中的曲線 (curve)。圖十二中，曲線可用位置向量函數

$$\boldsymbol{f}(t) = (x(t), y(t), z(t)) \tag{1}$$

來表示，其中 t 為獨立的時間變(參)數，$a \le t \le b$。

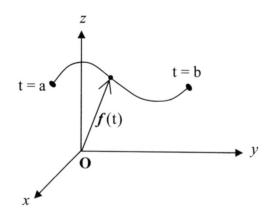

圖十二　三維空間上之位置向量函數

　　多變數的向量函數常用來描述空間中的曲面 (surface)。圖十

三中的曲面 S 可用**位置向量函數**

$$\boldsymbol{f}(u,v) = (x(u,v), y(u,v), z(u,v)) \qquad （2）$$

來表示，其中 u 和 v 為獨立變(參)數，其定義域為 D。

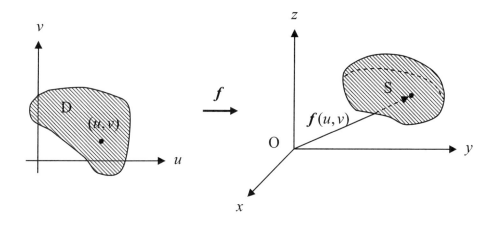

圖十三　曲面 S 和其參數區域 D

【例1】二維平面上的橢圓，如圖十四所示，可用位置向量函數 $\boldsymbol{f}$(t)

　　來表示：

　　$\boldsymbol{f}$(t) = (a cost , b sint , 0) ， $0 \le \text{t} \le 2\pi$ 。

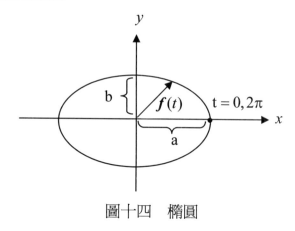

圖十四　橢圓

■

【例2】三維空間上的**螺旋線** (helix)，如圖十五所示，可用位置向

量函數 f(t) 來表示：

f(t) = (3 cos t , 3 sin t , t)

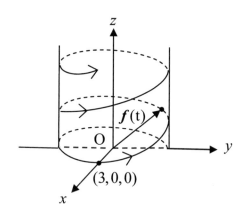

圖十五　螺旋線

由於 $\left(\dfrac{x}{3}\right)^2 + \left(\dfrac{y}{3}\right)^2 = \cos^2 t + \sin^2 t = 1$ 且　z = t ，

故此曲線必在**圓柱面** (cylinder)，$x^2 + y^2 = 9$ 上；

當 t 增加時，此曲線的軌跡往上盤旋。

∎

【例3】圖十五中的圓柱面 $x^2 + y^2 = 9$， $0 \le z \le 1$，可用下面的位

置向量函數 $\boldsymbol{f}(\theta, z)$ 來表示：

$$\boldsymbol{f}(\theta, z) = (3\cos\theta, 3\sin\theta, z)$$

其中 $0 \le \theta \le 2\pi$， $0 \le z \le 1$ 為參數。

∎

習題(6-2 節)

1. 有一曲線方程式為 $x = t\cos t$， $y = t\sin t$ 和 $z = t$。試求其位置向

   量函數。此曲線是否在圓椎 $z^2 = x^2 + y^2$ 上？

2. 有一位置向量函數為 $\boldsymbol{f}(t) = (\cos t, \sin t, 0)$。試問此曲線為什麼

   圖形？

3. 有一曲面方程式為 $x = a\sin\phi\cos\theta$， $y = a\sin\phi\sin\theta$ 和 $z = a\cos\phi$

   其中 $0 \le \theta, \phi \le 2\pi$。試求其位置向量函數。此曲面是否為球面

   $x^2 + y^2 + z^2 = a^2$？

§6-3 線上質點的運動

在本節中,我們討論單變數的向量函數之微分,空間曲線的**弧長** (arc length) 和**曲率** (curvature) 及曲線上質點之運動,包括速度和加速度。

A. 單變數的向量函數之微分

一向量函數 $f(t)$ 的**導數** (derivative) $f'(t)$ 定義如下:

【定義十一】 $\quad f'(t) = \dfrac{d f}{d t} = \lim\limits_{\Delta t \to 0} \dfrac{f(t+\Delta t) - f(t)}{\Delta t}$ $\qquad$ (1)

以下說明,當 $f(t)$ 代表空間曲線之位置向量函數時, $f'(t)$ 的幾何意義。如圖十六所示,

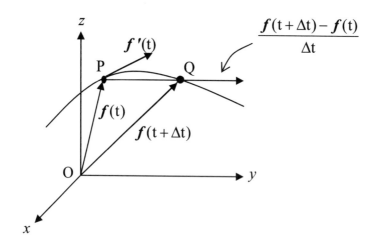

圖十六 切向量:向量函數的微分

若點 P 和點 Q 的位置向量分別為 $f(t)$ 和 $f(t+\Delta t)$，則 $\overrightarrow{PQ}$ 代表向

量 $f(t+\Delta t) - f(t)$。若 $\Delta t > 0$ 時，則向量 $\dfrac{1}{\Delta t}(f(t+\Delta t) - f(t))$ 的方

向與向量 $f(t+\Delta t) - f(t)$ 之方向相同。當 $\Delta t \to 0$ 時，此向量

$\dfrac{1}{\Delta t}(f(t+\Delta t) - f(t))$ 趨近於通過 P 點之**切線** (tangent line) 上的某

一向量。因此，若 $f'(t)$ 存在且 $f'(t) \neq 0$，則 $f'(t)$ 稱為曲線 $f(t)$

於 P 點之**切向量** (tangent vector)，而 $\mathbf{T}(t) = \dfrac{f'(t)}{|f'(t)|}$ 稱為**單位切向**

量 (unit tangent vector)。

由(1)式可知，向量函數的導數觀念與純量函數的導數相同，

可視為其各分量函數之導數。

【定理六】若 $f(t) = \big(x(t), y(t), z(t)\big)$，其中 $x(t), y(t)$ 和 $z(t)$ 為可微

分函數，則 $f'(t) = \big(x'(t), y'(t), z'(t)\big)$。

【例 1】有一曲線的向量函數為 $f(t) = (\cos t, \sin t, t)$，$0 \leq t \leq 2\pi$。

試求此曲線於 $(-1, 0, \pi)$ 點之切向量和單位切向量。

【解】：切向量和單位切向量分別為

$$f'(t) = (-\sin t, \cos t, 1)$$

$$\mathbf{T}(t) = \frac{f'(t)}{|f'(t)|} = \frac{f'(t)}{\sqrt{\sin^2 t + \cos^2 t + 1}} = (\frac{-\sin t}{\sqrt{2}}, \frac{\cos t}{\sqrt{2}}, \frac{1}{\sqrt{2}})$$

∵ $(-1, 0, \pi)$點相當於 $t = \pi$ 時

∴ $\boldsymbol{f}'(\pi) = (0, -1, 1)$ 爲所求的切向量

$\mathbf{T}(\pi) = (0, \dfrac{-1}{\sqrt{2}}, \dfrac{1}{\sqrt{2}})$ 爲單位切向量。

【定理七】若 $\boldsymbol{f}(t)$ 和 $\boldsymbol{g}(t)$ 爲可微分的向量函數，c 爲常數，a(t)

爲純量函數，則

1. $\dfrac{d}{dt}\big[\boldsymbol{f}(t) + \boldsymbol{g}(t)\big] = \boldsymbol{f}'(t) + \boldsymbol{g}'(t)$

2. $\dfrac{d}{dt}\big[c\,\boldsymbol{f}(t)\big] = c\,\boldsymbol{f}'(t)$

3. $\dfrac{d}{dt}\big[a(t)\,\boldsymbol{f}(t)\big] = a'(t)\,\boldsymbol{f}(t) + a(t)\,\boldsymbol{f}'(t)$

4. $\dfrac{d}{dt}\big[\boldsymbol{f}(t) \cdot \boldsymbol{g}(t)\big] = \boldsymbol{f}'(t) \cdot \boldsymbol{g}(t) + \boldsymbol{f}(t) \cdot \boldsymbol{g}'(t)$

5. $\dfrac{d}{dt}\big[\boldsymbol{f}(t) \times \boldsymbol{g}(t)\big] = \boldsymbol{f}'(t) \times \boldsymbol{g}(t) + \boldsymbol{f}(t) \times \boldsymbol{g}'(t)$

6. $\dfrac{d}{dt}\big[\boldsymbol{f}(a(t))\big] = a'(t)\,\boldsymbol{f}'(a(t))$

〔註〕：此定理的證明，可以直接利用【定理六】和純量函數的

微分性質而得。

【例2】若 $|\boldsymbol{f}(t)| = C$ 爲一常數，則證明 $\boldsymbol{f}'(t)$ 與 $\boldsymbol{f}(t)$，對於所有 t

值而言，均爲正交。

【解】：$\because \boldsymbol{f}(\mathrm{t}) \boldsymbol{\cdot} \boldsymbol{f}(\mathrm{t}) = |\boldsymbol{f}(\mathrm{t})|^2 = \mathrm{C}^2$

$\therefore$ 由【定理七】的第四項，可得

$$0 = \frac{\mathrm{d}}{\mathrm{dt}}\left[\boldsymbol{f}(\mathrm{t}) \boldsymbol{\cdot} \boldsymbol{f}(\mathrm{t})\right] = \boldsymbol{f}\,'(\mathrm{t}) \boldsymbol{\cdot} \boldsymbol{f}(\mathrm{t}) + \boldsymbol{f}(\mathrm{t}) \boldsymbol{\cdot} \boldsymbol{f}\,'(\mathrm{t}) = 2\boldsymbol{f}\,'(\mathrm{t}) \boldsymbol{\cdot} \boldsymbol{f}(\mathrm{t})$$

$\because \boldsymbol{f}\,'(\mathrm{t}) \boldsymbol{\cdot} \boldsymbol{f}(\mathrm{t}) = 0$

$\therefore \boldsymbol{f}\,'(\mathrm{t})$ 與 $\boldsymbol{f}(\mathrm{t})$ 正交。

B. 曲線的弧長和曲率

　　若空間曲線的位置向量函數為 $\boldsymbol{f}(\mathrm{t})$，　$\mathrm{a} \leq \mathrm{t} \leq \mathrm{b}$，而 $\boldsymbol{f}\,'(\mathrm{t})$ 為連續且不為零，則稱曲線於此區間內為**平滑** (smooth)。若於此區間內，除了在有限個點上的切向量為不連續或零之外，其餘的曲線部分皆為平滑時，稱曲線於此區間內為**分段平滑** (piecewise smooth)。

【例3】平面曲線的向量函數為 $\boldsymbol{f}(\mathrm{t}) = (1 + \mathrm{t}^3, \mathrm{t}^2)$，如圖十七所示。由於 $\boldsymbol{f}\,'(\mathrm{t}) = (3\mathrm{t}^2, 2\mathrm{t})$，所以 $\boldsymbol{f}\,'(0) = (0, 0)$。對應於 $\mathrm{t} = 0$ 的點座標為 $(1, 0)$，而在此處為一**尖點** (cusp)。除了此點之外，$\boldsymbol{f}\,'(\mathrm{t})$ 為連續且不為零。所以，此曲線為分段平滑。

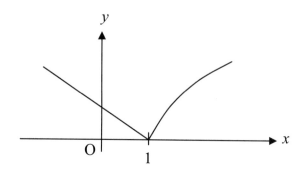

圖十七 分段平滑曲線

■

若曲線 C 爲分段平滑，其向量函數爲 $f(t) = (x(t), y(t), z(t))$，$a \le t \le b$，則此曲線的**弧長** (arc length) 爲每一切向量長度的總和，即

$$L = \int_a^b |f'(t)|\, dt \qquad （2）$$

因此，我們可以定義**弧長函數** $s(t)$ 爲

$$s(t) = \int_a^t |f'(u)|\, du = \int_a^t \sqrt{\left(\frac{dx}{du}\right)^2 + \left(\frac{dy}{du}\right)^2 + \left(\frac{dz}{du}\right)^2}\, du \qquad （3）$$

如圖十八所示。若將(3)式對 t 微分，則吾人可得

$$\frac{ds}{dt} = |f'(t)| \qquad （4）$$

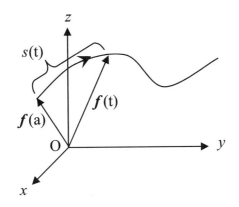

圖十八 弧長函數

因為 $s(t)$ 為時間 t 的**嚴格遞增** (strictly increasing) 函數，所以其反函數 t(s) 必然存在。若使用 s 來取代 t 作為參數，則曲線的位置向量函數可寫成 $g(s) = f(t(s))$。

【例 4】以從起點 $(1,0,0)$ 開始度量之弧長 s 做為參數來描述螺旋線 $f(t) = (\cos t, \sin t, t)$，$t \geq 0$。

【解】：∵起點 $(1,0,0)$ 的位置相當於參數 t = 0

$$\therefore s = s(t) = \int_0^t |f'(u)|\, du$$

$$\because |f'(u)| = |(-\sin u, \cos u, 1)| = \sqrt{2}$$

$$\therefore s = \int_0^t \sqrt{2}\, du = \sqrt{2}\, t$$

$$\therefore t = \frac{1}{\sqrt{2}} s$$

∴螺旋線之向量函數可表示成

$$g(s) = f(t(s)) = (\cos\frac{s}{\sqrt{2}}, \sin\frac{s}{\sqrt{2}}, \frac{s}{\sqrt{2}})$$

在曲線上某一點的**曲率** (curvature) 是用來度量此曲線在該點改變方向的快慢程度。以下是有關曲率的定義。

【定義十二】曲線的曲率 k 為 $\quad k = \left|\dfrac{d\mathbf{T}}{ds}\right|$ （5）

其中 $\mathbf{T}$ 為單位切向量

於計算曲率時，若能將曲率以參數 t 來表示，則會比較容易。

由於 $\dfrac{d\mathbf{T}}{dt} = \dfrac{d\mathbf{T}}{ds}\dfrac{ds}{dt}$ ，且 $\dfrac{ds}{dt} = |f'(t)|$ ，所以

$$k(t) = \left|\frac{d\mathbf{T}}{ds}\right| = \left|\frac{d\mathbf{T}/dt}{ds/dt}\right| = \frac{|\mathbf{T}'(t)|}{|f'(t)|} \qquad （6）$$

【例5】計算半徑為 r 之圓的曲率。

【解】：在 x-y 平面上，以原點為中心，半徑為 r 的圓，其向量函數為

$$f(t) = (r\cos t, r\sin t)$$

$$\therefore f'(t) = (-r\sin t, r\cos t)$$

$$|f'(t)| = \sqrt{(-r\sin t)^2 + (r\cos t)^2} = r$$

$$\therefore \mathbf{T}(t) = \frac{f'(t)}{|f'(t)|} = (-\sin t, \cos t)$$

$$\mathbf{T}'(t) = (-\cos t, -\sin t)$$

由(6)式，可得

$$k(t) = \frac{|\mathbf{T}'(t)|}{|f'(t)|} = \frac{\sqrt{(-\cos t)^2 + (-\sin t)^2}}{r} = \frac{1}{r}$$

■

【例 6】計算空間直線的曲率。

【解】：任一空間直線的向量函數可表示成

$$f(t) = (a + bt, c + dt, e + ht)$$

其中 a,b,c,d,e 和 h 均為常數。

$$\therefore f'(t) = (b, d, h)$$

$$|f'(t)| = \sqrt{b^2 + d^2 + h^2}$$

$$\mathbf{T}(t) = \frac{f'(t)}{|f'(t)|} = \frac{1}{\sqrt{b^2 + d^2 + h^2}}(b, d, h)$$

$$\because \mathbf{T}'(t) = 0$$

$$\therefore k(t) = \frac{|\mathbf{T}'(t)|}{|f'(t)|} = 0$$

■

　　如圖十九所示，對於空間的平滑曲線 $f(t)$ 上某一點之單位切向量 $\mathbf{T}(t)$ 而言，存在兩個單位向量 $\mathbf{N}(t)$ 和 $\mathbf{B}(t)$，使得這三個單位向量相互正交。

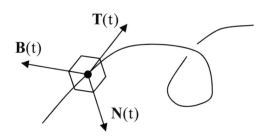

圖十九　互相正交的單位向量

【定義十三】（單位法向量）

　　平滑曲線某一點之單位法向量 (unit normal vector) 定義為

$$\mathbf{N}(t) = \frac{\mathbf{T}'(t)}{|\mathbf{T}'(t)|} \tag{7}$$

　　從【例 2】的結果得知，$\mathbf{T}'(t) \cdot \mathbf{T}(t) = 0$。所以由(7)式可得，$\mathbf{N}(t) \cdot \mathbf{T}(t) = 0$，代表 $\mathbf{N}(t)$ 與 $\mathbf{T}(t)$ 正交。此外，由(7)式可說明 $|\mathbf{N}(t)| = 1$，所以 $\mathbf{N}(t)$ 為單位法向量。

【定義十四】（雙法向量）

　　平滑曲線某一點之雙法向量 (binormal vector) 定義為

$$\mathbf{B}(t) = \mathbf{T}(t) \times \mathbf{N}(t) \tag{8}$$

從向量叉積的性質得知，$\mathbf{B}(t)$ 垂直於 $\mathbf{T}(t)$，也垂直於 $\mathbf{N}(t)$。

此外，$|\mathbf{B}(t)| = |\mathbf{T}(t) \times \mathbf{N}(t)| = |\mathbf{T}(t)||\mathbf{N}(t)| \cdot \sin\left(\dfrac{\pi}{2}\right) = 1$，故 $\mathbf{B}(t)$ 為單位

向量。

【例 7】求螺旋線 $f(t) = (\cos t, \sin t, t)$ 之單位法向量和雙法向量。

【解】：$\because f(t) = (\cos t, \sin t, t)$

$\therefore f'(t) = (-\sin t, \cos t, 1)$

$$\mathbf{T}(t) = \frac{f'(t)}{|f'(t)|} = (\frac{-\sin t}{\sqrt{2}}, \frac{\cos t}{\sqrt{2}}, \frac{1}{\sqrt{2}})$$

$$\mathbf{T}'(t) = (\frac{-\cos t}{\sqrt{2}}, \frac{-\sin t}{\sqrt{2}}, 0)$$

$$|\mathbf{T}'(t)| = \sqrt{\frac{\cos^2 t}{2} + \frac{\sin^2 t}{2}} = \frac{1}{\sqrt{2}}$$

$$\therefore \mathbf{N}(t) = \frac{\mathbf{T}'(t)}{|\mathbf{T}'(t)|} = (-\cos t, -\sin t, 0)$$

$$\mathbf{B}(t) = \mathbf{T}(t) \times \mathbf{N}(t) = \frac{1}{\sqrt{2}} \begin{vmatrix} i & j & k \\ -\sin t & \cos t & 1 \\ -\cos t & -\sin t & 0 \end{vmatrix}$$

$$= \frac{1}{\sqrt{2}}(\sin t, -\cos t, 1)$$

C. 曲線上質點之運動: 速度與加速度

假設有一**質點** (particle) 在空間中移動，其軌跡可由位置向量函數 $f(t)$ 來表示。在時間 Δt 內，此質點的位移向量為 $f(t+\Delta t)-f(t)$，所以其**平均速度** (average velocity) 為 $\dfrac{\left[f(t+\Delta t)-f(t)\right]}{\Delta t}$。當 $\Delta t \to 0$ 時，吾人可得在時間 t 時的**速度** (velocity)為

$$\mathbf{V}(t) = \lim_{\Delta t \to 0} \frac{f(t+\Delta t)-f(t)}{\Delta t} = f'(t) \tag{9}$$

所以，速度向量指向單位切向量之方向，而其大小稱為**速率** (speed)，即

$$v(t) \triangleq \left|\mathbf{V}(t)\right| = \left|f'(t)\right| = \frac{ds}{dt} \tag{10}$$

質點的**加速度** (accelcration) 定義為速度之導數：

$$\mathbf{a}(t) = \mathbf{V}'(t) = f''(t) \tag{11}$$

當在研究質點的運動狀態時，將加速度分別在單位切向量 $\mathbf{T}(t)$ 和單位法向量 $\mathbf{N}(t)$ 的方向分解成兩個分量，是相當有用的。

下面的定理說明這些分量與速率和曲率有關。

【定理八】加速度向量 $\mathbf{a}(t)$ 可分解成

$$\mathbf{a}(t) = v'\,\mathbf{T} + k\,v^2\,\mathbf{N} \tag{12}$$

其中 v 為速率，k 為曲率。

【證】：$\because$ 單位切向量 $\mathbf{T}(t) = \dfrac{f'(t)}{|f'(t)|} = \dfrac{1}{v}\mathbf{V}$

$\therefore$ 速度向量 $\mathbf{V}(t) = v(t)\mathbf{T}(t)$

加速度向量 $\mathbf{a}(t) = \mathbf{V}'(t) = v'\mathbf{T} + v\mathbf{T}'$ （13）

$\because$ 由(6)式得知，曲率 $k = \dfrac{|\mathbf{T}'|}{|f'|} = \dfrac{1}{v}|\mathbf{T}'|$

$\therefore |\mathbf{T}'| = kv$

$\because$ 單位法向量 $\mathbf{N} = \dfrac{\mathbf{T}'}{|\mathbf{T}'|}$

$\therefore \mathbf{T}' = |\mathbf{T}'|\mathbf{N} = kv\mathbf{N}$ （14）

將(14)式代入(13)式，可得

$\mathbf{a}(t) = v'\mathbf{T} + kv^2\mathbf{N}$

若將加速度的分解式寫成 $\mathbf{a}(t) = a_\mathrm{T}\mathbf{T} + a_\mathrm{N}\mathbf{N}$，則由(12)式可得 $a_\mathrm{T} = v'$，$a_\mathrm{N} = kv^2$ 分別代表切線和法線分量。下面的定理說明這些分量可以直接從 f、f'、f'' 求得。

【定理九】若質點在曲線 $f(t)$ 上運動，則加速度分量可寫成

$$a_\mathrm{T} = \dfrac{f'(t) \cdot f''(t)}{|f'(t)|} \qquad （15）$$

$$a_\mathrm{N} = \dfrac{|f'(t) \times f''(t)|}{|f'(t)|} \qquad （16）$$

【證】：$\because \mathbf{V} \cdot \mathbf{a} = v\,\mathbf{T} \cdot (v'\,\mathbf{T} + k\,v^2\,\mathbf{N}) = v\,v'\,\mathbf{T} \cdot \mathbf{T} + k\,v^3\mathbf{T} \cdot \mathbf{N}$

$\because \mathbf{T} \cdot \mathbf{T} = 1$，$\mathbf{T} \cdot \mathbf{N} = 0$

$\therefore \mathbf{V} \cdot \mathbf{a} = v\,v'$

$\therefore v' = \dfrac{\mathbf{V} \cdot \mathbf{a}}{v}$

$\because a_{\mathrm{T}} = v'$ (定理八)

$\therefore a_{\mathrm{T}} = \dfrac{\mathbf{V} \cdot \mathbf{a}}{v} = \dfrac{\boldsymbol{f}\,'(\mathrm{t}) \cdot \boldsymbol{f}\,''(\mathrm{t})}{\left| \boldsymbol{f}\,'(\mathrm{t}) \right|}$　　得證。

由(13)式可得，

　　$\boldsymbol{f}\,'' = \mathbf{a} = v'\,\mathbf{T} + v\,\mathbf{T}'$

$\because \boldsymbol{f}\,' = \mathbf{V} = v\,\mathbf{T}$

$\therefore \boldsymbol{f}\,' \times \boldsymbol{f}\,'' = (v\,\mathbf{T}) \times (v'\,\mathbf{T} + v\,\mathbf{T}') = v\,v'\,\mathbf{T} \times \mathbf{T} + v^2\mathbf{T} \times \mathbf{T}'$

$\because \mathbf{T} \times \mathbf{T} = \mathbf{0}$

$\therefore \boldsymbol{f}\,' \times \boldsymbol{f}\,'' = v^2\mathbf{T} \times \mathbf{T}'$

$\because \mathbf{T}$ 與 $\mathbf{T}'$ 正交

$\therefore \left| \mathbf{T} \times \mathbf{T}' \right| = \left| \mathbf{T} \right| \left| \mathbf{T}' \right| \sin\dfrac{\pi}{2} = \left| \mathbf{T}' \right|$

$\therefore \left| \boldsymbol{f}\,' \times \boldsymbol{f}\,'' \right| = v^2 \left| \mathbf{T} \times \mathbf{T}' \right| = v^2 \left| \mathbf{T}' \right|$

$\therefore \left| \mathbf{T}' \right| = \dfrac{\left| \boldsymbol{f}\,' \times \boldsymbol{f}\,'' \right|}{v^2}$

$\therefore k = \dfrac{\left| \mathbf{T}' \right|}{\left| \boldsymbol{f}\,' \right|} = \dfrac{\left| \boldsymbol{f}\,' \times \boldsymbol{f}\,'' \right|}{v^3}$

由【定理八】得知，

$$a_N = kv^2 = \frac{|\boldsymbol{f}' \times \boldsymbol{f}''|}{v} = \frac{|\boldsymbol{f}' \times \boldsymbol{f}''|}{|\boldsymbol{f}'|} \quad 得證。$$

∎

【例 8】有一質量爲 m 的物體，沿著一橢圓軌道

$\boldsymbol{f}(t) = (a\cos\omega t, b\sin\omega t)$，以等角速率 ω 移動。求作用

於此物體的力 $\boldsymbol{F}(t)$，並證明其方向指向座標原點 (向心

力)。

【解】：∵ $\boldsymbol{V}(t) = \boldsymbol{f}'(t) = (-a\,\omega\sin\omega t, b\,\omega\cos\omega t)$

$\boldsymbol{a}(t) = \boldsymbol{V}'(t) = (-a\,\omega^2\cos\omega t, -b\,\omega^2\sin\omega t)$

∴由牛頓第二運動定律得知，施力爲

$\boldsymbol{F}(t) = m\boldsymbol{a}(t) = (-m\,\omega^2 a\cos\omega t, -m\,\omega^2 b\sin\omega t)$

$= -m\omega^2 \boldsymbol{f}(t)$

此式表示施力的方向與位置向量 $\boldsymbol{f}$ 相反，所以指向座

標原點。此力又可稱爲**向心力** (centripetal force)。

∎

【例 9】有一質點在圓 $\boldsymbol{f}(t) = (\cos t, \sin t, 0)$ 上運動。求其加速度

的切線和法線向量。

【解】：$\because f'(t) = (-\sin t, \cos t, 0)$

$f''(t) = (-\cos t, -\sin t, 0)$

$\therefore$ 由(15)式可得

$$a_T = \frac{f'(t) \cdot f''(t)}{|f'(t)|} = \frac{0}{1} = 0$$

$\because f'(t) \times f''(t) = \begin{vmatrix} i & j & k \\ -\sin t & \cos t & 0 \\ -\cos t & -\sin t & 0 \end{vmatrix} = k$

$\therefore$ 由(16)式可得

$$a_N = \frac{|f'(t) \times f''(t)|}{|f'(t)|} = \frac{|k|}{1} = 1$$

∎

習題（6－3節）

1. 求下列向量函數的導數(微分)

   (a) $g(t) = (1, t, t^2)$

   (b) $g(t) = ti \times (j + tk)$

2. 證明【定理七】中的微分性質。

3. 利用【定理七】證明

(a) $\dfrac{d}{dt}\left[\boldsymbol{f}(t) \times \boldsymbol{f}'(t)\right] = \boldsymbol{f}(t) \times \boldsymbol{f}''(t)$

(b) $\dfrac{d}{dt}|\boldsymbol{f}(t)| = \dfrac{1}{|\boldsymbol{f}(t)|}\,\boldsymbol{f}(t)\cdot\boldsymbol{f}'(t)$

4. 設 $\boldsymbol{f}(t)$ 為曲線的位置函數。證明曲線的曲率可表示成

$$k(t) = \frac{\left|\boldsymbol{f}'(t) \times \boldsymbol{f}''(t)\right|}{\left|\boldsymbol{f}'(t)\right|^{3}}$$

利用此公式，求曲線 $\boldsymbol{f}(t) = (t, t^2, t^3)$ 在座標原點之曲率值。

5. 有一單位圓，在 x - y 平面上，其圓心為 $(0,0,0)$，半徑為 1。
試求其位置向量函數，和圓周長。

6. 有一平面曲線方程式為 $y = f(x)$。試以 x 為參數來表示此曲
線的位置向量函數。證明曲率可表示為

$$k(x) = \frac{\left|f''(x)\right|}{\left[1 + (f'(x))^2\right]^{3/2}}\quad，並利用此公式，求曲線 y = e^x 之最大$$

曲率發生時之 x 座標值。

7. 求在曲線 $\boldsymbol{f}(t) = (e^t, e^t \sin t, e^t \cos t)$ 上點 $(1,0,1)$ 處之單位切向
量，單位法向量和雙法向量。

8. 求一質點在曲線 $\boldsymbol{f}(t) = (e^t, t, e^{-t})$ 運動之速度和加速度。

9. 求上題中的加速度在切線和法線上的分量。

10. 有一砲彈以仰角 θ，初始速度 $\boldsymbol{v}_0$ 發射，如圖二十所示。假設
不計空氣阻力且只受重力影響，證明此砲彈的移動軌跡可以

用下列的位置向量函數來表示：

$$f(t) = -\frac{1}{2} g t^2 j + t v_0$$

其中爲 g 重力加速度常數。當 θ 爲何值時，此砲彈的落點距離 d 爲最大？

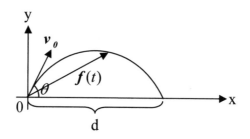

圖二十　砲彈的運動軌跡

§6-4　純量場之梯度與方向導數

純量場 (scalar field) 是多變數的純量函數，其函數值與空間座標有關。在物理的應用方面，例子甚多，如溫度場、壓力場等。

在直角座系統中，假設 $\phi(x, x, z)$ 爲一純量場。如圖二十一所

示，f 為曲線 C 上 P 點之位置向量。當 P 點沿著曲線 C 移動到 Q

點時，會有 df=(dx,dy,dz) 之微小增量，導致函數中有增量 $d\phi$。假

設 $f(s)$ 代表曲線 C 的位置向量函數，其中 s 為弧長參數。函數 ϕ

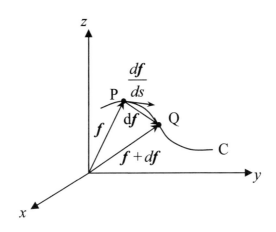

圖二十一　純量場之方向導數

沿著曲線 C 對弧長 s 的變化率 $\dfrac{d\phi}{ds}$ 為

$$\frac{d\phi}{ds} = \frac{\partial \phi}{\partial x}\frac{dx}{ds} + \frac{\partial \phi}{\partial y}\frac{dy}{ds} + \frac{\partial \phi}{\partial z}\frac{dz}{ds}$$

$$= \left(\frac{\partial \phi}{\partial x}, \frac{\partial \phi}{\partial y}, \frac{\partial \phi}{\partial z}\right) \cdot \left(\frac{dx}{ds}, \frac{dy}{ds}, \frac{dz}{ds}\right) \qquad (1)$$

(1)式中的向量 $\left(\dfrac{\partial \phi}{\partial x}, \dfrac{\partial \phi}{\partial y}, \dfrac{\partial \phi}{\partial z}\right)$ 稱為純量場 ϕ 的**梯度** (gradient)，常以

符號 $\nabla\phi$ 記之。所以，梯度向量的三個分量 $\dfrac{\partial \phi}{\partial x}, \dfrac{\partial \phi}{\partial y}$ 和 $\dfrac{\partial \phi}{\partial z}$ 分別代表

$\phi(x,y,z)$ 在 x, y 及 z 軸方向的變化率。另外，(1)式中的向量

$\left(\dfrac{dx}{ds}, \dfrac{dy}{ds}, \dfrac{dz}{ds}\right)$ 爲 $\dfrac{df}{ds}$。由於 $\dfrac{df}{ds} = \dfrac{df}{dt}\dfrac{dt}{ds} = \dfrac{f'(t)}{ds \big/ dt} = \dfrac{f'(t)}{|f'(t)|}$，因此 $\dfrac{df}{ds}$ 爲

曲線 C 之單位切向量。

(1)式可改寫成

$$\boxed{\dfrac{d\phi}{ds} = \nabla\phi \cdot \dfrac{df}{ds}}\qquad (2)$$

由此可見，ϕ 沿著曲線 C 對弧長的**方向導數** (directional

derivative)，$\dfrac{d\phi}{ds}$，爲梯度 $\nabla\phi$ 在曲線 C 之切線方向的分量(投影量)。

【例 1】已知純量場 $\phi(x, y, z) = x^2 + y^2 + z^2$，求 ϕ 在 P(1,0,1) 點，沿 $\boldsymbol{u}$

$= \boldsymbol{i} - \boldsymbol{j}$ 方向之方向導數 $\dfrac{d\phi}{ds}$。

解：$\because u$ 之單位向量爲 $\dfrac{df}{ds} = \dfrac{u}{|u|} = \left(\dfrac{1}{\sqrt{2}}, \dfrac{-1}{\sqrt{2}}, 0\right)$

ϕ 之梯度爲 $\nabla\phi = \left(\dfrac{\partial\phi}{\partial x}, \dfrac{\partial\phi}{\partial y}, \dfrac{\partial\phi}{\partial z}\right) = (2x, 2y, 2z)$

$\therefore \phi$ 在 P(1,0,1) 點之梯度爲 $\nabla\phi\big|_{(1,0,1)} = (2,0,2)$

由(2)式，可得

$$\frac{d\phi}{ds} = \nabla\phi\Big|_{(1,0,1)} \cdot \frac{d\boldsymbol{f}}{ds} = (2,0,2) \cdot \left(\frac{1}{\sqrt{2}}, \frac{-1}{\sqrt{2}}, 0\right) = \frac{2}{\sqrt{2}} = \sqrt{2}$$

純量場 ϕ 和 ψ 的梯度滿足以下的性質：

1. $\boxed{\nabla(\phi+\psi) = \nabla\phi + \nabla\psi}$ （3）

2. $\boxed{\nabla(\phi\psi) = \phi\nabla\psi + \psi\nabla\phi}$ （4）

有關梯度的物理意義，可由(2)式來說明。假設我們考慮在空間中的某一點之純量場 ϕ 的所有可能的方向導數，意即 ϕ 沿著所有可能方向的變化率。由於 $\frac{d\phi}{ds}$ 為梯度向量 $\nabla\phi$ 和單位切向量的內積，所以當 $\nabla\phi$ 和 $\frac{d\boldsymbol{f}}{ds}$ 的方向一致（夾角 $\theta=0$）時，$\frac{d\phi}{ds}$ 值為最大而且其最大值為 $|\nabla\phi|$。因此，下面的定理成立：

【定理十】設 $\phi(x,y,z)$ 為可微分函數。ϕ 之方向導數最大值為 $|\nabla\phi|$，且最大值發生在 $\nabla\phi$ 所指的方向。

【例2】設 $\phi(x,y) = xe^y$，求在 $P(2,0)$ 點上，沿著那一個方向可使 ϕ 有最大的改變率？最大的改變率為何？

解： $\because \nabla\phi = \left(\frac{\partial\phi}{\partial x}, \frac{\partial\phi}{\partial y}\right) = (e^y, xe^y)$

$$\therefore \nabla \phi \big|_{(2,0)} = \left(e^0, 2e^0 \right) = (1,2)$$

根據【定理十】，ϕ 增加最快的方向為向量 $(1,2)$ 所指的方向，且最大改變率為 $|(1,2)| = \sqrt{5}$ 。

■

梯度向量的幾何性質。可由【定理十一】來說明。首先定義幾個專有名詞如下：

【定義十五】（等值曲面）

純量場 ϕ 的等值曲面 (level surface) 為滿足 $\phi(x,y,z) = k$，k 為常數，的所有 (x,y,z) 點之集合。

【定義十六】（切平面、法向量和法線）

假設在等值曲面 S 上的 P_0 點有一平滑曲線通過。與這些曲線相切於 P_0 點之切線所構成的平面，稱為切平面 (tangent plane)，而與此切平面垂直的向量，稱為法向量 (normal vector)，與此切平面垂直的直線稱為法線 (normal line)，請參閱圖二十二。

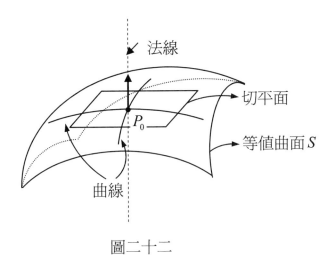

圖二十二

【定理十一】　純量場 ϕ 的梯度向量 $\nabla\phi$ 垂直於該等值曲面的

切平面，即 $\nabla\phi$ 為法向量。

證：假設在等值曲面上的曲線向量函數為

$\boldsymbol{f}(t) = \big(x(t), y(t), z(t)\big)$，而 P_0 點的位置向量為 $\boldsymbol{f}(t_0)$。

$\because$ 在等值曲面上，$\phi(x, y, z) = k$ 為常數

$\therefore \dfrac{d}{dt}\phi\big(x(t), y(t), z(t)\big) = 0$

$\Leftrightarrow \dfrac{\partial\phi}{\partial x}\dfrac{dx}{dt} + \dfrac{\partial\phi}{\partial y}\dfrac{dy}{dt} + \dfrac{\partial\phi}{\partial z}\dfrac{dz}{dt} = 0$

$\Leftrightarrow \left(\dfrac{\partial\phi}{\partial x}, \dfrac{\partial\phi}{\partial y}, \dfrac{\partial\phi}{\partial z}\right) \bullet \big(x'(t), y'(t), z'(t)\big) = 0$

$\because$ 於 P_0 點的梯度向量為 $\nabla\phi = \left(\dfrac{\partial\phi}{\partial x}, \dfrac{\partial\phi}{\partial y}, \dfrac{\partial\phi}{\partial z}\right)$，

切向量為 $\big(x'(t), y'(t), z'(t)\big)$

∴ $\nabla\phi$ 與通過 P_0 點之任一切向量均垂直,即 $\nabla\phi$ 為法

向量。

【例3】 求等值曲面 $z = \sqrt{x^2 + y^2}$ 於 $P(1,1,\sqrt{2})$ 點的單位法向量、

法線和切平面方程式。

解：∵ 等值曲面 $z = \sqrt{x^2 + y^2}$ 為使純量場

$\phi(x,y,z) = z - \sqrt{x^2 + y^2} = 0$ 之曲面。

∴ $\nabla\phi = \left(\dfrac{\partial\phi}{\partial x}, \dfrac{\partial\phi}{\partial y}, \dfrac{\partial\phi}{\partial z} \right) = \left(\dfrac{-x}{z}, \dfrac{-y}{z}, 1 \right)$

∴ 於 $P(1,1,\sqrt{2})$ 點的梯度向量為 $\nabla\phi = \left(\dfrac{-1}{\sqrt{2}}, \dfrac{-1}{\sqrt{2}}, 1 \right)$

由【定理十一】得知,於 P 點之單位法向量為

$N = \dfrac{\nabla\phi}{|\nabla\phi|} = \left(\dfrac{-1}{2}, \dfrac{-1}{2}, \dfrac{1}{\sqrt{2}} \right)$。

假設 $Q(x,y,z)$ 為切平面上的任一點,

則 $\overrightarrow{PQ} = (x-1, y-1, z-\sqrt{2})$ 在切平面上。

∵ $\nabla\phi \cdot \overrightarrow{PQ} = 0$

∴ $\dfrac{-1}{\sqrt{2}}(x-1) - \dfrac{1}{\sqrt{2}}(y-1) + (z-\sqrt{2}) = 0$

即 $x + y - \sqrt{2}z = 0$ 為切平面之方程式。

假設 $R(x,y,z)$ 為法線上任一點,則

$\overrightarrow{PR} = (x-1, y-1, z-\sqrt{2})$ 會與 $\nabla\phi$ 平行，即

$$(x-1, y-1, z-\sqrt{2}) = t\left(\frac{-1}{\sqrt{2}}, \frac{-1}{\sqrt{2}}, 1\right)$$

$$\Leftrightarrow \begin{cases} x = 1 - \dfrac{1}{\sqrt{2}}t \\ y = 1 - \dfrac{1}{\sqrt{2}}t \\ z = \sqrt{2} + t \end{cases}$$

其中 t 爲參數，爲法線方程式。 ■

在直覺上，梯度向量之物理意義（【定理十】）和幾何意義（【定理十一】）是相容的，說明如下：

考慮一純量函數 $\phi(x, y, z)$ 和其區域上的某一 $P(x_0, y_0, z_0)$ 點。由【定理十】得知，P 點的梯度向量指向使 ϕ 有最大增值之方向。另一方面，由【定理十一】得知，P 點的梯度向量垂直於 ϕ 的等值曲面 S。當從 P 點在等值曲面 S 上移動時，ϕ 值均不改變；但若沿著與 S 垂直的方向移動時，ϕ 的增值可達到最大。

【例 4】圖二十三所示爲某座高山的高度投影在 $x-y$ 平面上的等高線。試從 P 點開始，畫出最陡登高線 (curve of steepest ascent)。

解：從 P 點開始畫一曲線，使其與每一等高線垂直。此曲線

　　即為最陡登高線。

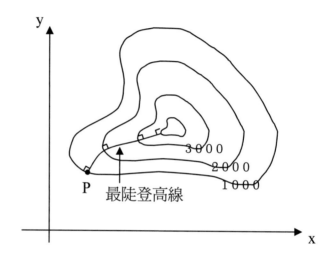

圖二十三　等高線

習題（6－4節）

1.　求純量場 $\phi(x, y) = e^x \cos y$ 於 $P(1, 2)$ 點沿著向量 $u = (1,1)$ 所指

　　方向之方向導數。

2.　求純量場 $\phi(x, y, z) = x^3 y^2 z$ 於 $P(1, -2, 1)$ 點沿著向量

$u = (\dfrac{1}{\sqrt{2}}, 0, \dfrac{1}{\sqrt{2}})$ 所指方向之方向導數。

3. 證明使純量場 ϕ 於 P 點有最大減值的方向為其梯度向量的相反方向。

4. 有一溫度場為 $T(x, y, z) = e^{-x^2 - y - 3z^2}$ 其中 T 的單位為℃，x, y, z 的單位為公尺。試求

   (a) 於 $P(2, 0, 1)$ 點使溫度增加最快的方向。

   (b) 於 $P(2, 0, 1)$ 點溫度的最大改變率。

5. 假設你正在爬一座山丘，其形狀如下面方程式所示：

   $z = 1000 - 10x^2 - 20y^2$，而你當時所在的位置為 $P(2, 5, 460)$。

   試問你應當朝哪個方向走，才可以最快抵達山頂？

6. 求曲面 $z = x^2 + y^2$ 上，於 $P(2, -2, 8)$ 點之切平面和法線方程式。

7. 橢圓體方程式 $\dfrac{x^2}{4} + y^2 + \dfrac{z^2}{9} = 3$。求在此橢圓體上，於 $(-2, 1, -3)$ 點之切平面和法線方程式。

8. 設橢圓體方程式為 $\dfrac{x^2}{a^2} + \dfrac{y^2}{b^2} + \dfrac{z^2}{c^2} = 1$。證明在此橢圓體上的 $P(x_0, y_0, z_0)$ 點之切平面方程式為 $\dfrac{x_0 x}{a^2} + \dfrac{y_0 y}{b^2} + \dfrac{z_0 z}{c^2} = 1$。

§6-5 向量場之散度與旋度

向量場 (vector field) 爲一多變數的向量函數，其各分量函數值與空間座標有關。在工程方面的應用有電場、磁場、流體的速度場等。本節將討論向量場的**散度** (divergence) 和**旋度** (curl) 的定義、性質及在物理工程方面的意義。

A. 散度的定義、物理意義和性質

假設 $\mathbf{F}(x, y, z) = f(x, y, z)\mathbf{i} + g(x, y, z)\mathbf{j} + h(x, y, z)\mathbf{k}$ 爲直角座標中的向量場。

【定義十七】（散度）

向量場 $\mathbf{F}$ 的散度 (divergence) 爲

$$\mathrm{div}\,\mathbf{F} = \frac{\partial f}{\partial x} + \frac{\partial g}{\partial y} + \frac{\partial h}{\partial z} \qquad (1)$$

由(1)式可知，$\mathrm{div}\,\mathbf{F}$ 爲純量場。若以梯度運算子

$\nabla = \left(\frac{\partial}{\partial x}\right)\mathbf{i} + \left(\frac{\partial}{\partial y}\right)\mathbf{j} + \left(\frac{\partial}{\partial z}\right)\mathbf{k}$ 來表示時，$\mathbf{F}$ 的散度可寫成

$$\mathrm{div}\,\mathbf{F} = \nabla \cdot \mathbf{F} \qquad (2)$$

【例 1】若 $\mathbf{F} = (xz, yz, xy)$，求 $\mathrm{div}\,\mathbf{F}$。

解： div $\mathbf{F} = \nabla \cdot \mathbf{F}$

$$= \frac{\partial}{\partial x}(xz) + \frac{\partial}{\partial y}(yz) + \frac{\partial}{\partial z}(xy)$$
$$= z + z + 0$$
$$= 2z$$

■

　　在流體力學中，若 $\mathbf{F}(x, y, z)$ 為流體的速度，則 div $\mathbf{F}(x, y, z)$ 代表此流體單位時間、單位體積從 $P(x, y, z)$ 點向外流出的體積。以下解釋為何 div $\mathbf{F}$ 具有前述的物理意義。

　　假設 $\mathbf{F}(x, y, z) = f(x, y, z)\mathbf{i} + g(x, y, z)\mathbf{j} + h(x, y, z)\mathbf{k}$ 為流體的速度場。考慮一平行六面體，其三邊長分別為 Δx、Δy 和 Δz，如圖二十四所示。 於 Δt 時間向外通過任何一面的流體體積等於垂直

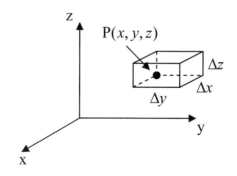

圖二十四

該面的流體速度分量、該面面積及時間 Δt 的乘積。所以，我們可以列出流體流出每一面的體積如下：

前面：　$(\mathbf{F} \cdot \mathbf{i}) \Delta y \Delta z \Delta t = f(x + \Delta x, y, z) \Delta y \Delta z \Delta t$

後面：　$\mathbf{F} \cdot (-\mathbf{i}) \Delta y \Delta z \Delta t = -f(x, y, z) \Delta y \Delta z \Delta t$

左面：　$\mathbf{F} \cdot (-\mathbf{j}) \Delta x \Delta z \Delta t = -g(x, y, z) \Delta x \Delta z \Delta t$

右面：　$(\mathbf{F} \cdot \mathbf{j}) \Delta x \Delta z \Delta t = g(x, y + \Delta y, z) \Delta x \Delta z \Delta t$

上面：　$(\mathbf{F} \cdot \mathbf{k}) \Delta x \Delta y \Delta t = h(x, y, z + \Delta z) \Delta x \Delta y \Delta t$

下面：　$\mathbf{F} \cdot (-\mathbf{k}) \Delta x \Delta y \Delta t = -h(x, y, z) \Delta x \Delta y \Delta t$

在 Δx、Δy、Δz 為微量的情形下，將上面的六個式子相加，可得

$$
\left(\frac{f(x + \Delta x, y, z) - f(x, y, z)}{\Delta x} + \frac{g(x, y + \Delta y, z) - g(x, y, z)}{\Delta y} \right.
$$
$$
\left. + \frac{h(x, y, z + \Delta z) - h(x, y, z)}{\Delta z} \right) \Delta x \Delta y \Delta z \Delta t
$$
$$
\approx \left(\frac{\partial f}{\partial x} + \frac{\partial g}{\partial y} + \frac{\partial h}{\partial z} \right) \Delta x \Delta y \Delta z \Delta t
$$

將上式除以 $\Delta x \Delta y \Delta z \Delta t$，乃得單位時間，單位體積流體在空間某點 $P(x, y, z)$ 向外流出的體積。一般而言，單位時間流出的體積稱為**通量** (flux)；所以，$\nabla \cdot \mathbf{F}$ 代表流體單位體積向外流出的通量。如圖二十五所示，若 $\nabla \cdot \mathbf{F}(P) > 0$，則 P 點稱為流體的**源** (source)；若 $\nabla \cdot \mathbf{F}(P) < 0$，則 P 點稱為流體的**排水口** (sink)。

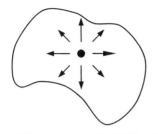 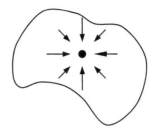

P 為 Source；∇•**F**(P)>0   P 為 Sink；∇•**F**(P)<0

圖二十五

　　若 P 點不是流體源也不是排水口，則流體流出的通量等於流

入的通量(無增益亦無損耗)，此時 ∇•**F**(P)=0。

　　向量場的散度性質如下：

　　若 **F** 和 **G** 為向量場，f 為純量場，則

1.　　$\nabla \cdot (\mathbf{F} + \mathbf{G}) = \nabla \cdot \mathbf{F} + \nabla \cdot \mathbf{G}$　　　　　　　　　　　　(3)

2.　　$\nabla \cdot (f\mathbf{F}) = f \nabla \cdot \mathbf{F} + \mathbf{F} \cdot \nabla f$　　　　　　　　　　　　(4)

B.　旋度的定義、物理意義和性質

【定義十八】（旋度）

　　若 **F**(x,y,z)=$f(x, y, z)$**i** + $g(x, y, z)$**j** + $h(x, y, z)$**k** 為向量場，則 **F** 的

　　旋度 (curl) 為

$$\text{curl } \mathbf{F} = \nabla \times \mathbf{F} = \begin{vmatrix} \mathbf{i} & \mathbf{j} & \mathbf{k} \\ \dfrac{\partial}{\partial x} & \dfrac{\partial}{\partial y} & \dfrac{\partial}{\partial z} \\ f & g & h \end{vmatrix} \qquad (5)$$

【例2】若 $\mathbf{F}(x, y, z) = (xz, yz, -y^2)$ ，求 curl $\mathbf{F}$ 。

解：

$$\text{curl } \mathbf{F} = \nabla \times \mathbf{F} = \begin{vmatrix} \mathbf{i} & \mathbf{j} & \mathbf{k} \\ \dfrac{\partial}{\partial x} & \dfrac{\partial}{\partial y} & \dfrac{\partial}{\partial z} \\ xz & yz & -y^2 \end{vmatrix}$$

$$= \left[\frac{\partial}{\partial y}\left(-y^2\right) - \frac{\partial}{\partial z}\left(yz\right) \right]\mathbf{i} - \left[\frac{\partial}{\partial x}\left(-y^2\right) - \frac{\partial}{\partial z}\left(xz\right) \right]\mathbf{j}$$

$$+ \left[\frac{\partial}{\partial x}\left(yz\right) - \frac{\partial}{\partial y}\left(xz\right) \right]\mathbf{k}$$

$$= (-2y-y)\mathbf{i} - (0-x)\mathbf{j} + (0-0)\mathbf{k}$$

$$= -3y\mathbf{i} + x\mathbf{j}$$

■

在力學中，若 $\mathbf{F}(x, y, z)$ 為物體繞固定軸旋轉時，於 $P(x, y, z)$ 點的切線速度，則 P 點之 curl $\mathbf{F}$ 的方向與旋轉軸的方向相同，而大小值為角速率的兩倍。以下說明為何 curl $\mathbf{F}$ 具有前述的物理意義。

假設有一物體以均勻的角速度 $\mathbf{\Omega}$ 繞旋轉軸逆時針旋轉。如圖二十六所示， $P(x, y, z)$ 為物體的某一點，離軸的距離為 $|\mathbf{r}|\sin\theta$ ，其中 $\mathbf{r} = (x, y, z)$ 為 P 點之位置向量。

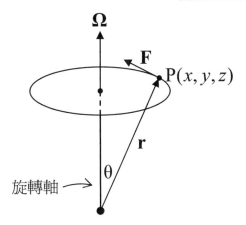

圖二十六　旋度的物理意義

　　若 $\mathbf{F}(x,y,z)$ 為 P 點之切線速度，則 P 點之切線速率為該點角速率與旋轉半徑的乘積，即

$$|\mathbf{F}|=|\mathbf{\Omega}||\mathbf{r}|\sin\theta$$

$$=|\mathbf{\Omega}\times\mathbf{r}|$$

由於 $\mathbf{\Omega}\times\mathbf{r}$ 的方向與 $\mathbf{F}$ 的方向相同，所以 $\mathbf{F}=\mathbf{\Omega}\times\mathbf{r}$。

　　假設 $\mathbf{\Omega}=(\omega_1,\omega_2,\omega_3)$，則

$$\mathbf{F}=\begin{vmatrix} \boldsymbol{i} & \boldsymbol{j} & \boldsymbol{k} \\ \omega_1 & \omega_2 & \omega_3 \\ x & y & z \end{vmatrix}$$

$$=(\omega_2 z-\omega_3 y)\boldsymbol{i}+(\omega_3 x-\omega_1 z)\boldsymbol{j}+(\omega_1 y-\omega_2 x)\boldsymbol{k}$$

$$\therefore \nabla\times\mathbf{F}=\begin{vmatrix} \boldsymbol{i} & \boldsymbol{j} & \boldsymbol{k} \\ \dfrac{\partial}{\partial x} & \dfrac{\partial}{\partial y} & \dfrac{\partial}{\partial z} \\ \omega_2 z-\omega_3 y & \omega_3 x-\omega_1 z & \omega_1 y-\omega_2 x \end{vmatrix}$$

$$= \left[\frac{\partial}{\partial y}(\omega_1 y - \omega_2 x) - \frac{\partial}{\partial z}(\omega_3 x - \omega_1 z) \right] \boldsymbol{i}$$

$$- \left[\frac{\partial}{\partial x}(\omega_1 y - \omega_2 x) - \frac{\partial}{\partial z}(\omega_2 z - \omega_3 y) \right] \boldsymbol{j}$$

$$+ \left[\frac{\partial}{\partial x}(\omega_3 x - \omega_1 z) - \frac{\partial}{\partial y}(\omega_2 z - \omega_3 y) \right] \boldsymbol{k}$$

$$= 2\omega_1 \boldsymbol{i} + 2\omega_2 \boldsymbol{j} + 2\omega_3 \boldsymbol{k}$$

$$= 2\boldsymbol{\Omega} \tag{6}$$

由(6)式得知，$\nabla \times \mathbf{F}$ 和角速度 $\boldsymbol{\Omega}$ 有相同的方向，而 $\nabla \times \mathbf{F}$ 的大小為角速率的兩倍。

在流體力學中，若向量場 $\mathbf{F}$ 的旋度不是零向量，則稱 $\mathbf{F}$ 為**有旋 (rotational) 向量場**；反之，若 $\mathbf{F}$ 的旋度為零向量，則稱 $\mathbf{F}$ 為**無旋 (irrotational) 向量場**。有關向量場的旋度性質如下：

若 $\mathbf{F}$ 和 $\mathbf{G}$ 為向量場，f 為純量場，則

1.　$\nabla \times (\mathbf{F} + \mathbf{G}) = \nabla \times \mathbf{F} + \nabla \times \mathbf{G}$ $\qquad$ （7）

2.　$\nabla \times (\nabla f) = \mathbf{0}$ $\qquad$ （8）

3.　$\nabla \cdot (\nabla \times \mathbf{F}) = 0$ $\qquad$ （9）

4.　$\nabla \times (\nabla \times \mathbf{F}) = \nabla(\nabla \cdot \mathbf{F}) - (\nabla \cdot \nabla)\mathbf{F}$ $\qquad$ （10）

5.　$\nabla \times (f\mathbf{F}) = (\nabla f) \times \mathbf{F} + f(\nabla \times \mathbf{F})$ $\qquad$ （11）

6.　$\nabla \times (\mathbf{F} \times \mathbf{G}) = (\mathbf{G} \cdot \nabla)\mathbf{F} - (\mathbf{F} \cdot \nabla)\mathbf{G} + \mathbf{F}(\nabla \cdot \mathbf{G}) - \mathbf{G}(\nabla \cdot \mathbf{F})$

$$\tag{12}$$

習題（6－5節）

1. 求下列向量函數之散度：

    (a) $\mathbf{F}(x, y, z) = x\mathbf{i} + y\mathbf{j} + z\mathbf{k}$

    (b) $\mathbf{F}(x, y, z) = e^x \cos y\, \mathbf{i} + e^x \sin z\, \mathbf{j} + e^y \cos z\, \mathbf{k}$

2. 求下列向量函數之旋度：

    (a) $\mathbf{F}(x, y, z) = x^2\mathbf{i} + y^2\mathbf{j} + z^2\mathbf{k}$

    (b) $\mathbf{F}(x, y, z) = x\mathbf{i} + y\mathbf{j}$

3. 證明(4)式

4. 證明(8)~(12)式

§6-6 線積分

　　本節首先討論純量場和向量場沿著空間曲線的積分及其在物理上的應用。其次，探討線積分的性質和守恆場的線積分理論。

A. 純量場的線積分

假設 $f(x, y, z)$ 為一純量場，C 為空間中的某一平滑 (smooth) 曲線，其位置向量函數為 $\mathbf{r}(t) = (x(t), y(t), z(t))$，$a \leq t \leq b$。如 6-3 節所述，所謂平滑曲線係指 $\mathbf{r}'(t)$ 為連續且不為零。

【定義十九】（純量場之線積分）

純量場 $f(x, y, z)$ 沿著平滑曲線 C 之線積分 (line integral)為

$$\int_C f(x, y, z)\, ds \quad (s：弧長)。$$

利用 $\dfrac{ds}{dt} = |\mathbf{r}'(t)| = \sqrt{[x'(t)]^2 + [y'(t)]^2 + [z'(t)]^2}$，則

$$\int_C f(x, y, z)\, ds$$

$$= \int_a^b f(x(t), y(t), z(t))\sqrt{[x'(t)]^2 + [y'(t)]^2 + [z'(t)]^2}\, dt \qquad （1）$$

假設 C 為分段平滑曲線，是由 n 個平滑曲線 $C_1, \cdots, C_n$ 的聯集所組成，則 $f(x, y, z)$ 沿著 C 之線積分為

$$\int_C f(x, y, z)\, ds = \int_{C_1} f(x, y, z)\, ds + \cdots + \int_{C_n} f(x, y, z)\, ds$$

【例 1】求 $\int_C xy\, ds$，其中 C 為單位圓 $x^2 + y^2 = 1$ 之上半圓，如圖二

十七所示。

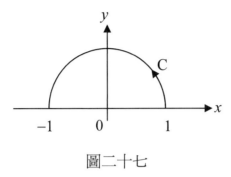

圖二十七

解：∵C的位置向量函數可寫成

$$\mathbf{r}(t) = (\cos t, \sin t, 0) , \quad 0 \le t \le \pi$$

$$\therefore \int_C xy \, ds$$

$$= \int_0^\pi \cos t \sin t \sqrt{(\cos' t)^2 + (\sin' t)^2} \, dt$$

$$= \frac{1}{2} \int_0^\pi \sin 2t \, dt$$

$$= \frac{-1}{4} \cos 2t \Big|_0^\pi = 0$$

■

【例2】求 $\int_C y \sin z \, ds$ ，其中 C 為螺旋線，其方程式為 $x = \cos t$, $y = \sin t, \ z = t, 0 \le t \le 2\pi$ 。

解：$\int_C y \sin z \, ds$

$$= \int_0^{2\pi} \sin t \cdot \sin t \sqrt{\left(\frac{dx}{dt}\right)^2 + \left(\frac{dy}{dt}\right)^2 + \left(\frac{dz}{dt}\right)^2}\, dt$$

$$= \int_0^{2\pi} \sin^2 t \sqrt{\sin^2 t + \cos^2 t + 1^2}\, dt$$

$$= \sqrt{2} \int_0^{2\pi} \frac{1}{2}(1 - \cos 2t)\, dt$$

$$= \frac{\sqrt{2}}{2}\left. (t - \frac{1}{2}\sin 2t) \right|_0^{2\pi}$$

$$= \sqrt{2}\pi$$

■

純量場的線積分，在物理上之應用如下：

1. 若純量場 $f(x,y,z) = 1$，則 $\int_C f(x,y,z)\, ds = \int_C ds$ 為曲線 C 之弧長。

2. 若純量場 $f(x,y,z)$ 為某一條線在 (x,y,z) 點之質量密度，則 $m = \int_C f(x,y,z)\, ds$ 為此條線之質量。假設此條線之質心 (center of mass) 為 $\left(\bar{x}, \bar{y}, \bar{z}\right)$ 點，則

$$\bar{x} = \frac{1}{m} \int_C x\, f(x,y,z)\, ds$$

$$\bar{y} = \frac{1}{m} \int_C y\, f(x,y,z)\, ds$$

$$\overline{z} = \frac{1}{m} \int_{C} z\, f(x, y, z)\, ds$$

B. 向量場的線積分

假設 $\mathbf{F}(x, y, z) = f(x, y, z)\mathbf{i} + g(x, y, z)\mathbf{j} + h(x, y, z)\mathbf{k}$ 為一向量

場，C 為空間中的某一平滑曲線，其位置向量函數為

$\mathbf{r}(t) = x(t)\mathbf{i} + y(t)\mathbf{j} + z(t)\mathbf{k}$ ， $a \leq t \leq b$ 。

【定義二十】（向量場之線積分）

向量場 $\mathbf{F}(x, y, z)$ 沿著平滑曲線 C 之線積分為：

$$\int_{C} \mathbf{F} \cdot d\mathbf{r} = \int_{a}^{b} \mathbf{F}(x(t), y(t), z(t)) \cdot \mathbf{r}'(t)\, dt \qquad （2）$$

【例 3 】 求 $\displaystyle\int_{C} \mathbf{F} \cdot d\mathbf{r}$ ，其中 $\mathbf{F}(x, y, z) = (xy, -yz, xz)$ ，而 C 為

$x = t^3,\ y = t^2,\ z = t,\ 0 \leq t \leq 1$ 。

解：$\because$ C 的位置向量函數為 $\mathbf{r}(t) = (t^3, t^2, t),\ 0 \leq t \leq 1$

$\therefore \mathbf{r}'(t) = (3t^2, 2t, 1)$

$\mathbf{F}(x, y, z) = (t^3 \cdot t^2,\ -t^2 \cdot t,\ t^3 \cdot t)$

$\qquad = (t^5, -t^3, t^4)$

$\displaystyle\int_{C} \mathbf{F} \cdot d\mathbf{r} = \int_{0}^{1} (t^5, -t^3, t^4) \cdot (3t^2, 2t, 1)\, dt$

$\qquad = \int_{0}^{1} (3t^7 - 2t^5 + t^4)\, dt$

$$= (\frac{3}{8}t^8 - \frac{2}{6}t^6 + \frac{1}{5}t^5) \Big|_0^1 = \frac{29}{120}$$

■

由(2)式得知，

$$\int_C \mathbf{F} \cdot d\mathbf{r} = \int_a^b \mathbf{F}(x(t), y(t), z(t)) \cdot \mathbf{r}'(t) dt$$

$$= \int_a^b \Big[f(x(t), y(t), z(t)) \mathbf{i} + g(x(t), y(t), z(t)) \mathbf{j}$$

$$+ h(x(t), y(t), z(t)) \mathbf{k} \Big] \cdot \Big[x'(t)\mathbf{i} + y'(t)\mathbf{j} + z'(t)\mathbf{k} \Big] dt$$

$$= \int_a^b \Big[f(x(t), y(t), z(t)) x'(t) + g(x(t), y(t), z(t)) y'(t)$$

$$+ h(x(t), y(t), z(t)) z'(t) \Big] dt$$

所以，

$$\int_C \mathbf{F} \cdot d\mathbf{r} = \int_C f dx + g dy + h dz \tag{3}$$

【例4】求 $\int_C y dx + z dy + x dz$，其中 C 為從 $P(2,0,0)$ 點到 $Q(3,4,5)$ 點

之線段，並求對應的向量場。

解：C 的位置向量函數可求得如下：

$$x - 2 = t \cdot (3 - 2)$$
$$y - 0 = t \cdot (4 - 0)$$
$$z - 0 = t \cdot (5 - 0)$$

即

$$x = 2 + t$$
$$y = 4t \qquad , \qquad 0 \le t \le 1$$
$$z = 5t$$

$$\therefore \int_C y\,dx + z\,dy + x\,dz$$

$$= \int_C (yx' + zy' + xz')\,dt$$

$$= \int_0^1 \left[4t \cdot 1 + 5t \cdot 4 + (2+t) \cdot 5 \right] dt$$

$$= \int_0^1 (10 + 29t)\,dt$$

$$= (10t + 29\frac{t^2}{2}) \Big|_0^1 = 24.5$$

向量場為 $\mathbf{F}(x, y, z) = y\mathbf{i} + z\mathbf{j} + x\mathbf{k}$ 。

在力學的應用中，若 $\mathbf{F}(x, y, z)$ 代表施力場，則 $\int_C \mathbf{F} \cdot d\mathbf{r}$ 表示此施力場使物體沿著曲線 C 所需作的**功** (work)。

C. 線積分的性質

假設 $\mathbf{F}$ 和 $\mathbf{G}$ 為向量場，α 為常數，$-$C 為與曲線 C 的方向相反之曲線。則向量場的線積分有下列的性質：

1. $\displaystyle\int_C (\mathbf{F}+\mathbf{G})\cdot d\mathbf{r} = \int_C \mathbf{F}\cdot d\mathbf{r} + \int_C \mathbf{G}\cdot d\mathbf{r}$

2. $\displaystyle\int_C (\alpha\mathbf{F})\cdot d\mathbf{r} = \alpha\int_C \mathbf{F}\cdot d\mathbf{r}$

3. $\displaystyle\int_{-C} \mathbf{F}\cdot d\mathbf{r} = -\int_C \mathbf{F}\cdot d\mathbf{r}$

D. 守恆場的線積分

一般而言，向量場的線積分與其積分路徑有關。然而，當向量場具有某種特質時，其線積分的結果，不受積分路徑的影響。這種向量場稱為**守恆場** (conservative field)，在物理的應用中，常常出現；例如地球的重力場就是典型的守恆場。為了方便說明起見，吾人僅討論二維向量場為守恆場的情形，然而其結果可以延伸到三維的守恆場。

【定義二十一】（二維守恆場）

若一向量場 $\mathbf{F}(x,y)$ 於 **x - y** 平面上的某一區域 D 內可表示成 $\mathbf{F}=\nabla\phi$，其中**潛位** (potential) 函數 $\phi(x,y)$ 為一純量場，則稱 **F** 於 D 內是**守恆的** (conservative)。

【例 5】證明 $\mathbf{F}(x,y)=(x\cos y, -\dfrac{1}{2}x^2\sin y)$ 於 **x - y** 平面上為守恆場。

證：欲證明 **F** 為守恆場，則須存在某一函數 $\phi(x, y)$，使得

$$\frac{\partial \phi}{\partial x} = x \cos y \qquad\qquad （4）$$

$$\frac{\partial \phi}{\partial y} = -\frac{1}{2} x^2 \sin y \qquad\qquad （5）$$

取(4)式對 x 積分，可得

$$\phi = \frac{1}{2} x^2 \cos y + k(y) \qquad\qquad （6）$$

將上式對 y 偏微分，可得

$$\frac{\partial \phi}{\partial y} = -\frac{x^2}{2} \sin y + k'(y) \qquad\qquad （7）$$

比較(5)式和(7)式，可得

$$k'(y) = 0$$

所以， $k(y) = c$ 為常數，將其代入(6)式可得

$$\phi(x, y) = \frac{1}{2} x^2 \cos y + c$$

此表示吾人可找到潛位函數， $\phi = \frac{1}{2} x^2 \cos y + c$，使得

F $= \nabla \phi$。因此，**F** 於 **x - y** 平面上為守恆場。 ■

假設向量場 **F** 為 **x - y** 平面上某一區域 D 內的守恆場，D 內之平滑曲線 C 為 $\mathbf{r}(t) = x(t)\mathbf{i} + y(t)\mathbf{j}$, $a \le t \le b$，其起點為 P，而終點為 Q。因為 $\mathbf{F}(x, y)$ 可以寫成 $\mathbf{F}(x, y) = \dfrac{\partial \phi}{\partial x} i + \dfrac{\partial \phi}{\partial y} j$，所以

$$\int_C \mathbf{F} \cdot d\mathbf{r} = \int_C \frac{\partial \phi}{\partial x} dx + \frac{\partial \phi}{\partial y} dy$$

$$= \int_a^b \left(\frac{\partial \phi}{\partial x} \frac{dx}{dt} + \frac{\partial \phi}{\partial y} \frac{dy}{dt} \right) dt$$

$$= \int_a^b \frac{d}{dt} \phi(x(t), y(t)) dt$$

$$= \phi(x(b), y(b)) - \phi(x(a), y(a))$$

$$= \phi(Q) - \phi(P) \qquad\qquad (8)$$

(8)式表示守恆場的線積分等於終點和起點的潛位差，與積分路徑無關。總結上面的結論，吾人可得下面的定理：

【定理十二】（線積分的基本定理）

若有一向量場 $\mathbf{F} = \nabla \phi$ 於 $\mathbf{x}$-$\mathbf{y}$ 平面上的某區域 D 內是連續函數，P 和 Q 為 D 內的任意兩點（P 為起點，Q 為終點），則 $\int_C \mathbf{F} \cdot d\mathbf{r} = \phi(Q) - \phi(P)$，與連結 P 點和 Q 點的任一曲線 C 無關。此外若 C 為單封閉 (simple closed) 曲線，則 $\oint_C \mathbf{F} \cdot d\mathbf{r} = 0$。

〔註〕若封閉曲線只有起點和終點為相同之外，其餘點皆不重疊者，稱為單封閉曲線。

【例6】求 $\int_C \mathbf{F} \cdot d\mathbf{r}$ 之值，其中 $\mathbf{F}(x, y) = x \cos y\, \mathbf{i} - \frac{1}{2} x^2 \sin y\, \mathbf{j}$ ，C

為從 $P(0,0)$ 點到 $Q(1,\dfrac{\pi}{4})$ 點的任一曲線。

解：由【例 5】中，已證明 $\mathbf{F} = \nabla\phi$，其中

$\phi = \dfrac{1}{2}x^2 \cos y + c$，c 為任意常數。

由【定理十二】可得，

$$\int_C \mathbf{F} \cdot d\mathbf{r} = \phi(1,\frac{\pi}{4}) - \phi(0,0)$$

$$= \frac{1}{2}(1)^2 \cos(\frac{\pi}{4}) - \frac{1}{2}(0)^2 \cos 0$$

$$= \frac{\sqrt{2}}{4}$$

由於並非每一向量場皆為守恆場，因此如何判別給定的向量場是否為守恆場相當重要。 為了說明此一判定準則，我們先對 **x - y** 平面上的特定區域給予定義如下：

【定義二十二】(單連域）

一區域 R 稱為**單連域** (Simply connected region)，如果 R 滿足下述兩個條件：

1. R 為**連結** (connected) 區域；意即 R 內的任意兩點均可找到一條位於 R 內的分段平滑曲線予以連結。

2. 位於 R 內的每一單封閉曲線所包圍之內部區域都在 R 內。

　　如圖二十八所示，(a)爲單連域，在此區域內沒有空洞 (hole)，符合單連域成立的兩個條件。(b)爲**多連域** (multiply connected)，因爲此區域內有三個空洞，而其中一條(代表性)的單封閉曲線包圍之內部並不會全部都屬於此區域。若一區域沒有邊界點 (boundary point)，則稱此區域是**開放** (open)：反之則爲**封閉** (closed)。

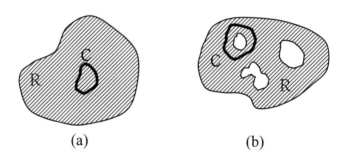

(a) (b)

圖二十八：　(a)單連域；(b)多連域

　　接下來，我們介紹守恆場的判定準則。

【定理十三】（二維守恆場的測試準則）

若於一開放單連域 D 內，向量場 $\mathbf{F}(x, y) = f(x, y)\mathbf{i} + g(x, y)\mathbf{j}$ 之 $f, g, \dfrac{\partial g}{\partial x}$ 和 $\dfrac{\partial f}{\partial y}$ 皆爲連續，則 $\mathbf{F}$ 爲守恆場的充要條件爲 $\dfrac{\partial g}{\partial x} = \dfrac{\partial f}{\partial y}$。

〔註〕此定理之證明，將於 6-10 節說明。

【例 7】證明 $\mathbf{F}(x,y) = (x^2 - 2y^3, x + 5y)$ 在 **x - y** 平面不是守恆場。

解：$f(x,y) = x^2 - 2y^3$ 和 $g(x,y) = x + 5y$ 在 **x - y** 平面上(為開放

單連域)有連續的一階偏導數 $\dfrac{\partial g}{\partial x} = 1$，$\dfrac{\partial f}{\partial y} = -6y^2$。由於

$\dfrac{\partial g}{\partial x} \neq \dfrac{\partial f}{\partial y}$，故由【定理十三】得知，**F** 不為守恆場。 ∎

為了強調【定理十三】中單連域的重要性，吾人以下面的例

子說明。

【例 8】若 $\mathbf{F}(x,y) = \dfrac{-y}{x^2 + y^2}\,\boldsymbol{i} + \dfrac{x}{x^2 + y^2}\,\boldsymbol{j}$ 定義於區域

$D = \left\{ (x,y) \,\middle|\, \dfrac{1}{2} < \sqrt{x^2 + y^2} < \dfrac{3}{2} \right\}$ 內，則

(1) 求 $\displaystyle\oint_C \mathbf{F} \cdot d\mathbf{r}$，其中 C 為 D 內之單位圓 $x(t) = \cos t$，

$y(t) = \sin t$，$0 \leq t \leq 2\pi$。

(2) 由(1)之結果，證明 $\mathbf{F}(x,y)$ 於 D 內不是守恆場。

(3) 證明 $\dfrac{\partial g}{\partial x} = \dfrac{\partial f}{\partial y}$，並說明【定理十三】不能適用於此例

的理由。

解：(1) $\displaystyle\oint_C \mathbf{F} \cdot d\mathbf{r} = \oint_C \left(\dfrac{-y}{x^2 + y^2}\,dx + \dfrac{x}{x^2 + y^2}\,dy \right)$

$\because$ C 為單位圓

$\therefore x^2 + y^2 = 1$

故 $\displaystyle\oint_C \mathbf{F} \cdot d\mathbf{r} = \oint_C -y\,dx + x\,dy$

$$= \int_0^{2\pi} \left[-\sin t(-\sin t) + \cos t \cos t \right] dt$$
$$= \int_0^{2\pi} (\sin^2 t + \cos^2 t)\,dt$$
$$= 2\pi$$

(2) 由於 $\displaystyle\oint_C \mathbf{F} \cdot d\mathbf{r} \neq 0$，其中 C 為單封閉曲線，故由

【定理十二】得知，$\mathbf{F}$ 不是守恆場。

(3) 計算 $\dfrac{\partial g}{\partial x}$ 和 $\dfrac{\partial f}{\partial y}$ 如下：

$$\frac{\partial g}{\partial x} = \frac{\partial}{\partial x}\left(\frac{x}{x^2+y^2} \right) = \frac{x^2+y^2 - x \cdot 2x}{(x^2+y^2)^2} = \frac{y^2 - x^2}{(x^2+y^2)^2}$$

$$\frac{\partial f}{\partial y} = \frac{\partial}{\partial y}\left(\frac{-y}{x^2+y^2} \right) = \frac{-(x^2+y^2) + y \cdot 2y}{(x^2+y^2)^2} = \frac{y^2 - x^2}{(x^2+y^2)^2}$$

$$\therefore \frac{\partial g}{\partial x} = \frac{\partial f}{\partial y}$$

【定理十三】不能適用的理由，是因為 D 不是單連

域。∎

接下來，將二維守恆場的結果延伸到三維的守恆場。

【定義二十三】（三維守恆場）

　　若向量場 $\mathbf{F}(x,y,z)$ 於空間某區域 D 內可寫成 $\mathbf{F}=\nabla\phi$，其中

$\phi(x,y,z)$ 為潛位函數，則稱 $\mathbf{F}$ 於 D 內為守恆場。

【定理十四】

　　若 $\mathbf{F}(x,y,z)$ 於空間某區域 D 內為連續函數，P 和 Q 為 D 上的

任意兩點(P 為起點，Q 為終點)，則 $\int_{C}\mathbf{F}\cdot d\mathbf{r}=\phi(Q)-\phi(P)$ 與連

結 P 點和 Q 點的任一曲線 C 無關。此外，若 C 為單封閉曲線，

則 $\oint_{C}\mathbf{F}\cdot d\mathbf{r}=0$。

【定理十五】（三維守恆場的測試準則）

　　若於一個開放單連域 D 上，向量場

　　$\mathbf{F}(x,y,z)=\mathrm{f}(x,y,z)\mathbf{i}+\mathrm{g}(x,y,z)\mathbf{j}+\mathrm{h}(x,y,z)\mathbf{k}$ 具有連續的一階

偏導數，則 $\mathbf{F}$ 為守恆場的充要條件為 $\nabla\times\mathbf{F}=0$。

〔註〕此定理之證明，將於 6-10 節說明。

【例 9】證明 $\mathbf{F}(x,y,z)=(y+yz,x+3z^3+xz,9yz^2+xy-1)$ 於整個空

　　　間為守恆場，並求其潛位函數。

解：$\because \nabla \times \mathbf{F} = \begin{vmatrix} \boldsymbol{i} & \boldsymbol{j} & \boldsymbol{k} \\ \dfrac{\partial}{\partial x} & \dfrac{\partial}{\partial y} & \dfrac{\partial}{\partial z} \\ y+yz & x+3z^3+xz & 9yz^2+xy-1 \end{vmatrix}$

$$= \left[\frac{\partial}{\partial y}\left(9yz^2+xy-1\right) - \frac{\partial}{\partial z}\left(x+3z^3+xz\right) \right]\boldsymbol{i}$$

$$- \left[\frac{\partial}{\partial x}\left(9yz^2+xy-1\right) - \frac{\partial}{\partial z}\left(y+yz\right) \right]\boldsymbol{j}$$

$$+ \left[\frac{\partial}{\partial x}\left(x+3z^3+xz\right) - \frac{\partial}{\partial y}\left(y+yz\right) \right]\boldsymbol{k}$$

$$= \left(9z^2+x-9z^2-x\right)\boldsymbol{i} - \left(y-y\right)\boldsymbol{j} + \left(1+z-1-z\right)\boldsymbol{k}$$
$$= \boldsymbol{0}$$

$\because$ 整個空間為開放單連域

$\therefore$ 根據【定理十五】可得，$\mathbf{F}$ 為守恆場。

接下來，我們求潛位函數 $\phi(x,y,z)$ 使得 $\mathbf{F} = \nabla\phi$，

即　$\dfrac{\partial \phi}{\partial x} = f = y+yz$ 　　　　　　　　　（９）

$\dfrac{\partial \phi}{\partial y} = g = x+3z^3+xz$ 　　　　　　（１０）

$\dfrac{\partial \phi}{\partial z} = h = 9yz^2+xy-1$ 　　　　　（１１）

取(9)式，並對 x 積分得，

$\phi = xy+xyz+k(y,z)$ 　　　　　　　（１２）

取(12)式，並對 y 偏微分，其結果等於 g，得

$$\frac{\partial \phi}{\partial y} = x + xz + \frac{\partial k}{\partial y} = x + 3z^3 + xz \qquad (13)$$

$$\therefore \frac{\partial k}{\partial y} = 3z^3$$

取(13)式，並對 y 積分得

$$k = 3yz^3 + \ell(z) \qquad\qquad (14)$$

(14)式代入(12)式，得

$$\phi = xy + xyz + 3yz^3 + \ell(z) \qquad (15)$$

取(15)式，並對 z 偏微分，其結果等於 h，得

$$\frac{\partial \phi}{\partial z} = xy + 9yz^2 + \ell'(z) = 9yz^2 + xy - 1$$

$$\therefore \ell'(z) = -1$$

即　　$\ell(z) = -z + c$

令　　$c = 0$，得 $\ell(z) = -z$，並將其代入(15)式得

$$\phi = xy + xyz + 3yz^3 - z \quad 為 \mathbf{F} 的潛位函數。$$

■

習題（6－6節）

1. 求 $\displaystyle\int_c xyzdx - \cos(yz)dy + xzdz$，其中 C 為從 $(1,1,1)$ 點到

　　　　(−2, 1, 3)點之線段。

2. 求 $\int_C xy\,dx + x^2\,dy$，其中 C 為 $y = x^3$, $1 \le x \le 2$。

3. 有一條電線的形狀為

$$x(t) = 2\cos t,\ y(t) = 2\sin t,\ z(t) = 3,\ 0 \le t \le \frac{\pi}{2}$$

其質量密度函數為 $\rho(x, y, z) = xy$。求此電線的質量和質心。

4. 求 $\int_C \mathbf{F} \cdot d\mathbf{r}$ 之值，其中 $\mathbf{F} = x\boldsymbol{i} + y\boldsymbol{j}$，C 為

$$\mathbf{r}(t) = \cos t\ \boldsymbol{i} + \sin t\ \boldsymbol{j}，t 從 0 到 \pi。$$

5. 有一力場 $\mathbf{F} = \dfrac{\mathbf{r}}{|\mathbf{r}|^3}$，$\mathbf{r} = (x, y, z)$。求移動一質點從 $(1, 1, 1)$ 點

到 $(2, 2, 2)$ 點沿著直線所需的功。

6. 假設 $\mathbf{F}$ 為守恆的力場，其潛位函數為 ϕ。在物理學中，

$\mathrm{P} = -\phi$ 稱為位能函數。所以，$\mathbf{F} = -\nabla\mathrm{P}$。利用牛頓第二運

動定律 $m\mathbf{r}'' = \mathbf{F} = -\nabla\mathrm{P}$，證明**能量守恆定律**：$\dfrac{1}{2}mv^2 + \mathrm{P} =$

常數，其中 $\mathbf{r}$ 為質點之位置向量函數，m 為質點之質量，v

為質點之速率。

7. 在平面上的一質點受到力場 $\mathbf{F} = |\mathbf{r}|^n\,\mathbf{r}$ 的作用，其中 n 為

正整數，$\mathbf{r} = x\mathbf{i} + y\mathbf{j}$ 為此質點的位置。證明此力場為守恆。

8. $\mathbf{F}(x, y, z) = (yze^{xyz} - 4x,\ xze^{xyz} + z + \cos y,\ xye^{xyz} + y)$ 是否為守

恆場。若是的話，求其潛位函數。

§6-7 格林定理

　　格林 (Green) 定理是向量積分學中的核心定理。此定理將二維向量場沿著分段連續、單封閉曲線的線積分轉換成所包圍區域的二重積分。很多向量積分學的理論，都是由格林定理推導而得，例如本章後面提到的**高斯** (Gauss) 和**史托克斯** (stokes) 定理以及前面已討論的守恆場理論。此外格林定理也應用到偏微分方程式和和複函分析的領域。

　　在尚未介紹格林定理之前，我們先對曲線的類別加以定義。假設 x-y 平面上的曲線 C 可由位置向量 $\mathbf{r}(t) = x(t)\mathbf{i} + y(t)\mathbf{j}$，$a \le t \le b$ 表示。若 C 上的起點 $(t = a)$ 和終點 $(t = b)$ 為同一點時，稱 C 為**封閉** (closed)。若在不同 t 值的情況下，其對應的點位置不同，則稱 C 為**單一** (simple)。若對於封閉曲線 C 而言，除了起點和終點的位置相同之外，其餘不同 t 值的點位置皆相異，則稱 C 為**單封閉** (simple closed)。若 C 上點的移動從 $t = a$ 到 $t = b$ 時，是逆時鐘方向時，則稱 C 為**正向序** (positively oriented)；反之，若為順時鐘方向時，則稱 C 為**負向序** (negatively oriented)。

【例 1】曲線 C 的方程式為 $x(t) = \cos t$, $y(t) = \sin t$。

若 $0 \le t \le \pi$ ，則 C 為單一、開放、正向序曲線。

若 $0 \le t \le 2\pi$ ，則 C 為單封閉、正向序曲線。

若 $0 \le t \le 4\pi$ ，則 C 為非單封閉、正向序曲線。

■

【定理十六】(格林定理)

假設 C 為 x-y 平面上的單封閉、正向序與分段平滑曲線，D 為 C 上和其內部點所組成之區域。若

$\mathbf{F}(x, y) = f(x, y)\mathbf{i} + g(x, y)\mathbf{j}$ 為向量場，而 $f, g, \dfrac{\partial g}{\partial x}$ 和 $\dfrac{\partial f}{\partial y}$ 在 D 內

為連續，則

$$\oint_C f(x, y)dx + g(x, y)dy = \iint_D \left(\frac{\partial g}{\partial x} - \frac{\partial f}{\partial y} \right) dxdy \qquad (1)$$

證： 假設曲線 C 所包圍的區域 D，如圖二十九所示。 C 可視為

C₁ 和 C₂ 所組成，如圖(a)；或 C₃ 和 C₄ 所組成，如圖(b)。所以，

區域 D 可表示成

D： $h(x) \le y \le k(x),\ a \le x \le b$

D： $F(y) \le x \le G(y),\ c \le y \le d$

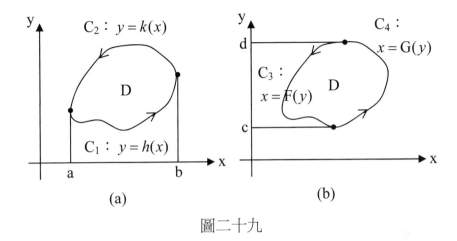

圖二十九

1. 圖(a)；

$$\oint_C f(x,y)dx$$

$$= \int_{C_1} f(x,y)dx + \int_{C_2} f(x,y)dx$$

$$= \int_a^b f(x,h(x))dx + \int_b^a f(x,k(x))dx$$

$$= \int_a^b \left[f(x,h(x)) - f(x,k(x)) \right]dx \qquad （2）$$

$$\iint_D \frac{\partial f}{\partial y}dxdy = \int_a^b \int_{h(x)}^{k(x)} \frac{\partial f}{\partial y}dydx$$

$$= \int_a^b \left[f(x,y) \right]_{h(x)}^{k(x)}dx$$

$$= \int_a^b \left[f(x,k(x)) - f(x,h(x)) \right]dx \qquad （3）$$

比較(2)式和(3)式，得

$$\oint_C f(x,y)dx = -\iint_D \frac{\partial f}{\partial y}dxdy \qquad\qquad (4)$$

2. 圖(b)：

$$\oint_C g(x,y)dy$$

$$= \int_{C_3} g(F(y),y)dy + \int_{C_4} g(G(y),y)dy$$

$$= \int_d^c g(F(y),y)dy + \int_c^d g(G(y),y)dy$$

$$= \int_c^d \left[g(G(y),y) - g(F(y),y) \right]dy \qquad\qquad (5)$$

$$\iint_D \frac{\partial g}{\partial x}dxdy = \int_c^d \int_{F(y)}^{G(y)} \frac{\partial g}{\partial x}dxdy$$

$$= \int_c^d \left[g(x,y) \right]_{F(y)}^{G(y)} dy$$

$$= \int_c^d \left[g(G(y),y) - g(F(y),y) \right]dy \qquad\qquad (6)$$

比較(5)式和(6)式，得

$$\oint_C g(x,y)dy = \iint_D \frac{\partial g}{\partial x}dxdy \qquad\qquad (7)$$

將(4)式和(7)式相加，得

$$\oint_C f(x,y)dx + g(x,y)dy = \iint_D \left(\frac{\partial g}{\partial x} - \frac{\partial f}{\partial y} \right)dxdy$$

■

【例2】求 $\oint_C (x+y)dx + (2x-e^y)dy$，其中 C 為

$(x-1)^2 + (y-2)^2 = 4$。

解：$\because f(x,y)=x+y$　，　$g(x,y)=2x-e^{y}$

$\dfrac{\partial g}{\partial x}=2$　，　$\dfrac{\partial f}{\partial y}=1$　　於 C 上和其內部區域 D 皆為連續

$\therefore$ 由格林定理得

$\displaystyle\oint_{C}(x+y)dx+(2x-e^{y})dy$

$\displaystyle=\iint_{D}\left(\dfrac{\partial g}{\partial x}-\dfrac{\partial f}{\partial y}\right)dxdy$

$\displaystyle=\iint_{D}(2-1)dxdy$

$\displaystyle=\iint_{D}dxdy$

$=$ 圓的面積

$=\pi(2)^{2}$

$=4\pi$

■

【例 3】求 $\displaystyle\oint_{C}\mathbf{F}\cdot d\mathbf{r}$，其中 $\mathbf{F}=(-4y+\cos x)\boldsymbol{i}+(e^{y}+2x)\boldsymbol{j}$，

$C=C_{1}\cup C_{2}\cup C_{3}$，如圖三十所示。

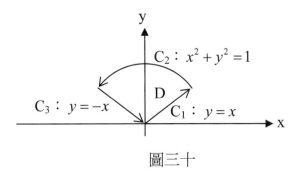

圖三十

解：$\because f(x,y) = -4y + \cos x$

$\quad g(x,y) = e^y + 2x$

$\dfrac{\partial g}{\partial x} = 2$ ， $\dfrac{\partial f}{\partial y} = -4$ 　於 C 上和 D 內皆為連續

$\therefore$ 由格林定理，得

$\oint_C \mathbf{F} \cdot d\mathbf{r}$

$= \iint_D \left(\dfrac{\partial g}{\partial x} - \dfrac{\partial f}{\partial y} \right) dxdy$

$= 6 \iint_D dxdy$

$\because$ D 為扇形區域

$\therefore$ 重積分在極座標下較為方便計算

$\because D = \left\{ (r,\theta) \middle| 0 \le r \le 1, \dfrac{\pi}{4} \le \theta \le \dfrac{3\pi}{4} \right\}$

$\therefore \oint \mathbf{F} \cdot d\mathbf{r} = 6 \int_{\frac{\pi}{4}}^{\frac{3\pi}{4}} \int_0^1 r\,dr\,d\theta$

$= 3 \int_{\frac{\pi}{4}}^{\frac{3\pi}{4}} r^2 \Big|_0^1 d\theta$

$= 3 \cdot \left(\dfrac{3\pi}{4} - \dfrac{\pi}{4} \right) = \dfrac{3\pi}{2}$

■

【例4】求 $\oint_C \dfrac{-y}{x^2+y^2} dx + \dfrac{x}{x^2+y^2} dy$ ，其中 C 為單位圓

$x(t) = \cos t$ ， $y(t) = \sin t$ ， $0 \le t \le 2\pi$ 。說明格林定理不能

適用的理由。

解：∵ $f = \dfrac{-y}{x^2 + y^2}$, $g = \dfrac{x}{x^2 + y^2}$

∴ $\dfrac{\partial g}{\partial x} = \dfrac{\partial f}{\partial y} = \dfrac{y^2 - x^2}{(y^2 + x^2)^2}$

另一方面，此題可從 6-6 節的【例 8】得知

$\oint_C \dfrac{-y}{x^2 + y^2} dx + \dfrac{x}{x^2 + y^2} dy = 2\pi$ 。

若用格林定理，此線積分等於 $\iint_D \left(\dfrac{\partial g}{\partial x} - \dfrac{\partial f}{\partial y} \right) dxdy = 0$ ，此

結果與 2π 相牴觸。此題不能利用格林定理來求解，其理

由為 $f, g, \dfrac{\partial f}{\partial y}, \dfrac{\partial g}{\partial x}$ 在座標原點不連續，而此原點在 C 的內

部。 ∎

　　格林定理可以延伸，使其適用於具有空洞的區域。如圖三十

一(a)所示，兩條封閉曲線 C_1 和 C_2 所包圍的區域為 D ，其中 C_1 為

逆時鐘方向， C_2 為順時鐘方向。在空洞區域的任何一點上，

$f, g, \dfrac{\partial g}{\partial x}$ 和 $\dfrac{\partial f}{\partial y}$ 皆為不連續或沒有定義。

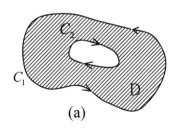
(a)

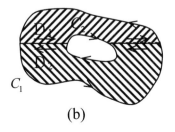
(b)

圖三十一

將圖三十一(a)的區域 D 切割成 D_1 和 D_2，如(b)所示。利用格林定理於 D_1 和 D_2 上，可得

$$\iint_D \left(\frac{\partial g}{\partial x} - \frac{\partial f}{\partial y} \right) dxdy = \iint_{D_1} \left(\frac{\partial g}{\partial x} - \frac{\partial f}{\partial y} \right) dxdy + \iint_{D_2} \left(\frac{\partial g}{\partial x} - \frac{\partial f}{\partial y} \right) dxdy$$

$$= \oint_{C_1} fdx + gdy + \oint_{C_2} fdx + gdy \qquad (8)$$

(8)式的結果，是由於在切割線上的線積分互相抵銷之故。所以(8)可改寫成

$$\oint_{C_1} fdx + gdy = \oint_{-C_2} fdx + gdy + \iint_D \left(\frac{\partial g}{\partial x} - \frac{\partial f}{\partial y} \right) dxdy \qquad (9)$$

其中 $-C_2$ 為逆時鐘方向(正向序)，與 C_1 的方向相同。在應用(9)式解題時，可於 C_1 內部作一逆時鐘方向的圓(取代 $-C_2$)使其包圍空洞區域，如下面例題所述。

【例5】求 $\oint_C \dfrac{-y}{x^2+y^2}dx + \dfrac{x}{x^2+y^2}dy$ 其中 $C = C_1 \cup C_2 \cup C_3 \cup C_4$，如圖三十二所示。

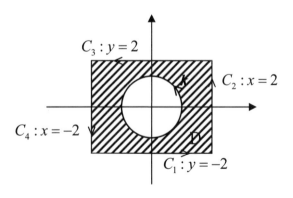

圖三十二

解：第一種解法是直接求四個線段上的線積分

$$\oint_C = \oint_{C_1} + \oint_{C_2} + \oint_{C_3} + \oint_{C_4} \quad \text{，計算上較繁雜。}$$

另一種方法是利用(9)式來求解，其過程如下：

作一正向序的單位圓 k，使其和 C 所包圍的區域為 D，

如圖三十二所示。由(9)式得知，

$$\oint_C f dx + g dy = \oint_k f dx + g dy + \iint_D \left(\frac{\partial g}{\partial x} - \frac{\partial f}{\partial y} \right) dx dy$$

由 6-6 節的【例 8 】的結果得知，

$$\frac{\partial g}{\partial x} = \frac{\partial f}{\partial y} \ \Rightarrow \ \iint_D \left(\frac{\partial g}{\partial x} - \frac{\partial f}{\partial y} \right) dx dy = 0 \ \text{ 及}$$

$$\oint_k f dx + g dy = 2\pi$$

$$\therefore \oint_C f dx + g dy = 2\pi$$

■

習題（6－7節）

1. 利用格林定理，證明【定理十三】。

2.　有一質點在力場 $\mathbf{F} = y\mathbf{i} + x\mathbf{j}$ 之影響下，沿著某一三角形逆時鐘方向移動一周，此三角形的頂點為 $(0,0)$，$(4,0)$ 和 $(1,6)$。求此力場對此質點所做的功。

3.　求 $\oint_C (x - \sin y)dx + (\cos x + y)dy$，其中 C 為矩形，其頂點為 $(-2,0),(3,0),(3,2),(-2,2)$。

4.　設 C 一為正向序、單封閉曲線，其包圍區域為 D。證明 D 的面積 A 為

(a)　$A = \oint_C -y\,dx$

(b)　$A = \oint_C x\,dy$

(c)　$A = \dfrac{1}{2} \oint_C -y\,dx + x\,dy$

5.　利用第 4 題的結果，計算橢圓 $x = a\cos t$, $y = b\sin t$, $a > 0$, $b > 0$, $0 \le t \le 2\pi$ 之面積。

6.　設 C 為一正向序、單封閉曲線，其包圍區域為 D。證明 D 的質心 (centroid) 座標為 $\overline{x} = \dfrac{1}{2A} \oint_C x^2\,dy$, $\overline{y} = \dfrac{1}{2A} \oint_C y^2\,dx$，其中 A 為 D 的面積。

7.　求 $\oint_C \mathbf{F} \cdot d\mathbf{r}$，其中 $\mathbf{F} = \dfrac{x}{x^2 + y^2}\mathbf{i} + \dfrac{y}{x^2 + y^2}\mathbf{j}$，C 為任一不通過座標原點之單封閉曲線。

§6-8 面積分

在 6-2 節中已經討論過，曲面(surface)可由兩個獨立變數 u 和 v 的位置向量函數 $\mathbf{r}(u,v) = x(u,v)\mathbf{i} + y(u,v)\mathbf{j} + z(u,v)\mathbf{k}$ 來表示。 另一種較常用來表示曲面的方式為，以 x 和 y 為獨立變數的位置向量函數 $\mathbf{r}(x,y) = x\mathbf{i} + y\mathbf{j} + z\mathbf{k}$，其中 $z = f(x,y)$。例如，$z = \sqrt{x^2 + y^2}$，$x^2 + y^2 \le 4^2$，為一**圓錐** (cone)。

在討論面積分之前，吾人先對曲面的類別加以定義。假設空間內的曲面 S 的位置向量為 $\mathbf{r}(x,y) = x\mathbf{i} + y\mathbf{j} + f(x,y)\mathbf{k}$，$a \le x \le b$, $c \le y \le d$。 若 $\mathbf{r}(x_1,y_1) = \mathbf{r}(x_2,y_2)$ 只在 $x_1 = x_2$ 且 $y_1 = y_2$ 的條件下才會發生時，則稱此曲面為**單一** (simple)。對於單一曲面 S 而言，若在其上的每一點皆有連續的一階偏導數 $\dfrac{\partial f}{\partial x}$ 和 $\dfrac{\partial f}{\partial y}$，則稱 S 為**平滑** (smooth)。若曲面 S 是由有限個平滑曲面所組成，則稱 S 為**分段平滑** (piecewise smooth)。例如，球為平滑曲面，而平行六面體的表面為分段平滑曲面。

欲了解曲面的微面積與其在 x-y 平面上投影的微面積之間的關係，吾人可以參考圖三十三。 在此圖中，S 為平滑曲面，其在 x-y 平面上的投影區域為 D。假設在 D 內有一面積為 $\Delta A = \Delta x \cdot \Delta y$ 的矩形，其中的一頂點為 $(x, y, 0)$。將此矩形向上投射，可得到以 $(x, y, f(x,y))$ 為頂點的平行四邊形 T。此平行四邊形在切平面

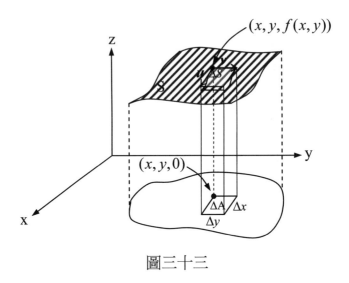

圖三十三

上，其兩邊是由向量 u 和 v 所組成，可表示成

$$u = \Delta x \boldsymbol{i} + \frac{\partial f}{\partial x} \Delta x \boldsymbol{k}$$

$$v = \Delta y \mathbf{j} + \frac{\partial f}{\partial y} \Delta y \boldsymbol{k}$$

所以，T 的面積 ΔS 為 $|u \times v|$。由於

$$u \times v = \begin{vmatrix} \boldsymbol{i} & \boldsymbol{j} & \boldsymbol{k} \\ \Delta x & 0 & \dfrac{\partial f}{\partial x} \Delta x \\ 0 & \Delta y & \dfrac{\partial f}{\partial y} \Delta y \end{vmatrix} = \left(-\frac{\partial f}{\partial x} \Delta x \Delta y, -\frac{\partial f}{\partial y} \Delta x \Delta y, \Delta x \Delta y \right)$$

所以，$\Delta S = \sqrt{1 + \left(\dfrac{\partial f}{\partial x} \right)^2 + \left(\dfrac{\partial f}{\partial y} \right)^2} \, \Delta A$

當 $\Delta x \to 0, \Delta y \to 0$ 時，$\Delta S \to dS$ 和 $\Delta A \to dA$，故

$$dS = \sqrt{1+\left(\frac{\partial f}{\partial x}\right)^2+\left(\frac{\partial f}{\partial y}\right)^2}\, d\mathrm{A} \qquad (1)$$

因此，曲面 S 的面積爲

$$\mathrm{A(S)} = \iint_{\mathrm{D}} \sqrt{1+\left(\frac{\partial f}{\partial x}\right)^2+\left(\frac{\partial f}{\partial y}\right)^2}\, d\mathrm{A} \qquad (2)$$

A. 純量場的面積分

利用(1)式，我們可以定義純量函數之**面積分** (surface integral)

如下：

【定義二十四】（純量場之面積分）

若 $\phi(x,y,z)$ 爲定義於空間中曲面 S 之純量函數，S 爲平

滑曲面，其方程式爲 $z = f(x,y)$，則 $\phi(x,y,z)$ 在 S 的面積分爲

$$\iint_{\mathrm{S}} \phi(x,y,z) dS = \iint_{\mathrm{D}} \phi(x,y,f(x,y)) \sqrt{1+\left(\frac{\partial f}{\partial x}\right)^2+\left(\frac{\partial f}{\partial y}\right)^2}\, d\mathrm{A} \quad (3)$$

其中，D 爲 S 在 x-y 平面上之投影區域。

【例 1】求 $\iint_{\mathrm{S}} \phi(x,y,z) dS$，其中 $\phi(x,y,z) = x$

　　　　S：$z = 4-x-y$，$0 \le x \le 2$，$0 \le y \le 1$

解：$\because z = f(x,y) = 4-x-y$

$$\therefore \frac{\partial f}{\partial x} = -1 = \frac{\partial f}{\partial y}$$

$$\therefore \sqrt{1 + \left(\frac{\partial f}{\partial x}\right)^2 + \left(\frac{\partial f}{\partial y}\right)^2} = \sqrt{3}$$

由(3)式得知,

$$\iint_S \phi(x,y,z)dS = \iint_D x \cdot \sqrt{3}dxdy$$

$$\because D = \left\{(x,y) \mid 0 \le x \le 2, \ 0 \le y \le 1\right\}$$

$$\therefore \iint_S \phi(x,y,z)dS = \int_0^1 \int_0^2 \sqrt{3}xdxdy$$

$$= \int_0^1 \frac{\sqrt{3}}{2}x^2 \Big|_0^2 dy$$

$$= \frac{\sqrt{3}}{2}\int_0^1 4dy$$

$$= 2\sqrt{3}$$

∎

【例 2】設圓錐 $z = \sqrt{x^2 + y^2}$, $x^2 + y^2 \le 1$,的質量密度函數為

$\phi(x,y,z) = |xy|$,求圓錐的質量。

解: $\because \dfrac{\partial z}{\partial x} = \dfrac{x}{z}$, $\dfrac{\partial z}{\partial y} = \dfrac{y}{z}$

$\therefore$圓錐的質量 m 為

$$m = \iint_S \phi(x,y,z)dS$$

$$= \iint_D |xy| \sqrt{1 + \frac{x^2}{z^2} + \frac{y^2}{z^2}} \, dy dx$$

$$= \sqrt{2} \iint_D |xy| \, dy dx \qquad\qquad （4）$$

利用極座標的轉換公式：

$$x = r \cos \theta$$

$$y = r \sin \theta$$

$$dx dy = r dr d\theta$$

(4)可寫成

$$m = \sqrt{2} \int_0^{2\pi} \int_0^1 |r \cos \theta \cdot r \sin \theta| r dr d\theta$$

$$= \sqrt{2} \int_0^{2\pi} \frac{1}{2} |\sin 2\theta| \left(\int_0^1 r^3 dr \right) d\theta$$

$$= \frac{\sqrt{2}}{8} \int_0^{2\pi} |\sin 2\theta| d\theta$$

$$= \sqrt{2} \int_0^{\frac{\pi}{4}} \sin 2\theta d\theta$$

$$= \frac{\sqrt{2}}{2}$$

■

B. 向量場的面積分

若 $\mathbf{F}(x, y, z) = f(x, y, z)\mathbf{i} + g(x, y, z)\mathbf{j} + h(x, y, z)\mathbf{k}$ 為流體的速度場，如圖三十四所示，則於 Δt 時間內，流體通過面積為 ΔS 之區

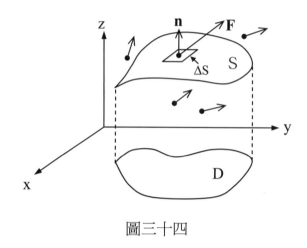

圖三十四

域的體積約為 $(\mathbf{F} \cdot \mathbf{n})\Delta S\Delta t$，其中 $\mathbf{n}$ 為曲面 S 的單位法向量。 因此，於單位時間內，流體通過曲面 S 的總體積，稱為 $\mathbf{F}$ 通過 S 的**通量**(flux)，可表示成

$$通量 = \iint_S \mathbf{F} \cdot \mathbf{n} \, dS \qquad\qquad （4）$$

當 S 為封閉曲面時，若 $\mathbf{n}$ 為向外的 (outward) 單位法向量，則(4)式可用來計算流體通過曲面 S 向外流出的通量。

若平滑曲面 S 為 $z = f(x,y)$，則我們可以使用 $\phi(x,y,z) = z - f(x,y) = 0$ 或 $\phi(x,y,z) = f(x,y) - z = 0$ 來代表 S 的等位面 (level surface)。 從 6-4 節的討論得知，單位法向量可表示成 $\mathbf{n} = \dfrac{\nabla\phi}{|\nabla\phi|}$。 所以 $\mathbf{n}$ 有兩個方向，其取捨端視應用時通量是向外或向內來決定。

【例3】求 $\mathbf{F} = y^2\boldsymbol{i} + x^2\boldsymbol{j} + 5z\boldsymbol{k}$ 通過封閉曲面 S 向外流出的通量，

其中 S 是分段平滑曲面，由 $S_1 : z = x^2 + y^2$ 和 $S_2 : z = 1$ 兩個

邊界面組成。

解：1. S_1 的(向外)單位法向量為

$$\mathbf{n}_1 = \nabla\phi \Big/ |\nabla\phi|$$

其中 $\phi = x^2 + y^2 - z$ 。

$\because \nabla\phi = 2x\boldsymbol{i} + 2y\boldsymbol{j} - \boldsymbol{k}$

$\therefore \mathbf{n}_1 = \dfrac{1}{\sqrt{4x^2 + 4y^2 + 1}}(2x, 2y, -1)$

$\therefore \mathbf{F} \cdot \mathbf{n}_1 = \dfrac{2xy^2 + 2x^2y - 5z}{\sqrt{4x^2 + 4y^2 + 1}} = \dfrac{2xy^2 + 2x^2y - 5x^2 - 5y^2}{\sqrt{4x^2 + 4y^2 + 1}}$

$\therefore \displaystyle\iint_{S_1} \mathbf{F} \cdot \mathbf{n}_1 \, dS$

$\displaystyle = \iint_{D_1} \dfrac{2xy^2 + 2x^2y - 5x^2 - 5y^2}{\sqrt{4x^2 + 4y^2 + 1}} \sqrt{1 + \left(\dfrac{\partial z}{\partial x}\right)^2 + \left(\dfrac{\partial z}{\partial y}\right)^2} \, dxdy$

$\displaystyle = \iint_{D_1} \left(2xy^2 + 2x^2y - 5x^2 - 5y^2\right) dxdy$

$\because D_1 = \left\{(x, y) \,\middle|\, x^2 + y^2 \le 1\right\}$ （直角座標）

$\qquad = \left\{(r, \theta) \,\middle|\, 0 \le r \le 1, \ 0 \le \theta \le 2\pi\right\}$ （極座標）

令 $x = r\cos\theta, \ y = r\sin\theta, \ dxdy \to rdrd\theta$

則 $\displaystyle\iint_{D_1}\left(2xy^2+2x^2y-5x^2-5y^2\right)dxdy$

$$= \int_0^{2\pi}\int_0^1\left[2r^3(\cos\theta\sin^2\theta+\cos^2\theta\sin\theta)-5r^2\right]rdrd\theta$$

$$= \int_0^{2\pi}\left[(\cos\theta\sin^2\theta+\cos^2\theta\sin\theta)\int_0^1 2r^4dr-5\int_0^1 r^3dr\right]d\theta$$

$$= \frac{2}{5}\int_0^{2\pi}(\cos\theta\sin^2\theta+\cos^2\theta\sin\theta)d\theta-\frac{5}{4}\int_0^{2\pi}d\theta$$

$$= \frac{1}{5}\int_0^{2\pi}\sin\theta\sin2\theta d\theta+\frac{1}{5}\int_0^{2\pi}\cos\theta\sin2\theta d\theta-\frac{5}{2}\pi$$

$$= \frac{1}{5}\int_0^{2\pi}\frac{1}{2}[\cos\theta-\cos3\theta]d\theta$$
$$+\frac{1}{5}\int_0^{2\pi}\frac{1}{2}[\sin\theta+\sin3\theta]d\theta-\frac{5}{2}\pi$$

$$= \frac{1}{10}\int_0^{2\pi}\cos\theta d\theta-\frac{1}{10}\int_0^{2\pi}\cos3\theta d\theta$$
$$+\frac{1}{10}\int_0^{2\pi}\sin\theta d\theta+\frac{1}{10}\int_0^{2\pi}\sin3\theta d\theta-\frac{5}{2}\pi$$

$$= -\frac{5}{2}\pi$$

2. $\because \mathrm{S}_2$ 的(向外)單位法向量為 $\boldsymbol{n}_2=\boldsymbol{k}$

$\therefore \mathbf{F}\bullet\mathbf{n}_2=5z$

$\displaystyle\therefore \iint_{S_2}\mathbf{F}\bullet\mathbf{n}_2 dS=\iint_{S_2}5zdS=5\iint_{S_2}dS=5\pi(1)^2=5\pi$

$\displaystyle\therefore \iint_S \mathbf{F}\bullet\mathbf{n}dS=\iint_{S_1}\mathbf{F}\bullet\mathbf{n}_1 dS+\iint_{S_2}\mathbf{F}\bullet\mathbf{n}_2 dS$

$$= -\frac{5}{2}\pi+5\pi$$

$$= \frac{5}{2}\pi$$

習題（6－8）

1. 求密度均勻的上半球 $z = \sqrt{r^2 - x^2 - x^2}$ 之質心 (centroid)。

2. 求 $\mathbf{F} = x\mathbf{i} + y\mathbf{j} + z\mathbf{k}$ 通過介於兩個平面 $z = 1$ 和 $z = 2$ 的球面 $x^2 + y^2 + z^2 = 4$ 之向外通量。

3. 由庫倫定律得知，位於座標原點之點電荷 q 所產生之電場 $\mathbf{E} = kq \dfrac{\mathbf{r}}{|\mathbf{r}|^3}$，其中的 k 為常數，$\mathbf{r} = x\mathbf{i} + y\mathbf{j} + z\mathbf{k}$。求通過球面 $x^2 + y^2 + z^2 = r^2$ 之向外電通量。

§6-9　高斯 (Gauss) 發散定理

　　高斯發散定理對於電磁學和流體動力學的應用相當重要。首先，我們介紹格林定理的第一種向量形式，此形式又名(二維)**高斯發散** (Gauss divergence) 定理。然後，在將其結果推廣到三度空間，而得到(三維)高斯發散定理。

　　假設在 x-y 平面上有一向量場 $\mathbf{F}(x, y) = f(x, y)\mathbf{i} + g(x, y)\mathbf{j}$，C 為單封閉曲線，其單位法向量 $\mathbf{n}$ 為 $\dfrac{dy}{ds}\mathbf{i} - \dfrac{dx}{ds}\mathbf{j}$（s 為弧長）。此向量場在法向量上的分量 $\mathbf{F \cdot n}$，沿著 C 的線積分為

$$\oint_C (\mathbf{F \cdot n})ds = \oint_C f\,dy - g\,dx$$

若 C 所包圍的區域為 R，則依據格林定理可得，

$$\oint_C f\,dy - g\,dx = \iint_R \left[\frac{\partial f}{\partial x} - \left(-\frac{\partial g}{\partial y} \right) \right] dA$$

$$= \iint_R \left(\frac{\partial f}{\partial x} + \frac{\partial g}{\partial y} \right) dA = \iint_R \nabla \cdot \mathbf{F}\,dA$$

所以，　$\boxed{\oint_C (\mathbf{F \cdot n})ds == \iint_R \nabla \cdot \mathbf{F}\,dA}$　　　　（1）

(1) 式稱為(二維)高斯發散定理，可以推廣到三度空間，如下

【定理十七】（高斯發散定理）

假設在三度空間內，D為分段平滑的封閉曲面S所包圍之封閉區域。若 $\mathbf{F}(x,y,z) = f(x,y,z)\mathbf{i} + g(x,y,z)\mathbf{j} + h(x,y,z)\mathbf{k}$ 為向量場，其 $f, g, h, \dfrac{\partial f}{\partial x}, \dfrac{\partial g}{\partial y}, \dfrac{\partial h}{\partial z}$ 在D內均為連續，則

$$\oiint_S \mathbf{F} \cdot \mathbf{n}\,dS = \iiint_D \nabla \cdot \mathbf{F}\,dV \qquad （2）$$

證： 我們只針對圖三十五所示的特殊區域D來證明。

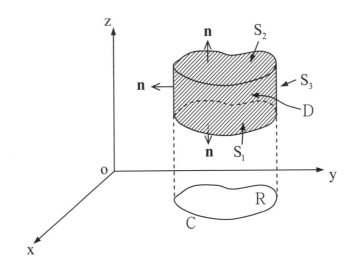

圖三十五

曲面S包含三個曲面如下：

（底面） $S_1 : z = f_1(x,y),\ (x,y) \in R$

（頂面） $S_2 : z = f_2(x,y),\ (x,y) \in R$

（側面）$S_3 : f_1(x,y) \le z \le f_2(x,y), \ (x,y) \in C$

R為D在x-y平面上的投影區域，而C為R之邊界曲線。

$\because \nabla \cdot \mathbf{F} = \dfrac{\partial f}{\partial x} + \dfrac{\partial g}{\partial y} + \dfrac{\partial h}{\partial z}$

且 $\mathbf{F} \cdot \mathbf{n} = (\mathbf{i} \cdot \mathbf{n})f + (\mathbf{j} \cdot \mathbf{n})g + (\mathbf{k} \cdot \mathbf{n})h$

$\therefore$ 欲證明(2)式，吾人只需證明下面三式成立：

$$\iint_S (\mathbf{i} \cdot \mathbf{n}) f \, dS = \iiint_D \frac{\partial f}{\partial x} \, dV \tag{3}$$

$$\iint_S (\mathbf{j} \cdot \mathbf{n}) g \, dS = \iiint_D \frac{\partial g}{\partial y} \, dV \tag{4}$$

$$\iint_S (\mathbf{k} \cdot \mathbf{n}) h \, dS = \iiint_D \frac{\partial h}{\partial z} \, dV \tag{5}$$

下面只證明(5)式（因為(3)式和(4)式之證明為類似）。

$$\because \iiint_D \frac{\partial h}{\partial z} \, dV = \iint_R \left[\int_{f_1(x,y)}^{f_2(x,y)} \frac{\partial h}{\partial z} \, dz \right] dA$$

$$= \iint_R \left[h(x,y,f_2(x,y)) - h(x,y,f_1(x,y)) \right] dA \tag{6}$$

另一方面，

$$\iint_S (\mathbf{k} \cdot \mathbf{n}) h \, dS = \iint_{S_1} (\mathbf{k} \cdot \mathbf{n}) h \, dS + \iint_{S_2} (\mathbf{k} \cdot \mathbf{n}) h \, dS + \iint_{S_3} (\mathbf{k} \cdot \mathbf{n}) h \, dS$$

以下分別求 $\iint_{S_i} (\mathbf{k} \cdot \mathbf{n}) h \, dS, \ i = 1,2,3$

● S_1 的積分：

因為 S_1 的向外單位法向量 $\mathbf{n}$ 為向下，所以可將 S_1 描述

為 $\phi(x,y,z) = f_1(x,y) - z = 0$。故

$$n = \frac{\frac{\partial f_1}{\partial x}\boldsymbol{i} + \frac{\partial f_1}{\partial y}\boldsymbol{j} - \boldsymbol{k}}{\sqrt{1 + \left(\frac{\partial f_1}{\partial x}\right)^2 + \left(\frac{\partial f_1}{\partial y}\right)^2}}$$

$$\therefore \boldsymbol{k} \cdot \mathbf{n} = \frac{-1}{\sqrt{1 + \left(\frac{\partial f_1}{\partial x}\right)^2 + \left(\frac{\partial f_1}{\partial y}\right)^2}}$$

$$\therefore \iint_{S_1} (\boldsymbol{k} \cdot \mathbf{n}) h d\mathrm{S} = -\iint_{R} h(x, y, f_1(x, y)) d\mathrm{A} \qquad （7）$$

● S_2 的積分：

　　因為 S_2 的向外單位法向量 **n** 為向上，所以可將 S_2 描述

為 $\phi(x, y, z) = z - f_2(x, y) = 0$。故

$$\mathbf{n} = \frac{-\frac{\partial f_2}{\partial x}\boldsymbol{i} - \frac{\partial f_2}{\partial y}\boldsymbol{j} + \boldsymbol{k}}{\sqrt{1 + \left(\frac{\partial f_2}{\partial x}\right)^2 + \left(\frac{\partial f_2}{\partial y}\right)^2}}$$

$$\therefore \boldsymbol{k} \cdot \mathbf{n} = \frac{1}{\sqrt{1 + \left(\frac{\partial f_2}{\partial x}\right)^2 + \left(\frac{\partial f_2}{\partial y}\right)^2}}$$

$$\therefore \iint_{S_2} (\boldsymbol{k} \cdot \mathbf{n}) h d\mathrm{S} = \iint_{R} h(x, y, f_2(x, y)) d\mathrm{A} \qquad (8)$$

● S_3 的積分：

　　因為側面的法向量 **n** 與 $\boldsymbol{k}$ 垂直，即 $\boldsymbol{k} \cdot \mathbf{n} = 0$。故

$$\iint_{S_3} (\boldsymbol{k} \cdot \mathbf{n}) h d S = 0 \tag{9}$$

最後，將 (7), (8), (9) 三式相加，得

$$\iint_{S} (\boldsymbol{k} \cdot \mathbf{n}) h d S = \iint_{R} \left[h(x, y, f_2(x, y)) - h(x, y, f_1(x, y)) \right] d A \tag{10}$$

比較(6)式和(10)式，得

$$\iint_{S} (\boldsymbol{k} \cdot \mathbf{n}) h d S = \iiint_{D} \frac{\partial h}{\partial z} d V$$

【例1】計算 $\mathbf{F}(x, y, z) = x\boldsymbol{i} + y\boldsymbol{j} + z\boldsymbol{k}$ 通過一封閉曲面 S 的向外通量，其中 $S = S_1 \cup S_2$，如圖三十六所示。

$S_1 : z = \sqrt{x^2 + y^2}, \ z \le 1$

$S_2 : x^2 + y^2 \le 1, \ z = 1$

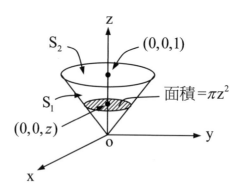

圖三十六

解：$\because \nabla \cdot \mathbf{F} = \dfrac{\partial f}{\partial x} + \dfrac{\partial g}{\partial y} + \dfrac{\partial h}{\partial z} = 1 + 1 + 1 = 3$

$\therefore$ 通量 $= \iiint_D \nabla \cdot \mathbf{F} dV$

$\qquad\qquad = 3 \iiint_D dV$

$\qquad\qquad = 3 \int_0^1 \pi z^2 dz$

$\qquad\qquad = 3\pi \cdot \dfrac{1}{3}$

$\qquad\qquad = \pi$

習題（6－9節）

1. 使用高斯定理，求 $\mathbf{F}$ 通過 S 的向外通量 $\oiint_S (\mathbf{F} \cdot \mathbf{n}) dS$，其中

   $\mathbf{F} = (x\mathbf{i} + y\mathbf{j} + z\mathbf{k}) \big/ (x^2 + y^2 + z^2)$，$S = S_1 \cup S_2$，

   $S_1 : x^2 + y^2 + z^2 = a^2 ; S_2 : x^2 + y^2 + z^2 = b^2 , b > a$。

2. 假設 S 是封閉區域 D 的邊界曲面。若 C 為常數向量，則求

   $\oiint_S (\mathbf{C} \cdot \mathbf{n}) dS$。

3. 假設 S 是封閉區域 D 的邊界曲面。若

$$\mathbf{F}(x, y, z) = f(x, y, z)\mathbf{i} + g(x, y, z)\mathbf{j} + h(x, y, z)\mathbf{k}$$ 且 f, g, h 有連續

的二階偏導數，則求 $\oiint_S (\nabla \times \mathbf{F}) \cdot \mathbf{n} dS$。

4. 假設 f 和 g 為純量函數，其二階偏導數為連續。利用高斯定理來證明格林等式 (Green's identity)：

$$\oiint_S (f\nabla g) \cdot \mathbf{n} dS = \iiint_D (f\nabla^2 g + \nabla f \cdot \nabla g) dV$$

§6-10 史托克斯 (Stokes) 定理

首先，我們介紹格林定理的第二種向量形式。此形式又名(二維) Stokes 定理，然後再將其結果推廣到三度空間，而得到(三維) Stokes 定理。

假設在 x-y 平面上有一向量場 $\mathbf{F}(x, y) = f(x, y)\mathbf{i} + g(x, y)\mathbf{j}$，C 為單封閉曲線，其單位切向量 T 為 $\dfrac{dx}{ds}\mathbf{i} + \dfrac{dy}{ds}\mathbf{j}$（s 為弧長）。此向量場在切向量上的分量 $\mathbf{F} \cdot \mathbf{T}$，沿著 C 的線積分為

$$\oint_C \mathbf{F} \cdot dr = \oint_C (\mathbf{F} \cdot \mathbf{T}) dS = \oint_C f dx + g dy$$

若 C 所包圍的區域為 R，則由格林定理可得

$$\oint_C f dx + g dy = \iint_R \left(\frac{\partial g}{\partial x} - \frac{\partial f}{\partial y} \right) dA$$

由於

$$\nabla \times \mathbf{F} = \begin{vmatrix} \mathbf{i} & \mathbf{j} & \mathbf{k} \\ \dfrac{\partial}{\partial x} & \dfrac{\partial}{\partial y} & \dfrac{\partial}{\partial z} \\ f & g & 0 \end{vmatrix} = \left(\frac{\partial g}{\partial x} - \frac{\partial f}{\partial y} \right) \mathbf{k}$$

所以，由上面三式可得

$$\oint_C \mathbf{F} \cdot dr = \iint_R (\nabla \times \mathbf{F}) \cdot \mathbf{k} dA \qquad\qquad （1）$$

(1) 式說明 **F** 的切線分量之線積分等於 curl **F** 的法線分量的

　　重積分。(1)式又名(二維) Stokes 定理，可推廣到三度空

　　間，如下：

【定理十八】（**Stokes** 定理）

假設在三度空間內，S為分段平滑曲面，其邊界為分段
連續、單封閉曲線C。

$\mathbf{F}(x,y,z) = f(x,y,z)\mathbf{i} + g(x,y,z)\mathbf{j} + h(x,y,z)\mathbf{k}$ 為向量場，其
f, g 和 h 在S上為連續，且有連續的一階偏導數。若C為
正向序，則

$$\oint_C \mathbf{F} \cdot dr = \iint_S (\nabla \times \mathbf{F}) \cdot \mathbf{n} dS \tag{2}$$

其中$\mathbf{n}$為S上的單位法向量，其方向與C具有密合性
(coherently oriented)，如圖三十七中的右手法則所示。

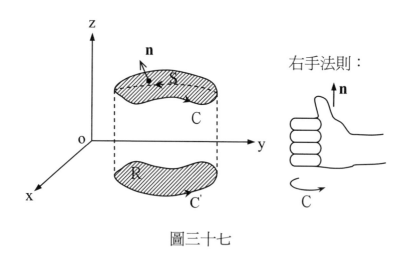

圖三十七

[註]: 若右手的四指旋轉的方向為 **C** 的逆時針方向，則右手的姆
指方向為S的法向量$\mathbf{n}$所指的方向。若符合上述規則，則稱
$\mathbf{n}$ 和 **C** 的方向具有密合性。

證：假設曲面 S 的法向量 **n** 爲向上，如圖三十七所示。 S 可由

$z = p(x, y)$ 來表示。由 curl **F** 的定義，得

$$\nabla \times \mathbf{F} = \left(\frac{\partial h}{\partial y} - \frac{\partial g}{\partial z} \right) \mathbf{i} + \left(\frac{\partial f}{\partial z} - \frac{\partial h}{\partial x} \right) \mathbf{j} + \left(\frac{\partial g}{\partial x} - \frac{\partial f}{\partial y} \right) \mathbf{k} \ \circ$$

由於 S 可由等位面 $\phi(x, y, z) = z - p(x, y) = 0$ 表示，故其單位法

向量爲

$$\mathbf{n} = \frac{-\dfrac{\partial p}{\partial x} \mathbf{i} - \dfrac{\partial p}{\partial y} \mathbf{j} + \mathbf{k}}{\sqrt{1 + \left(\dfrac{\partial p}{\partial x} \right)^2 + \left(\dfrac{\partial p}{\partial y} \right)^2}}$$

所以

$$\iint_S (\nabla \times \mathbf{F}) \bullet \mathbf{n} dS = \iint_R \left[-\left(\frac{\partial h}{\partial y} - \frac{\partial g}{\partial z} \right) \frac{\partial p}{\partial x} \right.$$

$$\left. -\left(\frac{\partial f}{\partial z} - \frac{\partial h}{\partial x} \right) \frac{\partial p}{\partial y} + \left(\frac{\partial g}{\partial x} - \frac{\partial f}{\partial y} \right) \right] dA \qquad （3）$$

若 C' 爲 C 在 x-y 平面上之投影曲線，其方程式爲

$x = x(t), y = y(t), a \le t \le b$ ，則 C 的方程式爲

$x = x(t), y = y(t), z = p\big(x(t), y(t)\big), a \le t \le b$

故 $\oint_C \mathbf{F} \bullet d\mathbf{r} = \oint_C f dx + g dy + h dz$

$$= \int_a^b \left[f \frac{dx}{dt} + g \frac{dy}{dt} + h \left(\frac{\partial p}{\partial x} \frac{dx}{dt} + \frac{\partial p}{\partial y} \frac{dy}{dt} \right) \right] dt$$

$$= \oint_{C'} \left(f + h\frac{\partial p}{\partial x} \right) dx + \left(g + h\frac{\partial p}{\partial y} \right) dy$$

$$= \iint_R \left[\frac{\partial}{\partial x}\left(g + h\frac{\partial p}{\partial y} \right) - \frac{\partial}{\partial y}\left(f + h\frac{\partial p}{\partial x} \right) \right] d\mathrm{A} \tag{4}$$

(4)式會成立，是因為格林定理之緣故。

$$\because \frac{\partial}{\partial x}\left(g + h\frac{\partial p}{\partial y} \right) = \frac{\partial}{\partial x}\left[g(x, y, p(x,y)) + h(x, y, p(x,y))\frac{\partial p}{\partial y} \right]$$

$$= \frac{\partial g}{\partial x} + \frac{\partial g}{\partial z}\frac{\partial p}{\partial x} + h\frac{\partial^2 p}{\partial x \partial y} + \frac{\partial p}{\partial y}\left(\frac{\partial h}{\partial x} + \frac{\partial h}{\partial z}\frac{\partial p}{\partial x} \right) \tag{5}$$

$$\text{且} \frac{\partial}{\partial y}\left(f + h\frac{\partial p}{\partial x} \right) = \frac{\partial}{\partial y}\left[f(x, y, p(x,y)) + h(x, y, p(x,y))\frac{\partial p}{\partial x} \right]$$

$$= \frac{\partial f}{\partial y} + \frac{\partial f}{\partial z}\frac{\partial p}{\partial y} + h\frac{\partial^2 p}{\partial x \partial y} + \frac{\partial p}{\partial x}\left(\frac{\partial h}{\partial y} + \frac{\partial h}{\partial z}\frac{\partial p}{\partial y} \right) \tag{6}$$

(5)式減去(6)式，得

$$\frac{\partial}{\partial x}\left(g + h\frac{\partial p}{\partial y} \right) - \frac{\partial}{\partial y}\left(f + h\frac{\partial p}{\partial x} \right)$$

$$= \left(\frac{\partial g}{\partial x} - \frac{\partial f}{\partial y} \right) + \left(\frac{\partial g}{\partial z} - \frac{\partial h}{\partial y} \right)\frac{\partial p}{\partial x} + \left(\frac{\partial h}{\partial x} - \frac{\partial f}{\partial z} \right)\frac{\partial p}{\partial y} \tag{7}$$

將(7)式代入(4)式後與(3)式比較，即得證。 ■

【例1】利用 Stokes 定理，求 $\iint_S (\nabla \times \mathbf{F}) \cdot \mathbf{n}\,dS$，

其中 $S : z = \sqrt{x^2 + y^2}, x^2 + y^2 \le 9$

$$\mathbf{F}(x, y, z) = -y\mathbf{i} + x\mathbf{j} - xyz\mathbf{k}$$

解：$\iint_S (\nabla \times \mathbf{F}) \cdot \mathbf{n}dS = \oint_C \mathbf{F} \cdot d\mathbf{r}$

∵邊界曲線 C 為圓，$x^2 + y^2 = 9$

∴ $C : x = 3\cos t,\ y = 3\sin t,\ z = 3,\ 0 \le t \le 2\pi$

$\oint_C \mathbf{F} \cdot d\mathbf{r} = \oint_C -ydx + xdy - xyzdz$

$= \oint_C -ydx + xdy$

$= \int_0^{2\pi} \left[-3\sin t \cdot (-3\sin t) + 3\cos t \cdot (3\cos t) \right] dt$

$= 9\int_0^{2\pi} \left(\sin^2 t + \cos^2 t \right) dt$

$= 9\int_0^{2\pi} dt$

$= 18\pi$

■

在 6-6 節中的【定理十五】，說明 $\mathbf{F}$ 為守恆場的充要條件為 $\nabla \times \mathbf{F} = \mathbf{0}$。其理由如下：

(1) 若 $\mathbf{F}$ 為守恆場，則存在一潛位函數 ϕ，使得 $\mathbf{F} = \nabla\phi$。由恆等式：

$\nabla \times (\nabla\phi) = \mathbf{0}$ 得知，$\nabla \times \mathbf{F} = \mathbf{0}$，即**守恆場為無旋場** (irrotational field)。

(2) 由 Stokes 定理得知，$\oint_C \mathbf{F} \cdot d\mathbf{r} = \iint_S (\nabla \times \mathbf{F}) \cdot \mathbf{n}dS$。所以若

$\nabla \times \mathbf{F} = \mathbf{0}$，則 $\oint_C \mathbf{F} \cdot d\mathbf{r} = 0$ 表示 $\mathbf{F}$ 為守恆場。

此外，若 $\mathbf{F}(x, y) = f(x, y)\mathbf{i} + g(x, y)\mathbf{j}$ 為 x-y 平面上某一開放單連域內的向量場，則 $\nabla \times \mathbf{F} = \left(\dfrac{\partial g}{\partial x} - \dfrac{\partial f}{\partial y} \right) \mathbf{k}$。所以 $\nabla \times \mathbf{F} = \mathbf{0}$ 的充要條件為 $\dfrac{\partial g}{\partial x} = \dfrac{\partial f}{\partial y}$，因此 6-6 節中的【定理十三】也可得證。

習題(6－10節)

1. 利用 Stokes 定理，求 $\oint_S (\nabla \times \mathbf{F}) \cdot \mathbf{n} \, dS$，其中

   $S : z = \sqrt{x^2 + y^2}$, $x^2 + y^2 \leq 4^2$

   $\mathbf{F} = z\mathbf{i} + x\mathbf{j} + y\mathbf{k}$

2. 利用 Stokes 定理，求 $\oint_C z\,dx + x\,dy + y\,dz$，其中 C 為在平面 $y + z = 2$ 內與圓柱體 $x^2 + y^2 = 1$ 交會的曲線，其方向為逆時鐘方向。

3. 設 $\mathbf{F}$ 為流體的速度場。利用 Stokes 定理，說明 curl $\mathbf{F}$ 的物理意義。

§6-11 在工程上的應用

本節主要介紹向量向量微積分在工程上的一些應用。

A. 點電荷的電場與電通量（*靜電學*）

在電學的應用中，由**庫倫定律** (Coulomb's law) 得知，若有一點電荷 q 位於座標原點，則在點 $P(x, y, z)$ 的**電場** (electric field), $\mathbf{E}$, 為

$$\mathbf{E} = \frac{q}{4\pi\varepsilon}\frac{\mathbf{r}}{|\mathbf{r}|^3} \qquad (1)$$

其中 $\mathbf{r} = x\mathbf{i} + y\mathbf{j} + z\mathbf{k}$ 為點 P 之位置向量，ε 為介質的導電係數，又稱為**介電常數**（permittivity）。

由(1)式可知，電場的強度與距離 $|\mathbf{r}|$ 的平方成反比，而電場的方向端視電荷 q 而定。若為正電荷（$q > 0$），則電場方向是沿著軸向 (radial direction)指離電荷；反之，若為負電荷（$q < 0$），則電場方向是沿著軸向指向電荷。此外，在 P 點的**電位** (electric potential), V, 為

$$V = \frac{q}{4\pi\varepsilon}\frac{1}{|\mathbf{r}|} \qquad (2)$$

所以，電場和電位的關係如下所示：（請讀者自行證明）

$$\boxed{\mathbf{E} = -\nabla V} \qquad (3)$$

(3)式說明**電場為守恆場**，故其線積分與積分路徑無關。由旋度的性質得知，

$$\boxed{\nabla \times \mathbf{E} = \nabla \times (-\nabla V) = \mathbf{0}} \tag{4}$$

所以，(4)式說明**電場為無旋性** (irrotational)。另外，由(1)式可以證明：（請讀者練習）

$$\boxed{\nabla \cdot \mathbf{E} = 0} \tag{5}$$

所以，(5)式說明**電場 (除了座標原點之外) 為無源性** (solenoidal)。

假設座標原點的電位為零。將(1)式的電場，從原點至 P 點沿著軸線 C 積分可得到 P 點電位的負值，即

$$\boxed{\int_C \mathbf{E} \cdot d\mathbf{r} = -V} \tag{6}$$

假設 S 為包圍座標原點之任一分段平滑的封閉曲面。利用高斯發散定理，吾人可以證明**高斯定律** (Gauss law)如下：

$$\boxed{\oiint_S (\mathbf{E} \cdot \mathbf{n}) d\mathbf{S} = \frac{q}{\varepsilon}} \tag{7}$$

(7)式說明，位於座標原點的點電荷所產生之電場通過任一包圍此點電荷的封閉曲面之**電通量** (electric flux) 與電荷量 q 成正比。

B. 連續分布電荷的電場和電位 (*靜電學*)

假設在三度空間中的某一封閉區域D內，有電荷的連續分布。區域D是被一封閉曲面S所包圍，而 $\rho(x, y, z)$ 為電荷密度函數 (或每單位體積的電荷量)。則高斯定律 ((7)式) 的延伸可表示成

$$\oiint_S (\mathbf{E} \cdot \mathbf{n}) dS = \frac{1}{\varepsilon} \iiint_D \rho dV \qquad （8）$$

由高斯發散定理，(8)式可寫成

$$\iiint_D \nabla \cdot \mathbf{E} dV = \frac{1}{\varepsilon} \iiint_D \rho dV$$

由於D可為任一區域，所以

$$\nabla \cdot \mathbf{E} = \frac{\rho}{\varepsilon} \qquad （9）$$

(9)式說明**連續分布電荷的電場之散度與電荷密度成正比。**

定義**拉普拉斯運算子** (Laplacian operator)為

$$\nabla^2 \triangleq \nabla \cdot \nabla = \frac{\partial^2}{\partial x^2} + \frac{\partial^2}{\partial y^2} + \frac{\partial^2}{\partial z^2}$$

從(3)式與(9)式得知，$\nabla \cdot \mathbf{E} = -\nabla \cdot \nabla V = \dfrac{\rho}{\varepsilon}$。所以，連續分布電荷的電位 V 滿足

$$\nabla^2 V = -\frac{\rho}{\varepsilon} \qquad （10）$$

(10)式稱為**法松** (Poisson) 偏微分方程式。對於無電荷分布的情況，(10)式可簡化成**拉普拉斯** (Laplace) 偏微分方程式

$$\nabla^2 V = 0$$

有關**法松**或**拉普拉斯**偏微分方程式的解將於第八章討論。

C. 電磁波 (*動電磁學*)

馬克斯威爾(Maxwell)認為，所有**電磁場** (electromagnetic field) 的現象都可以用四個基本方程式來說明，對於電磁波的生成和傳遞、通訊、及電動機與電力發電的認知與發展有相當重要的影響。

假設 $\mathbf{E}(x, y, z, t)$ 和 $\mathbf{B}(x, y, z, t)$ 分別代表三度空間內時變 (time-varing) 的電場和磁場。馬克斯威爾方程式是由下述四個基本方程式所組成:

1. **電場的高斯定律:**

$$\oiint_S \mathbf{E} \bullet \mathbf{n}dS = \frac{1}{\varepsilon} \iiint_D \rho dV \Leftrightarrow \nabla \bullet \mathbf{E} = \frac{\rho}{\varepsilon} \tag{11}$$

如前所述，(11)式可由高斯發散定理推演而得。此定律說明，靜電荷產生的電力線通過封閉曲面的電通量等於該曲面內部所包含的總電荷量。

2. **磁場的高斯定律:**

$$\boxed{\oiint_S \mathbf{B} \bullet \mathbf{n}dS = 0} \quad \Leftrightarrow \quad \boxed{\nabla \bullet \mathbf{B} = 0} \tag{12}$$

(12)式可由高斯發散定理推演而得。此定律說明，磁場為**無源性** (solenoidal)，其磁力線總是形成封閉的迴路。

3. 法拉第定律 (Faraday's law):

$$\boxed{\oint_C \mathbf{E} \bullet d\mathbf{r} = -\frac{\partial}{\partial t}\iint_S \mathbf{B} \bullet \mathbf{n}dS} \quad \Leftrightarrow \quad \boxed{\nabla \times \mathbf{E} = -\frac{\partial \mathbf{B}}{\partial t}} \tag{13}$$

(13)式可由 Stokes 定理推演而得。此定律說明，若通過開放曲面的磁通量會隨時間變化而改變，則會使感應的電場變成不是守恆場，而磁通量的變化率等於感應的電場沿著該曲面的邊界封閉曲線之線積分。

4. 安培-馬克斯威爾定律 (Ampere-Maxwell law):

$$\boxed{\oint_C \mathbf{B} \bullet d\mathbf{r} = \mu I + \mu\varepsilon\frac{\partial}{\partial t}\iint_S \mathbf{E} \bullet \mathbf{n}dS} \Leftrightarrow \boxed{\nabla \times \mathbf{B} = \mu\mathbf{J} + \mu\varepsilon\frac{\partial \mathbf{E}}{\partial t}} \tag{14}$$

(14)式可由 Stokes 定理推演而得，其中 μ 為介質的**導磁係**

數 (permeability) ，I 為靜電流量，$\mathbf{J}$ 為單位面積的靜電流。此定律說明，靜電流和時變的電場會產生感應的磁場。

考慮在**自由空間** (free space) 的電磁場傳播的情形。在自由空間的情況下，由於沒有靜電荷及靜電流存在，所以 (11)式和(14)式可分別簡化成

$$\boxed{\nabla \bullet \mathbf{E} = 0} \tag{15}$$

$$\boxed{\nabla \times \mathbf{B} = \mu\varepsilon \frac{\partial \mathbf{E}}{\partial t}} \tag{16}$$

對於任一向量場 $\mathbf{F}(x, y, z) = f(x, y, z)\boldsymbol{i}$
$+ g(x, y, z)\boldsymbol{j} + h(x, y, z)\boldsymbol{k}$ 而言，下面的恆等式成立：

$$\boxed{\nabla \times (\nabla \times \mathbf{F}) = -\nabla^2 \mathbf{F} + \nabla(\nabla \bullet \mathbf{F})} \tag{17}$$

其中 $\nabla^2 \mathbf{F} = \nabla^2(f\boldsymbol{i} + g\boldsymbol{j} + h\boldsymbol{k}) = \nabla^2 f\boldsymbol{i} + \nabla^2 g\boldsymbol{j} + \nabla^2 h\boldsymbol{k}$ 。

利用(17)式和 Maxwell 方程式(12), (13), (15)和(16)式，我們可以證明**電場和磁場的波動方程式:**

$$\boxed{\nabla^2 \mathbf{E} = \mu\varepsilon \frac{\partial^2 \mathbf{E}}{\partial t^2}} \tag{18}$$

$$\boxed{\nabla^2 \mathbf{B} = \mu\varepsilon \frac{\partial^2 \mathbf{B}}{\partial t^2}} \tag{19}$$

D. 重力場的能量守恆

假設有一質點m在重力場 **F** 沿著某一路徑移動。由於重力場 **F** 為守恆場，所以存在潛位函數 ϕ，使得 $\mathbf{F} = \nabla\phi$。在物理學中 $P = -\phi$ 稱為位能 (potential energy)。由牛頓的第二運動定律得知，

$$m\mathbf{r}'' = \mathbf{F} = -\nabla P \tag{20}$$

其中 $\mathbf{r}(t)$ 代表該質點的位置向量。(20)式可以寫成

$$m\mathbf{V}' + \nabla P = \mathbf{0} \tag{21}$$

其中 $\mathbf{V} = \mathbf{r}'$ 為質點之速度。將(21)式中的每一向量與 **V** 作內積，得

$$m\mathbf{V}' \cdot \mathbf{V} + \nabla P \cdot \mathbf{V} = 0 \tag{22}$$

因為

$$\begin{aligned}
\nabla P \cdot \mathbf{V} &= \nabla P \cdot \frac{d\mathbf{r}}{dt} \\
&= \left(\frac{\partial P}{\partial x}, \frac{\partial P}{\partial y}, \frac{\partial P}{\partial z}\right) \cdot \left(\frac{dx}{dt}, \frac{dy}{dt}, \frac{dz}{dt}\right) \\
&= \frac{\partial P}{\partial x}\frac{dx}{dt} + \frac{\partial P}{\partial y}\frac{dy}{dt} + \frac{\partial P}{\partial z}\frac{dz}{dt} \\
&= \frac{dP}{dt}
\end{aligned} \tag{23}$$

且由於速率 v 滿足 $v^2 = \mathbf{V} \cdot \mathbf{V}$，所以(22)式可寫成

$$\frac{1}{2}m\frac{d}{dt}v^2 + \frac{dP}{dt} = 0 \tag{24}$$

(24)式對 t 積分，得

$$\frac{1}{2}mv^2 + P = 常數 \qquad (25)$$

(25)式說明，質點的**動能** (kinetic energy) $\frac{1}{2}mv^2$ 與位能 P 的總和不變，此即為**重力場的能量守恆定律**。

E. 流體動力學 (hydrodynamics) 的流動連續方程式

假設在三度空間中，**F**為流體的速度場，$\rho(x, y, z, t)$ 為流體在時間 t，空間 (x, y, z) 點的質量密度，D為一被曲面 S 所包圍的封閉區域。由於流體在D內的總質量 $m(t)$ 為

$m(t) = \iiint_D \rho(x, y, z, t)d\text{V}$，所以D內流體質量的增加率為

$$\frac{dm}{dt} = \iiint_D \frac{\partial \rho}{\partial t}d\text{V} \qquad (26)$$

另一方面，每單位時間D內之流體向外流出的質量為

$\iint_S (\rho\mathbf{F}\bullet\mathbf{n})d\text{S}$，因此，D內流體質量的增加率 $\frac{dm}{dt}$ 為

$-\iint_S (\rho\mathbf{F}\bullet\mathbf{n})d\text{S}$。利用高斯發散定理，可得

$$\frac{dm}{dt} = -\iint_S (\rho\mathbf{F}\bullet\mathbf{n})d\text{S} = -\iiint_D \nabla\bullet(\rho\mathbf{F})d\text{V} \qquad (27)$$

由(26)式和(27)式，得

$$\iiint_D \frac{\partial \rho}{\partial t}d\text{V} = -\iiint_D \nabla\bullet(\rho\mathbf{F})d\text{V} \qquad (28)$$

由於 D 為任一封閉區域，所以從(28)式可得

$$\boxed{\frac{\partial \rho}{\partial t} + \nabla \cdot (\rho \mathbf{F}) = 0} \qquad (29)$$

稱為流體流動的連續方程式 (equation of continuity for fluid flows)。

習題（6－11節）

1. 已知(1)和(2)式成立，試證明(3)式。

2. 已知(1)式成立，試證明(5)式。

3. 已知(1)式成立，試證明(7)式。

4. 試證明(18)和(19)兩式。

第七章

傅立葉分析

前言

傅立葉 (Fourier) 分析，主要包含傅立葉級數和傅立葉轉換 (或積分)，可用來分析信號的諧波 (harmonics) 及其振幅 (amplitude) 與相位 (phase) 的頻譜資訊。傅立葉級數只適用於有限區間或具有週期性的信號分析，而傅立葉轉換可進一步擴展適用於無限區間、非週期性的信號分析。信號的頻譜資訊對於信號處理，例如濾波器的設計，相當重要。

除了上述信號分析的用途之外，傅立葉級數、積分與轉換對於系統動態分析，也扮演重要的角色，例如波動偏微分方程式中的振動模態、電路微分方程式之非弦波輸入時的響應等。

本章依序討論傅立葉級數、傅立葉積分和傅立葉轉換及其在工程上的應用。

§7-1 傅立葉級數

一. 有限區間函數之傅立葉級數

對於有限區間的函數 $f(x)$, $-L \le x \le L$ 而言，其傅立葉級數是由餘弦和正弦之級數和來表示：

$$f(x) = \frac{1}{2}a_0 + \sum_{n=1}^{\infty}\left[a_n \cos\left(\frac{n\pi x}{L}\right) + b_n \sin\left(\frac{n\pi x}{L}\right)\right] \qquad (1)$$

其中 $\frac{1}{2}a_0$ 為常數項，a_n，b_n，$n = 1, 2, \cdots$，為弦波級數之係數，統稱為**傅立葉係數**。

如何推導傅立葉係數的公式，需要利用正弦及餘弦函數之**正交性** (orthogonality)。在討論正交性之前，吾人先將正弦和餘弦的**積化和差**性質列舉如下：

$$\cos\alpha \cdot \cos\beta = \frac{1}{2}\left[\cos(\alpha+\beta) + \cos(\alpha-\beta)\right] \qquad (2)$$

$$\cos\alpha \cdot \sin\beta = \frac{1}{2}\left[\sin(\alpha+\beta) + \sin(\beta-\alpha)\right] \qquad (3)$$

$$\sin\alpha \cdot \sin\beta = \frac{1}{2}\left[-\cos(\alpha+\beta) + \cos(\alpha-\beta)\right] \qquad (4)$$

A. 正弦與餘弦函數之正交性

【定義一】（正交函數集合）

一組實函數 $\{\phi_k(x)\}$，$k = 0, 1, 2, \cdots$ 的集合，若在 $x \in [a, b]$ 區間內滿足下列性質

$$\int_a^b \omega(x)\,\phi_m(x)\,\phi_n(x)\,dx = 0 \;,\; m \neq n \qquad (5)$$

則稱 $\{\phi_k(x)\}$，$k = 0, 1, 2, \cdots$，在 $x \in [a, b]$ 內，對於權重 (weight) 函數 $\omega(x)$ 而言，為正交函數集合。

正弦與餘弦函數具有下列的正交性：

1. 若 n 和 m 為相異的正整數，則

$$\int_{-L}^{L} \cos\left(\frac{m\pi x}{L}\right)\cos\left(\frac{n\pi x}{L}\right)dx = 0 \qquad (6)$$

$$\int_{-L}^{L} \sin\left(\frac{m\pi x}{L}\right)\sin\left(\frac{n\pi x}{L}\right)dx = 0 \qquad (7)$$

意即，$\left\{\cos\left(\frac{k\pi x}{L}\right)\right\}$ 和 $\left\{\sin\left(\frac{k\pi x}{L}\right)\right\}$，$k = 1, 2, \cdots$，於 $x \in [-L, L]$ 區間內，均為正交函數集合（權重函數 $\omega(x) = 1$）。

〈證〉：由(2)式得知，

$$\int_{-L}^{L} \cos\left(\frac{m\pi x}{L}\right)\cos\left(\frac{n\pi x}{L}\right)dx$$

$$= \frac{1}{2}\int_{-L}^{L}\cos\left(\frac{(m+n)\pi x}{L}\right)dx + \frac{1}{2}\int_{-L}^{L}\cos\left(\frac{(m-n)\pi x}{L}\right)dx$$

$$= \frac{1}{2}\left[\frac{L\sin\left(\frac{(m+n)\pi x}{L}\right)}{(m+n)\pi} + \frac{L\sin\left(\frac{(m-n)\pi x}{L}\right)}{(m-n)\pi}\right]_{-L}^{L} \quad (m \neq n)$$

$$= 0$$

由(4)式得知，

$$\int_{-L}^{L} \sin\left(\frac{m\pi x}{L}\right)\sin\left(\frac{n\pi x}{L}\right)dx$$

$$= \frac{-1}{2} \int_{-L}^{L} \cos\left(\frac{(m+n)\pi x}{L}\right) dx + \frac{1}{2} \int_{-L}^{L} \cos\left(\frac{(m-n)\pi x}{L}\right) dx$$

$$= \frac{1}{2} \left[\frac{-L \sin\left(\frac{(m+n)\pi x}{L}\right)}{(m+n)\pi} + \frac{L \sin\left(\frac{(m-n)\pi x}{L}\right)}{(m-n)\pi} \right]_{-L}^{L} \quad (m \neq n)$$

$$= 0$$

■

2. 若 n 和 m 為任一正整數，則

$$\boxed{\int_{-L}^{L} \cos\left(\frac{m\pi x}{L}\right) \sin\left(\frac{n\pi x}{L}\right) dx = 0} \qquad (8)$$

〈證〉：由(3)式得知，

$$\int_{-L}^{L} \cos\left(\frac{m\pi x}{L}\right) \sin\left(\frac{n\pi x}{L}\right) dx$$

$$= \frac{1}{2} \int_{-L}^{L} \sin\left(\frac{(m+n)\pi x}{L}\right) dx + \frac{1}{2} \int_{-L}^{L} \sin\left(\frac{(n-m)\pi x}{L}\right) dx$$

$$= \frac{1}{2} \left[\frac{-L \cos\left(\frac{(m+n)\pi x}{L}\right)}{(m+n)\pi} + \frac{-L \cos\left(\frac{(n-m)\pi x}{L}\right)}{(n-m)\pi} \right]_{-L}^{L}$$

$$= 0$$

■

B. 傅立葉係數的推導

* a_0 的推導：

將(1)式每一項對 x 積分，可得

$$\int_{-L}^{L} f(x)\,dx = \frac{1}{2}a_0 \int_{-L}^{L} dx + \sum_{n=1}^{\infty}\left(a_n \int_{-L}^{L}\cos\left(\frac{n\pi x}{L}\right)dx + b_n \int_{-L}^{L}\sin\left(\frac{n\pi x}{L}\right)dx\right)$$

$$= \frac{1}{2}\cdot a_0 \cdot 2L + \sum_{n=1}^{\infty}\left(a_n \frac{L\sin\left(\dfrac{n\pi x}{L}\right)}{n\pi} + b_n \frac{-L\cos\left(\dfrac{n\pi x}{L}\right)}{n\pi}\right)\Bigg|_{-L}^{L}$$

$$= a_0 L$$

所以， $$\boxed{a_0 = \frac{1}{L}\int_{-L}^{L} f(x)\,dx}$$ （9）

* a_k , $k = 1, 2, \cdots$ 的推導

將(1)式每一項先乘上 $\cos\left(\dfrac{k\pi x}{L}\right)$ 後，再對 x 積分可得

$$\int_{-L}^{L} f(x)\cos\left(\frac{k\pi x}{L}\right)dx$$

$$= \frac{1}{2}a_0 \int_{-L}^{L}\cos\left(\frac{k\pi x}{L}\right)dx + \sum_{n=1}^{\infty}\left(a_n \int_{-L}^{L}\cos\left(\frac{n\pi x}{L}\right)\cos\left(\frac{k\pi x}{L}\right)dx\right.$$

$$\left. + b_n \int_{-L}^{L}\sin\left(\frac{n\pi x}{L}\right)\cos\left(\frac{k\pi x}{L}\right)dx\right) \quad (10)$$

因為

$$\int_{-L}^{L}\cos\left(\frac{k\pi x}{L}\right)dx = \frac{L}{k\pi}\sin\left(\frac{k\pi x}{L}\right)\Bigg|_{-L}^{L} = 0$$

$$\int_{-L}^{L} \cos\left(\frac{n\pi x}{L}\right)\cos\left(\frac{k\pi x}{L}\right)dx = \begin{cases} 0 & ,\ n \neq k \\ L & ,\ n \equiv k \end{cases} \quad \leftarrow (6)式$$

$$\int_{-L}^{L} \sin\left(\frac{n\pi x}{L}\right)\cos\left(\frac{k\pi x}{L}\right)dx = 0 \quad \leftarrow (8)式$$

所以，(10)式可化簡成

$$\int_{-L}^{L} f(x)\cos\left(\frac{k\pi x}{L}\right)dx = a_k \cdot L$$

即
$$\boxed{a_k = \frac{1}{L}\int_{-L}^{L} f(x)\cos\left(\frac{k\pi x}{L}\right)dx \quad ,\ k=1,2,\cdots}$$
（１１）

＊ b_k , $k = 1, 2,\cdots$ 的推導

將(1)式每一項先乘上 $\sin\left(\frac{k\pi x}{L}\right)$ 後，再對 x 積分可得

$$\int_{-L}^{L} f(x)\sin\left(\frac{k\pi x}{L}\right)dx$$

$$= \frac{1}{2}a_0 \int_{-L}^{L} \sin\left(\frac{k\pi x}{L}\right)dx + \sum_{n=1}^{\infty}\left(a_n \int_{-L}^{L} \cos\left(\frac{n\pi x}{L}\right)\sin\left(\frac{k\pi x}{L}\right)dx \right.$$

$$\left. + b_n \int_{-L}^{L} \sin\left(\frac{n\pi x}{L}\right)\sin\left(\frac{k\pi x}{L}\right)dx \right)$$

因為 $\int_{-L}^{L} \sin\left(\frac{k\pi x}{L}\right)dx = \frac{-L}{k\pi}\cos\left(\frac{k\pi x}{L}\right)\Big|_{-L}^{L} = 0$

$$\int_{-L}^{L} \cos\left(\frac{n\pi x}{L}\right)\sin\left(\frac{k\pi x}{L}\right)dx = 0 \quad \leftarrow (8)式$$

$$\int_{-L}^{L} \sin\left(\frac{n\pi x}{L}\right)\sin\left(\frac{k\pi x}{L}\right)dx = \begin{cases} 0 & ,\ n \neq k \\ L & ,\ n = k \end{cases} \quad \leftarrow (7)式$$

所以

$$\int_{-L}^{L} f(x)\sin\left(\frac{k\pi x}{L}\right)dx = b_k \cdot L$$

即 $\quad\boxed{b_k = \dfrac{1}{L}\int_{-L}^{L} f(x)\sin\left(\dfrac{k\pi x}{L}\right)dx \quad , \quad k=1,2,\cdots}$ （１２）

總結(1)，(9)，(11)和(12)式，傅立葉級數的定義如下：

【定義二】（有限區間函數之傅立葉級數）

$f(x)$ 的傅立葉級數， $x \in [-L, L]$ 區間，爲

$$f(x) = \frac{a_0}{2} + \sum_{n=1}^{\infty}\left(a_n\cos\left(\frac{n\pi x}{L}\right) + b_n\sin\left(\frac{n\pi x}{L}\right)\right)$$

其中 $\quad a_0 = \dfrac{1}{L}\int_{-L}^{L} f(x)\,dx$

$\qquad\quad a_n = \dfrac{1}{L}\int_{-L}^{L} f(x)\cos\left(\dfrac{n\pi x}{L}\right)dx$

$\qquad\quad b_n = \dfrac{1}{L}\int_{-L}^{L} f(x)\sin\left(\dfrac{n\pi x}{L}\right)dx$

【例１】 求 $f(x) = -x$ ， $-\pi \le x \le \pi$ 的傅立葉級數。

【解】：由 $L = \pi$ 及(9)式、(11)式和(12)式，可得

$$a_0 = \frac{1}{\pi}\int_{-\pi}^{\pi} -x\,dx = \frac{-1}{2\pi}x^2\Big|_{-\pi}^{\pi} = 0$$

$$a_n = \frac{1}{\pi}\int_{-\pi}^{\pi} -x\cdot\cos(nx)\,dx$$

$$= \frac{-1}{\pi}\int_{-\pi}^{\pi} x\cdot\frac{1}{n}\,d[\sin(nx)]$$

$$= \frac{-1}{n\pi}\left(x\cdot\sin(nx)\Big|_{-\pi}^{\pi} - \int_{-\pi}^{\pi}\sin(nx)\,dx\right)$$

$$= 0$$

$$b_n = \frac{1}{\pi} \int_{-\pi}^{\pi} -x \cdot \sin(nx)\, dx$$

$$= \frac{1}{n\pi} \int_{-\pi}^{\pi} x \cdot d\big[\cos(nx)\big]$$

$$= \frac{1}{n\pi} \left(x\cos(nx)\Big|_{-\pi}^{\pi} - \int_{-\pi}^{\pi} \cos(nx)\, dx \right)$$

$$= \frac{2}{n} \cos(nx)$$

$$= \frac{2}{n} (-1)^n$$

$$即\ f(x) = \sum_{n=1}^{\infty} \frac{2(-1)^n}{n} \cdot \sin(nx)$$

二. 週期函數之傅立葉級數

若 $f(x)$ 為週期函數，其周期為 P，則 $f(x)$ 於 $x \in [\frac{-P}{2}, \frac{P}{2}]$ 內的

傅立葉級數為（(1)式中的 $L = \frac{P}{2}$）

$$f(x) = \frac{1}{2}a_0 + \sum_{n=1}^{\infty} \left[a_n \cos\left(\frac{2n\pi x}{P} \right) + b_n \sin\left(\frac{2n\pi x}{P} \right) \right]$$

$$\boxed{= \frac{1}{2}a_0 + \sum_{n=1}^{\infty} \big[a_n \cos(n\omega_0 x) + b_n \sin(n\omega_0 x) \big]} \qquad （13）$$

其中 $\omega_0 = \frac{2\pi}{P}$ ，為基本角頻率。

將 $L = \frac{P}{2}$ 及 $\omega_0 = \frac{\pi}{L}$ 代入(9)式，(11)式和(12)式，可得

$$a_0 = \frac{2}{P} \int_{-\frac{P}{2}}^{\frac{P}{2}} f(x)\,dx \qquad\qquad (14)$$

$$a_n = \frac{2}{P} \int_{-\frac{P}{2}}^{\frac{P}{2}} f(x) \cos(n\omega_0 x)\,dx \quad , \quad n=1,2,\cdots \qquad (15)$$

$$b_n = \frac{2}{P} \int_{-\frac{P}{2}}^{\frac{P}{2}} f(x) \sin(n\omega_0 x)\,dx \quad , \quad n=1,2,\cdots \qquad (16)$$

(13)式稱為週期函數 $f(x)$ 的傅立葉級數，而(14)，(15)和(16)式為其傅立葉係數之公式。

【例2】求圖一所示的週期函數 $f(x)$ 之傅立葉級數。

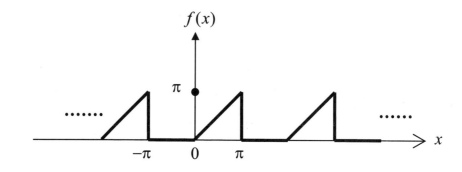

圖一

【解】：∵ $f(x)$ 之週期為 $P = 2\pi$ ，$\omega_0 = \dfrac{2\pi}{P} = 1$

$$f(x) = \begin{cases} x \ , & 0 \le x \le \pi \\ 0 \ , & -\pi \le x \le 0 \end{cases}$$

∴(14)式得：

$$a_0 = \frac{2}{2\pi} \int_{-\pi}^{\pi} f(x)\,dx = \frac{1}{\pi} \int_{0}^{\pi} x\,dx = \frac{1}{2\pi} x^2 \Big|_{0}^{\pi} = \frac{\pi}{2}$$

(15)式得：

$$a_n = \frac{2}{2\pi} \int_{-\pi}^{\pi} f(x)\cos(nx)\,dx$$

$$= \frac{1}{\pi} \int_{0}^{\pi} x\cos(nx)\,dx$$

$$= \frac{1}{n\pi} \int_{0}^{\pi} x\,d\big[\sin(nx)\big]$$

$$= \frac{1}{n\pi}\left[x\sin(nx)\Big|_{0}^{\pi} - \int_{0}^{\pi}\sin(nx)\,dx \right]$$

$$= \frac{1}{n\pi}\left[0 + \frac{1}{n}\cos(nx)\Big|_{0}^{\pi} \right]$$

$$= \frac{1}{n^2\pi}\Big[(-1)^n - 1 \Big]$$

(16)式得：

$$b_n = \frac{2}{2\pi} \int_{-\pi}^{\pi} f(x)\sin(nx)\,dx$$

$$= \frac{1}{\pi} \int_{0}^{\pi} x\sin(nx)\,dx$$

$$= \frac{-1}{n\pi} \int_{0}^{\pi} x\,d\big[\cos(nx)\big]$$

$$= \frac{-1}{n\pi}\left[x\cos(nx)\Big|_{0}^{\pi} - \int_{0}^{\pi}\cos(nx)\,dx \right]$$

$$= \frac{-1}{n\pi}\left[\pi\cos(n\pi) - \frac{1}{n}\sin(nx)\Big|_{0}^{\pi} \right]$$

$$= \frac{-1}{n\pi}\Big[\pi\cos(n\pi) - 0 \Big]$$

$$= \frac{(-1)^{n+1}}{n}$$

∴由(13)式得：

$$f(x) = \frac{\pi}{4} + \sum_{n=1}^{\infty} \left(\frac{(-1)^n - 1}{n^2 \pi} \cos(nx) + \frac{(-1)^{n+1}}{n} \sin(nx) \right) \quad （17）$$

■

三. 傅立葉級數的相位角形式

無論是有限區間或週期函數，其傅立葉級數都可用相位角 (phase-angle) 形式來表示。以週期函數爲例，其相位角形式之傅立葉級數，可推導如下：

由(13)式可得

$$f(x) = \frac{1}{2} a_0 + \sum_{n=1}^{\infty} \left[a_n \cos(n\omega_0 x) + b_n \sin(n\omega_0 x) \right]$$

$$= \frac{1}{2} a_0 + \sum_{n=1}^{\infty} \sqrt{a_n^2 + b_n^2} \left[\frac{a_n}{\sqrt{a_n^2 + b_n^2}} \cos(n\omega_0 x) + \frac{b_n}{\sqrt{a_n^2 + b_n^2}} \sin(n\omega_0 x) \right]$$

$$= \boxed{\frac{1}{2} C_0 + \sum_{n=1}^{\infty} C_n \cos(n\omega_0 x + \theta_n)} \quad （18）$$

其中

$$\boxed{\begin{aligned} c_0 &= a_0 \\ c_n &= \sqrt{a_n^2 + b_n^2} \quad , \quad n=1,2,\cdots \\ \theta_n &= \tan^{-1}\left(\frac{-b_n}{a_n} \right) \quad , \quad n=1,2,\cdots \end{aligned}}$$

（19）

（20）

（21）

(18)式稱爲 $f(x)$ 之相位角形式的傅立葉級數。$\dfrac{C_0}{2}$ 爲 $f(x)$ 的

平均值，c_n 為第 n **諧波** (harmonic) 的振幅 (amplitude)，而 θ_n 為

第 n 諧波的相位角。

【例3】對於【例2】的函數，求前面兩個諧波的振幅和相位角。

【解】：由【例2】之結果，得知

$$a_n = \frac{1}{n^2\pi}\left[(-1)^n - 1\right] \quad , \quad n=1,2,\cdots$$

$$b_n = \frac{(-1)^{n+1}}{n} \quad , \quad n=1,2,\cdots$$

第一諧波(n=1)：

$$\because a_1 = \frac{-2}{\pi} \quad , \quad b_1 = 1$$

$$\therefore c_1 = \sqrt{a_1^2 + b_1^2} = \sqrt{\frac{4}{\pi^2} + 1} = \frac{\sqrt{4+\pi^2}}{\pi} \approx 1.18 \text{ 為振幅}$$

$$\theta_1 = \tan^{-1}\left(\frac{-b_1}{a_1}\right) = \tan^{-1}\left(\frac{-1}{-2/\pi}\right) = \tan^{-1}\left(\frac{\pi}{2}\right) \approx 57.5° \text{ 為相位角}$$

第二諧波(n=2)：

$$\because a_2 = \frac{1}{4\pi}\left[(-1)^2 - 1\right] = 0$$

$$b_2 = \frac{(-1)^3}{2} = \frac{-1}{2}$$

$$\therefore c_2 = \sqrt{a_2^2 + b_2^2} = \frac{1}{2} \quad \text{為振幅}$$

$$\theta_2 = \tan^{-1}(\infty) = \frac{\pi}{2} \quad \text{為相位角}$$

四. 傳立葉級數之收斂性質

下面的定理說明傳立葉級數會收斂的充分條件：

【定理一】（收斂之充分條件）

設 $f(x)$ 為定義於 $[-L, L]$ 區間的函數。若 $f(x)$ 和 $f'(x)$ 為分段連續，則 $f(x)$ 的傳立葉級數於 x 為連續點時會收斂於 $f(x)$，而於 x 為不連續點時會收斂於該點左極限與右極限之平均值，即 $\dfrac{[f(x_+) + f(x_-)]}{2}$。

【例 4】 圖一的週期函數中，其傳立葉級數(17)式，對於每一

$x \in (-\pi, \pi)$ 會收斂於 $f(x)$。在 $x = \pi$ 點，$f(x)$ 為不連續，

故其收斂值為 $\dfrac{[f(\pi_+) + f(\pi_-)]}{2} = \dfrac{(0 + \pi)}{2} = \dfrac{\pi}{2}$。

在 $x = -\pi$ 點，$f(x)$ 為不連續，故其收斂值為

$\dfrac{[f(-\pi_+) + f(-\pi_-)]}{2} = \dfrac{(0 + \pi)}{2} = \dfrac{\pi}{2}$。

■

五. 傳立葉級數的微分和積分

下面兩個定理說明函數微(積)分和函數之傳立葉級數的逐項 (term-by-term) 微(積)分相等的充分條件。

【定理二】（逐項微分）

若 $f(x)$ 於 $x \in [-L, L]$ 內連續，$f'(x)$ 於此區間內為分段連續，

且 $f(L) = f(-L)$，則

$$f'(x) = \sum_{n=1}^{\infty} \frac{n\pi}{L} \left[-a_n \sin\left(\frac{n\pi x}{L}\right) + b_n \cos\left(\frac{n\pi x}{L}\right) \right] \quad (22)$$

【定理三】（逐項積分）

若 $f(x)$ 於 $x \in [-L, L]$ 內為分段連續，則

$$\int_{-L}^{x} f(t)\, dt = \frac{1}{2} a_0 (x + L)$$
$$+ \frac{L}{\pi} \sum_{n=1}^{\infty} \frac{1}{n} \left[a_n \sin\left(\frac{n\pi x}{L}\right) - b_n \left(\cos\left(\frac{n\pi x}{L}\right) - (-1)^n \right) \right] \quad (23)$$

【註】1. (22)式為(1)式對 x 微分所得的結果。

2. (23)式為(1)式從 $-L$ 至 x 對 x 積分所得的結果。

【例5】考慮圖一的週期函數 $f(x) = \begin{cases} x, & 0 \leq x \leq \pi \\ 0, & -\pi \leq x \leq 0 \end{cases}$

(1) 直接求函數微分 $f'(x)$

(2) 由 $f(x)$ 的傅立葉級數(17)式，對 x 微分得其結果。此

結果為何與(1)小題的結果不同？

【解】：(1) $f'(x) = \begin{cases} 1, & 0 \leq x \leq \pi \\ 0, & -\pi \leq x \leq 0 \end{cases}$

(2) $f'(x) = \sum_{n=1}^{\infty} \left[\frac{1-(-1)^n}{n\pi} \sin(nx) + (-1)^{n+1} \cos(nx) \right]$

此結果與(1)的結果不同，此乃因

$f(-\pi) \neq f(\pi)$ $(f(-\pi) = 0, f(\pi) = \pi)$ 之故，

所以【定理二】不適用。

∎

六. 傅立葉級數的 Parseval 定理

【定理四】(傅立葉級數的 Parseval 定理)

若 $f(x)$ 和 $f'(x)$ 於 $x \in [-L, L]$ 內分別爲連續和分段連續，且 $f(-L) = f(L)$ ，則

$$\frac{1}{2}a_0^2 + \sum_{n=1}^{\infty}(a_n^2 + b_n^2) = \frac{1}{L}\int_{-L}^{L}f^2(x)\,dx \qquad (24)$$

其中 $a_0, \{a_n\}$ 和 $\{b_n\}$, $n = 1, 2, \cdots$ 爲傅立葉係數。

〈證〉：∵ $f(x)$ 爲連續，且 $f(-L) = f(L)$

∴ $f(x)$ 在 $x \in [-L, L]$ 中的每一點均可收斂，其傅立葉級數爲

$$f(x) = \frac{1}{2}a_0 + \sum_{n=1}^{\infty}\left[a_n \cos\left(\frac{n\pi x}{L}\right) + b_n \sin\left(\frac{n\pi x}{L}\right)\right]$$

上式乘以 $f(x)$ 後，積分可得：

$$\int_{-L}^{L} f^2(x)\,dx = \frac{1}{2}a_0 \int_{-L}^{L} f(x)\,dx$$

$$+ \sum_{n=1}^{\infty}\left[a_n \int_{-L}^{L} f(x)\,\cos\left(\frac{n\pi x}{L}\right)dx + b_n \int_{-L}^{L} f(x)\,\sin\left(\frac{n\pi x}{L}\right)dx \right]$$

$$= \frac{1}{2}a_0 \cdot L\,a_0 + \sum_{n=1}^{\infty}(a_n \cdot a_n L + b_n \cdot b_n L)$$

$$= L\left[\frac{1}{2}a_0^2 + \sum_{n=1}^{\infty}(a_n^2 + b_n^2) \right]$$

$$\therefore \frac{1}{L}\int_{-L}^{L} f^2(x)\,dx = \frac{1}{2}a_0^2 + \sum_{n=1}^{\infty}(a_n^2 + b_n^2)$$

當 $f(x)$ 代表某一信號時（x 改成 t），**Parseval** 定理說明信號

的平均功率 $\frac{1}{2L}\int_{-L}^{L} f^2(t)\,dt$ 等於直流成分的平均功率 $\left(\frac{1}{2}a_0\right)^2$ 與每

一諧波的平均功率 $\frac{1}{2}a_n^2$ 與 $\frac{1}{2}b_n^2$ 之總和。

【例6】已知 $f(x) = \cos\frac{x}{2}$ ，$x \in [-\pi, \pi]$ 之傅立葉級數為

$$f(x) = \frac{2}{\pi} + \sum_{n=1}^{\infty}\frac{4(-1)^{n+1}}{\pi(4n^2-1)}\cos(nx) \text{。}$$

利用 Parseval 定理，證明 $\quad \displaystyle\sum_{n=1}^{\infty}\frac{1}{(4n^2-1)^2} = \frac{\pi^2-8}{16}\quad$ 。

【解】：由已知的傅立葉級數，可得

$$a_0 = \frac{4}{\pi} \quad , \quad a_n = \frac{4(-1)^{n+1}}{\pi(4n^2-1)} \quad , \quad b_n = 0 \quad , \quad n = 1, 2, \cdots$$

由(24)式得

$$\frac{1}{2}\left(\frac{4}{\pi}\right)^2 + \sum_{n=1}^{\infty}\left(\frac{4(-1)^{n+1}}{\pi(4n^2-1)}\right)^2 = \frac{1}{\pi}\int_{-\pi}^{\pi}\cos^2\left(\frac{x}{2}\right)dx = 1$$

$$\therefore \sum_{n=1}^{\infty}\left(\frac{4}{\pi}\right)^2 \cdot \frac{1}{(4n^2-1)^2} = 1 - \frac{1}{2}\left(\frac{4}{\pi}\right)^2$$

$$\therefore \sum_{n=1}^{\infty}\frac{1}{(4n^2-1)^2} = \frac{\pi^2-8}{16}$$

∎

習題（7－1節）

1. 設 $f(x) = |x|$，$-1 \le x \le 1$

(a) 求 $f(x)$ 在 $x \in [-1,1]$ 的傅立葉級數。

(b) 證明(a)的傅立葉級數逐項微分後，可得 $f'(x)$ 的傅立葉級數。

2. 求下列函數的傅立葉級數

(a) $f(x) = \begin{cases} -x & , & -5 \le x \le 0 \\ 1 & , & 0 \le x \le 5 \end{cases}$

(b) $f(x) = \begin{cases} 0 & , & -\pi \le x \le 0 \\ \sin x & , & 0 \le x \le \pi \end{cases}$

(c) $f(x) = e^x$, $-\pi < x < \pi$

3. 利用 2(b)的結果，證明

$$\frac{\pi}{4} = \frac{1}{2} + \frac{1}{1 \cdot 3} - \frac{1}{3 \cdot 5} + \frac{1}{5 \cdot 7} - \frac{1}{7 \cdot 9} + \cdots$$

4. 求 $f(x) = x^2$, $0 \le x \le 3$，其周期爲 3 的相位角形式之傅立葉級數。

§7-2 傅立葉餘弦和正弦級數

本節將討論偶函數和奇函數的傅立葉級數。

A. 偶函數與奇函數

【定義三】（偶函數與奇函數）

設函數 $f(x)$，定義於 $x \in [-L, L]$ 區間(L 可爲 ∞)。

若 $f(-x) = f(x)$，則稱 $f(x)$ 爲偶 (even) 函數。

若 $f(-x) = -f(x)$，則稱 $f(x)$ 爲奇 (odd) 函數。

例如，$f(x) = |x|$，$-1 \leq x \leq 1$ 為偶函數，而

$$f(x) = \sin x，-2\pi \leq x \leq 2\pi \text{ 為奇函數。}$$

偶函數與奇函數具有下列性質：

1. 兩個偶函數的乘積為偶函數。

2. 兩個奇函數的乘積為偶函數。

3. 偶函數和奇函數的乘積為奇函數。

4. 兩個偶函數的和(差)為偶函數。

5. 兩個奇函數的和(差)為奇函數。

6. 若 $f(x)$，$x \in [-L, L]$ 為偶函數，則 $\int_{-L}^{L} f(x)\, dx = 2\int_{0}^{L} f(x)\, dx$。

7. 若 $f(x)$，$x \in [-L, L]$ 為奇函數，則 $\int_{-L}^{L} f(x)\, dx = 0$。

B. 傅立葉餘弦和正弦級數

一. 全幅展開 (full-range expansion)

設 $f(x)$，$x \in [-L, L]$，為一有限區間的函數。由 7-1 節的【定義二】得知，其傅立葉級數為

$$f(x) = \frac{1}{2}a_0 + \sum_{n=1}^{\infty}\left(a_n \cos\left(\frac{n\pi x}{L}\right) + b_n \sin\left(\frac{n\pi x}{L}\right) \right) \tag{1}$$

其中
$$a_0 = \frac{1}{L}\int_{-L}^{L} f(x)\, dx \tag{2}$$

$$a_n = \frac{1}{L} \int_{-L}^{L} f(x) \cos\left(\frac{n\pi x}{L}\right) dx \qquad (3)$$

$$b_n = \frac{1}{L} \int_{-L}^{L} f(x) \sin\left(\frac{n\pi x}{L}\right) dx \qquad (4)$$

若 $f(x)$ 為偶函數，則由奇函數與偶函數的性質，(2)、(3)和(4)式可化簡成：

$$a_0 = \frac{2}{L} \int_{0}^{L} f(x) dx$$

$$a_n = \frac{2}{L} \int_{0}^{L} f(x) \cos\left(\frac{n\pi x}{L}\right) dx \ , \ n = 1, 2, \cdots$$

$$b_n = 0 \qquad\qquad , n = 1, 2, \cdots$$

同理，若 $f(x)$ 為奇函數，(2)、(3)和(4)式可化簡成：

$$a_n = 0 \qquad\qquad , n = 1, 2, \cdots$$

$$b_n = \frac{2}{L} \int_{0}^{L} f(x) \sin\left(\frac{n\pi x}{L}\right) dx \ , \ n = 1, 2, \cdots$$

所以，我們可以將上述的結果總結如下：

【定義四】（傅立葉餘弦和正弦級數）

1. 若 $f(x)$ ， $x \in [-L, L]$ 為偶函數，則其傅立葉級數為餘弦級數

$$f(x) = \frac{a_0}{2} + \sum_{n=1}^{\infty} a_n \cos\left(\frac{n\pi x}{L}\right) \qquad (5)$$

其中 $\quad a_0 = \frac{2}{L} \int_{0}^{L} f(x) dx \qquad\qquad (6)$

$$a_n = \frac{2}{L} \int_{0}^{L} f(x) \cos\left(\frac{n\pi x}{L}\right) dx \qquad (7)$$

2. 若 $f(x)$，$x \in [-L, L]$ 爲奇函數，則其傅立葉級數爲正弦級數

$$f(x) = \sum_{n=1}^{\infty} b_n \sin\left(\frac{n\pi x}{L}\right) \qquad (8)$$

其中　$b_n = \frac{2}{L} \int_0^L f(x) \sin\left(\frac{n\pi x}{L}\right) dx \qquad (9)$

【例1】求 $f(x) = \begin{cases} -1 & , \ -1 < x < 0 \\ 1 & , \ 0 \leq x < 1 \end{cases}$ 之傅立葉級數。

【解】：$\because f(x)$，$-1 \leq x \leq 1$ 爲奇函數

$\therefore$ 其傅立葉級數爲正弦級數，如下：

$$f(x) = \sum_{n=1}^{\infty} b_n \sin(n\pi x)$$

其中　$b_n = \frac{2}{L} \int_0^L f(x) \sin\left(\frac{n\pi x}{L}\right) dx$

$$= 2 \int_0^1 \sin(n\pi x) \, dx$$

$$= \frac{-2}{n\pi} \cos(n\pi x)\Big|_0^1$$

$$= \frac{-2}{n\pi} \left[\cos(n\pi) - 1\right]$$

$$= \frac{-2\left[(-1)^n - 1\right]}{n\pi}$$

∎

二. 半幅展開 (half-range expansion)

上述的函數 $f(x)$ 是定義於 $[-L,L]$ (全幅)區間。然而在許多應用的場合，x 只定義於 $[0,L]$ (半幅) 區間。因此，如何對 $f(x)$，$x \in [0,L]$ 求其半幅展開的傅立葉級數？

第一種方法，就是將 $f(x)$ 視為週期函數，然後求其傅立葉級數。除此之外，半幅展開的傅立葉級數，也可由下列兩種形式的任何一種來完成。

1. 傅立葉餘弦級數

定義新函數 $g(x)$ 如下：

$$g(x) = \begin{cases} f(x), & 0 \leq x \leq L \\ f(-x), & -L \leq x < 0 \end{cases}$$

則 $g(x)$，$x \in [-L,L]$ 為偶函數。所以(5)、(6)和(7)式可寫成

$$g(x) = \frac{1}{2}a_0 + \sum_{n=1}^{\infty} a_n \cos\left(\frac{n\pi x}{L}\right)$$

其中　　$a_0 = \dfrac{2}{L}\displaystyle\int_0^L g(x)\,dx = \dfrac{2}{L}\displaystyle\int_0^L f(x)\,dx$

$$a_n = \frac{2}{L}\int_0^L g(x)\cos\left(\frac{n\pi x}{L}\right)dx = \frac{2}{L}\int_0^L f(x)\cos\left(\frac{n\pi x}{L}\right)dx$$

由於在 $0 \leq x \leq L$ 內，$f(x) = g(x)$，所以

$f(x)$，$x \in [0, L]$ 的傅立葉級數可寫成**傅立葉餘弦級數**如下：

$$f(x) = \frac{1}{2}a_0 + \sum_{n=1}^{\infty} a_n \cos\left(\frac{n\pi x}{L}\right) \qquad (10)$$

其中

$$a_0 = \frac{2}{L}\int_0^L f(x)\,dx \qquad (11)$$

$$a_n = \frac{2}{L}\int_0^L f(x)\cos\left(\frac{n\pi x}{L}\right)dx \qquad (12)$$

2. 傅立葉正弦級數

定義新函數 $g(x)$ 如下：

$$g(x) = \begin{cases} f(x) & , \quad 0 \le x \le L \\ -f(-x) & , \quad -L \le x < 0 \end{cases}$$

則 $g(x)$，$-L \le x \le L$，為奇函數。所以(8)和(9)式可寫成

$$g(x) = \sum_{n=1}^{\infty} b_n \sin\left(\frac{n\pi x}{L}\right)$$

其中 $b_n = \dfrac{2}{L}\int_0^L g(x)\sin\left(\dfrac{n\pi x}{L}\right)dx = \dfrac{2}{L}\int_0^L f(x)\sin\left(\dfrac{n\pi x}{L}\right)dx$

由於在 $x \in [0, L]$ 時，$f(x) = g(x)$，所以

$f(x)$，$x \in [0, L]$ 的傅立葉級數可寫成**傅立葉正弦級數**如下：

$$f(x) = \sum_{n=1}^{\infty} b_n \sin\left(\frac{n\pi x}{L}\right) \qquad (13)$$

其中

$$b_n = \frac{2}{L}\int_0^L f(x)\sin\left(\frac{n\pi x}{L}\right)dx \qquad (14)$$

【例 2】 (1) 求 $f(x) = \sin x$，$x \in [0, \pi]$ 的傅立葉餘弦級數。

(2) 利用(1)的結果，證明 $\displaystyle\sum_{n=1}^{\infty} \frac{(-1)^n}{4n^2 - 1} = \frac{1}{2} - \frac{\pi}{4}$

【解】：$L = \pi$，$f(x) = \sin x$ 代入(10)、(11)和(12)式可得

$$\sin x = \frac{1}{2} a_0 + \sum_{n=1}^{\infty} a_n \cos(nx)$$

其中　$a_0 = \dfrac{2}{\pi} \displaystyle\int_0^{\pi} \sin x \, dx = \dfrac{4}{\pi}$

$a_n = \dfrac{2}{\pi} \displaystyle\int_0^{\pi} \sin x \cdot \cos(nx) \, dx$

$\qquad = \dfrac{1}{\pi} \displaystyle\int_0^{\pi} \big[\sin(1+n)x + \sin(1-n)x \big] \, dx$

$\because \displaystyle\int_0^{\pi} \sin(1+n)x \, dx$

$\qquad = \dfrac{-1}{1+n} \cos(1+n)x \Big|_0^{\pi}$

$\qquad = \dfrac{-1}{1+n} \big[\cos(1+n)\pi - 1 \big]$

$\qquad = \dfrac{-1}{n+1} \big[(-1)^{n+1} - 1 \big]$

$\qquad = \begin{cases} \dfrac{2}{n+1} & \text{, n爲偶數} \\[2mm] \quad 0 & \text{, n爲奇數} \end{cases}$

$\displaystyle\int_0^{\pi} \sin(1-n)x \, dx$

$$= \frac{1}{n-1}\cos(1-n)x\Big|_0^{\pi} \quad (n \neq 1)$$

$$= \frac{1}{n-1}\Big[(-1)^{n-1}-1\Big]$$

$$= \begin{cases} \dfrac{-2}{n-1} & , \ n爲偶數 \\ \ \ 0 & , \ n爲奇數 \end{cases}$$

(註：當 n=1 時， $\displaystyle\int_0^{\pi}\sin(1-n)x\,dx=0$)

$$\therefore a_n = \begin{cases} \dfrac{-4}{\pi}\cdot\dfrac{1}{n^2-1} & , \ n爲偶數 \\ \ \ 0 & , \ n爲奇數 \end{cases}$$

所以，

$$\sin x = \frac{2}{\pi} - \frac{4}{\pi}\sum_{n=1}^{\infty}\frac{1}{4n^2-1}\cos(2nx)$$

(2) 令 $x = \dfrac{\pi}{2}$ ，則上式可得

$$1 = \sin\left(\frac{\pi}{2}\right) = \frac{2}{\pi} - \frac{4}{\pi}\sum_{n=1}^{\infty}\frac{1}{4n^2-1}(-1)^n$$

所以， $\displaystyle\sum_{n=1}^{\infty}\frac{(-1)^n}{4n^2-1} = \frac{1}{2} - \frac{\pi}{4}$

習題（7－2節）

1. 以(a)餘弦級數，(b)正弦級數，(c)傅立葉級數方式，對

   $f(x) = x^2$ ， $x \in [0,L]$ 作半幅展開。

2. 下列函數，何者爲偶函數？何者爲奇函數？

   (a) $f(x) = x\cos x$ ， (b) $f(x) = x\sin x$

   (c) $f(x) = e^{x^2}$ ， (d) $f(x) = |x|^3$

3. 以傅立葉正弦級數，對 $f(t)$ ， $t \in [0,L]$ 作半幅展開：

   $$f(t) = \begin{cases} \dfrac{2}{L}t & , \ 0 \leq t < \dfrac{L}{2} \\[3mm] \dfrac{2}{L}(L-t) & , \ \dfrac{L}{2} < t \leq L \end{cases}$$

4. 以傅立葉餘弦級數，對 $f(t)$ ， $t \in [0,1]$ 做半幅展開：

   $$f(t) = e^{2t} \ , \quad 0 \leq t \leq 1$$

§7-3 複數形式之傅立葉級數

在工程的應用上，吾人常用複數形式來表示傅立葉級數。此外，下一章所要討論的傅立葉積分或轉換，就是以複數形式的傅立葉級數作為基礎，延伸而得。本節介紹以**複指數** (complex exponential) 函數為核心 (取代弦波函數) 的傅立葉級數。

從尤拉 (Euler) 公式，可知複指數函數與弦波函數之關係如下：

$$e^{i\omega x} = \cos(\omega x) + i\sin(\omega x) \qquad (1)$$

從(1)式可得

$$\cos(\omega x) = \frac{1}{2}(e^{i\omega x} + e^{-i\omega x}) \qquad (2)$$

$$\sin(\omega x) = \frac{1}{2i}(e^{i\omega x} - e^{-i\omega x}) \qquad (3)$$

A. 複數形式的傅立葉級數

假設實函數 $f(x)$ 為周期函數，其周期為 P。從 7-1 節的(13)式，$f(x)$ 的傅立葉級數可寫成

$$f(x) = \frac{1}{2}a_0 + \sum_{n=1}^{\infty}\left[a_n\cos(n\omega_0 x) + b_n\sin(n\omega_0 x)\right]$$

$$= \frac{1}{2}a_0 + \sum_{n=1}^{\infty}\left[a_n \cdot \frac{e^{i\omega_0 x} + e^{-i\omega_0 x}}{2} + b_n \cdot \frac{e^{i\omega_0 x} - e^{-i\omega_0 x}}{2i}\right]$$

$$= \frac{1}{2}a_0 + \sum_{n=1}^{\infty}\left[\frac{1}{2}(a_n - ib_n)e^{in\omega_0 x} + \frac{1}{2}(a_n + ib_n)e^{-in\omega_0 x}\right] \quad （4）$$

令 $d_0 = \frac{1}{2}a_0$

$$d_n = \frac{1}{2}(a_n - ib_n) \quad , \; n = 1, 2, \cdots$$

則 d_n 的共軛複數為

$$\overline{d_n} = \frac{1}{2}(a_n + ib_n)$$

所以，(4)式可寫成

$$f(x) = d_0 + \sum_{n=1}^{\infty}\left[d_n e^{in\omega_0 x} + \overline{d_n}\, e^{-in\omega_0 x}\right] \quad （5）$$

從 7-1 節的(14)、(15)和(16)式，可得

$$d_0 = \frac{1}{2}a_0 = \frac{1}{P}\int_{-\frac{P}{2}}^{\frac{P}{2}} f(t)\, dt \quad （6）$$

$$d_n = \frac{1}{2}(a_n - ib_n)$$

$$= \frac{1}{2}\left[\frac{2}{P}\int_{-\frac{P}{2}}^{\frac{P}{2}} f(t)\cos(n\omega_0 t)\, dt - i \cdot \frac{2}{P}\int_{-\frac{P}{2}}^{\frac{P}{2}} f(t)\sin(n\omega_0 t)\, dt\right]$$

$$= \frac{1}{P}\int_{-\frac{P}{2}}^{\frac{P}{2}} f(t)\left[\cos(n\omega_0 t) - i\sin(n\omega_0 t)\right] dt$$

$$= \frac{1}{P}\int_{-\frac{P}{2}}^{\frac{P}{2}} f(t)e^{-in\omega_0 t}\, dt \quad （7）$$

將(7)式兩邊取共軛複數，可得

$$\overline{d_n} = \frac{1}{P}\int_{-\frac{P}{2}}^{\frac{P}{2}} f(t)e^{in\omega_0 t}\, dt = d_{-n} \quad （8）$$

從(5)和(8)式，可得

$$f(x) = d_0 + \sum_{n=1}^{\infty} d_n e^{in\omega_0 x} + \sum_{n=1}^{\infty} d_{-n} e^{-in\omega_0 x}$$

$$= d_0 + \sum_{n=1}^{\infty} d_n e^{in\omega_0 x} + \sum_{n=-\infty}^{-1} d_n e^{in\omega_0 x}$$

$$= \sum_{n=-\infty}^{\infty} d_n e^{in\omega_0 x}$$

茲將複數形式的傅立葉級數，總結如下：

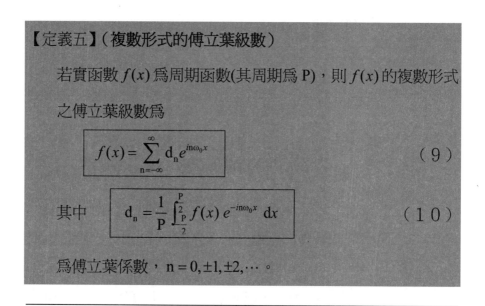

【定義五】（複數形式的傅立葉級數）

若實函數 $f(x)$ 為周期函數(其周期為 P)，則 $f(x)$ 的複數形式

之傅立葉級數為

$$f(x) = \sum_{n=-\infty}^{\infty} d_n e^{in\omega_0 x} \qquad （9）$$

其中 $$d_n = \frac{1}{P} \int_{\frac{P}{2}}^{P} f(x)\, e^{-in\omega_0 x}\, dx \qquad （10）$$

為傅立葉係數，$n = 0, \pm 1, \pm 2, \cdots$ 。

【例1】 求下圖之方波函數的複數形式傅立葉級數。

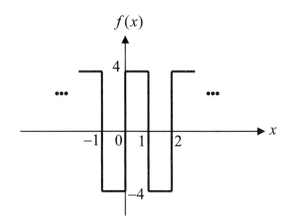

【解】：$\because$　$P=2$　為周期

$\therefore$　$\omega_0 = \dfrac{2\pi}{P} = \pi$　為基本角頻率

由(10)式，得

$$d_n = \frac{1}{P}\int_{-\frac{P}{2}}^{\frac{P}{2}} f(x)\, e^{-in\omega_0 x}\, dx = \frac{1}{2}\int_{-1}^{1} f(x)\, e^{-in\pi x}\, dx$$

$n=0$：$d_0 = \dfrac{1}{2}\displaystyle\int_{-1}^{1} f(x)\, dx = 0$

$n \neq 0$：$d_n = \dfrac{1}{2}\displaystyle\int_{-1}^{0}(-4)\cdot e^{-in\pi x}dx + \dfrac{1}{2}\displaystyle\int_{0}^{1} 4\cdot e^{-in\pi x}dx$

$$= \frac{1}{2}\left[\frac{4}{in\pi}\left(1-e^{in\pi}\right) + \frac{4}{-in\pi}\left(e^{-in\pi}-1\right)\right]$$

$$= \frac{4}{in\pi}\left[1-(-1)^n\right]$$

$$= \begin{cases} 0 & ,\ n\text{為偶數} \\[2mm] \dfrac{8}{in\pi} & ,\ n\text{為奇數} \end{cases}$$

$\therefore$由(9)式，得

$$f(x) = \frac{8}{i\pi}\cdot\sum_{n=-\infty}^{\infty}\frac{1}{2n-1}\cdot e^{i(2n-1)\pi x}$$

B. 頻譜

欲了解函數 $f(x)$ 的頻率域特性，吾人可以定義頻譜

(frequency spectrum) 如下：

【定義六】（頻譜）

若 $f(x)$ 之複數形式傅立葉級數為 $f(x) = \sum_{n=-\infty}^{\infty} d_n e^{in\omega_0 x}$ ，則 $f(x)$

的振幅譜 (amplitude spectrum) 為以 $|d_n|$ 為縱軸，$n\omega_0$ 為橫軸

$(n = 0, \pm 1, \pm 2, \cdots)$ 所畫的圖。振幅譜常常簡稱為頻譜(frequency

spectrum)。

【例2】求【例1】之方波函數的頻譜，並畫其圖。

【解】：由【例1】的結果，得知

$$|d_n| = \begin{cases} 0 & \text{，n為偶數} \\ \dfrac{8}{n\pi} & \text{，n為奇數} \end{cases}$$

故其頻譜圖如下：

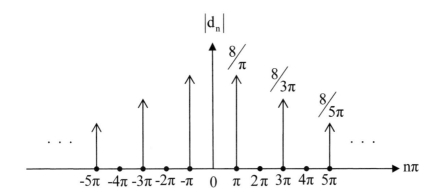

　　周期函數之頻譜呈不連續的線狀，因此稱爲**線譜** (line spectrum)。線譜的特徵爲能量只集中在諧波頻率上，而其間的頻率上沒有能量，故爲不連續的能量分佈。以【例 2】爲例，可知能量只集中於奇數序的諧波。

習題（7－3 節）

1. 求函數 $f(x) = E\left|\sin(\omega_0 t)\right|$ ，$E > 0$ 之複數形式傅立葉級數，並畫其頻譜。

2. 若 $f(x) = \displaystyle\sum_{n=-\infty}^{\infty} d_n e^{in\omega_0 x}$ 爲複數形式的傅立葉級數，試寫出 Parseval 公式。

3. 設 $f(t) = \cos \pi t$, $g(t) = \sin \pi t$ 。求這兩個函數的複數形式之傅立葉級數，並畫其振幅譜。此兩個函數的振幅譜是否相同？

§7-4 傅立葉積分

前面所討論的傅立葉級數，適用於有限區間或週期函數。然而很多實際問題是與無限區間且非週期性函數有關。本節所討論的傅立葉積分，就是用來表示無限區間且非週期函數的工具。

首先，我們由有限區間的函數 $f(x)$ ，$-L \le x \le L$ 開始。其傅立葉級數可表示成

$$f(x) = \frac{1}{2L} \int_{-L}^{L} f(t)dt + \sum_{n=1}^{\infty} \left[\left(\frac{1}{L} \int_{-L}^{L} f(t) \cos\left(\frac{n\pi t}{L} \right)dt \right) \cos\left(\frac{n\pi x}{L} \right) \right.$$

$$\left. + \left(\frac{1}{L} \int_{-L}^{L} f(t) \sin\left(\frac{n\pi t}{L} \right)dt \right) \sin\left(\frac{n\pi x}{L} \right) \right] \quad (1)$$

其次，將正頻率軸 $0 \le \omega < \infty$，以頻率間距 $\Delta\omega = 2\pi \cdot \frac{1}{2L} = \frac{\pi}{L}$ 取樣，可得離散頻率 $\omega_n = n \cdot \Delta\omega = \frac{n\pi}{L}$ ， $n = 0, 1, 2, \cdots$ 。則(1)式可改寫成

$$f(x) = \frac{\Delta\omega}{2\pi} \int_{-L}^{L} f(t)dt + \frac{1}{\pi} \sum_{n=1}^{\infty} \left[\left(\int_{-L}^{L} f(t) \cos(\omega_n t)dt \right) \cos(\omega_n x) \right.$$

$$+\left(\int_{-L}^{L} f(t)\sin(\omega_n t)dt\right)\sin(\omega_n x)\Bigg]\Delta\omega \quad (2)$$

當 $L \to \infty$ 時，$\Delta\omega \to 0$ 或 $d\omega$，$\omega_n \to \omega$，且 $\sum_{n=1}^{\infty} \to \int_0^{\infty}$。由於在 $L \to \infty$

時，$\dfrac{\Delta\omega}{2\pi}\displaystyle\int_{-L}^{L} f(t)dt \to 0$，所以(2)式可改寫成

$$f(x) = \frac{1}{\pi}\int_0^{\infty}\left[\left(\int_{-\infty}^{\infty} f(t)\cos(\omega t)dt\right)\cos(\omega x)\right.$$

$$\left.+\left(\int_{-\infty}^{\infty} f(t)\sin(\omega t)dt\right)\sin(\omega x)\right]d\omega \qquad (3)$$

綜合以上的討論，我們可以得到下面的定義：

【定義七】（傅立葉積分）

若 $f(x)$，$-\infty < x < \infty$，為一無限區間的函數，則 $f(x)$ 的傅立

葉積分 (Fourier integral) 可表示成

$$f(x) = \int_0^{\infty}\left[A(\omega)\cos\omega x + B(\omega)\sin\omega x\right]d\omega \qquad (4)$$

其中 $\quad A(\omega) = \dfrac{1}{\pi}\displaystyle\int_{-\infty}^{\infty} f(t)\cos\omega t\, dt \qquad (5)$

$$B(\omega) = \frac{1}{\pi}\int_{-\infty}^{\infty} f(t)\sin\omega t\, dt \qquad (6)$$

傅立葉積分也可以用相位角形式來表示。由(4)式，可推導出

$$f(x) = \int_0^{\infty} c(\omega)\cos\left(\omega x + \theta(\omega)\right) \qquad (7)$$

其中 $\quad c(\omega) = \sqrt{A^2(\omega) + B^2(\omega)}\quad$ 為振幅譜 $\qquad (8)$.

$$\theta(\omega) = \tan^{-1}\left(\frac{-B(\omega)}{A(\omega)}\right)\quad \text{為相位譜} \qquad (9)$$

【例1】求脈波函數 $f(x) = \begin{cases} 1, & -1 \le x \le 1 \\ 0, & \text{else} \end{cases}$ 的傅立葉積分，並畫其

振幅譜。

【解】：由(5)和(6)式，得

$$A(\omega) = \frac{1}{\pi} \int_{-1}^{1} \cos \omega t \, dt = \frac{2 \sin \omega}{\pi \omega}$$

$$B(\omega) = \frac{1}{\pi} \int_{-1}^{1} \sin \omega t \, dt = 0$$

故由(4)式，可得傅立葉積分為

$$f(x) = \int_{0}^{\infty} \frac{2 \sin \omega}{\pi \omega} \cos \omega x \, d\omega$$

由(8)式，可得振幅譜

$$c(\omega) = \sqrt{A^2(\omega) + B^2(\omega)} = \frac{2}{\pi \omega} |\sin \omega|$$

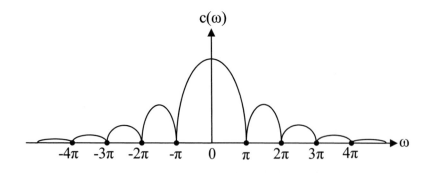

對於非週期性的函數而言，振幅譜(簡稱頻譜)呈連續狀。∎

習題（7－4 節）

1. 求 $f(x) = \begin{cases} x, & -\pi \leq x \leq \pi \\ 0, & \text{else} \end{cases}$ 之傅立葉積分。.

2. 求 $f(x) = e^{-|x|}$ 之傅立葉積分。

3. 證明 $f(x)$ 的傅立葉積分可寫成

$$f(x) = \lim_{\omega \to \infty} \frac{1}{\pi} \int_{-\infty}^{\infty} f(t) \cdot \frac{\sin[\omega(t-x)]}{t-x} dt \quad 。$$

§7-5 傅立葉餘弦和正弦積分

一. 全幅展開

　　設 $f(x)$，$x \in (-\infty, \infty)$，為一無限區間的函數。由 7-4 節的(4)式可得，$f(x)$ 的傅立葉積分可表示成

$$f(x) = \int_0^{\infty} \left[A(\omega)\cos\omega x + B(\omega)\sin\omega x \right] d\omega$$

其中　$A(\omega) = \dfrac{1}{\pi} \displaystyle\int_{-\infty}^{\infty} f(t)\cos\omega t\, dt$

　　　　$B(\omega) = \dfrac{1}{\pi} \displaystyle\int_{-\infty}^{\infty} f(t)\sin\omega t\, dt$

若 $f(x)$ 為偶函數，則

$$A(\omega) = \frac{2}{\pi} \int_0^\infty f(t) \cos \omega t \, dt \ , \ B(\omega) = 0 \ 。$$

所以，$f(x)$ 的傅立葉積分為餘弦積分，即

$$f(x) = \int_0^\infty A(\omega) \cos \omega x \, d\omega$$

若 $f(x)$ 為奇函數，則

$$A(\omega) = 0 \ , \ B(\omega) = \frac{2}{\pi} \int_0^\infty f(t) \sin \omega t \, dt \ 。$$

所以，$f(x)$ 的傅立葉積分為正弦積分，即

$$f(x) = \int_0^\infty B(\omega) \sin \omega x \, d\omega$$

上述的結果總結如下：

【定義八】（傅立葉餘弦和正弦積分）

1. 若 $f(x)$，$x \in (-\infty, \infty)$，為偶函數，則其傅立葉積分為餘弦積分

$$f(x) = \int_0^\infty A(\omega) \cos \omega x \, d\omega \qquad (1)$$

其中 $A(\omega) = \frac{2}{\pi} \int_0^\infty f(t) \cos \omega t \, dt \qquad (2)$

2. 若 $f(x)$，$x \in (-\infty, \infty)$，為奇函數，則其傅立葉積分為正弦積分

$$f(x) = \int_0^\infty B(\omega) \sin \omega x \, d\omega \qquad (3)$$

其中 $B(\omega) = \frac{2}{\pi} \int_0^\infty f(t) \sin \omega t \, dt \qquad (4)$

二. 半幅展開

設 $f(x)$，$x \in [0, \infty)$，為一無限區間的函數。則半幅展開的傅立葉積分，可由下面兩種型式之任何一種來完成。

1. 傅立葉餘弦積分

定義新函數 $g(x)$ 如下：

$$g(x) = \begin{cases} f(x) , & 0 \le x < \infty \\ f(-x) , & -\infty < x < 0 \end{cases}$$

則 $g(x)$，$x \in (-\infty, \infty)$，為偶函數。

由【定義八】可得

$$g(x) = \int_0^\infty A(\omega) \cos \omega x \, d\omega$$

其中 $A(\omega) = \dfrac{2}{\pi} \int_0^\infty g(t) \cos \omega t \, dt$

$$= \dfrac{2}{\pi} \int_0^\infty f(t) \cos \omega t \, dt$$

由於在 $0 \le x < \infty$ 內，$f(x) = g(x)$，所以

$f(x)$，$x \in [0, \infty)$，的傅立葉積分可寫成傅立葉餘弦積分如下：

$$f(x) = \int_0^\infty A(\omega) \cos \omega x \, d\omega \tag{5}$$

其中 $A(\omega) = \dfrac{2}{\pi} \int_0^\infty f(t) \cos \omega t \, dt \tag{6}$

2. 傅立葉正弦積分

定義新函數 $g(x)$ 如下：

$$g(x) = \begin{cases} f(x) & , \quad 0 \le x < \infty \\ -f(-x) & , \quad -\infty < x < 0 \end{cases}$$

則 $g(x)$，$x \in (-\infty, \infty)$，爲奇函數。

由【定義八】可得

$$g(x) = \int_0^\infty B(\omega) \sin \omega x \, d\omega$$

其中 $B(\omega) = \dfrac{2}{\pi} \int_0^\infty g(t) \sin \omega t \, dt$

$$= \dfrac{2}{\pi} \int_0^\infty f(t) \sin \omega t \, dt$$

由於在 $0 \le x < \infty$ 內，$f(x) = g(x)$，所以

$f(x)$，$x \in [0, \infty)$ 的傅立葉積分，可寫成傅立葉正弦積分如下：

$$f(x) = \int_0^\infty B(\omega) \sin \omega x \, d\omega \tag{7}$$

其中 $B(\omega) = \dfrac{2}{\pi} \int_0^\infty f(t) \sin \omega t \, dt \tag{8}$

【例1】(1) 將函數 $f(x) = e^{-kx}$，$x > 0$ 和 $k > 0$，分別以傅立葉餘弦積分和正弦積分來表示。

(2) 利用(1)的結果，證明下面兩個積分成立：

$$\int_0^\infty \dfrac{\cos \omega x}{k^2 + \omega^2} \, d\omega = \dfrac{\pi}{2k} e^{-kx} \tag{9}$$

$$\int_0^\infty \dfrac{\omega \sin \omega x}{k^2 + \omega^2} \, d\omega = \dfrac{\pi}{2} e^{-kx} \tag{10}$$

(這兩個積分，稱為拉普拉斯積分 (Laplace integral))

【解】：$f(x)$ 的傅立葉餘弦積分的推導如下：

由(6)式得，

$$A(\omega) = \frac{2}{\pi} \int_0^\infty f(t) \cos \omega t \, dt$$

$$= \frac{2}{\pi} \int_0^\infty e^{-kt} \cos \omega t \, dt$$

利用積分公式，$\int e^{at} \cos bt \, dt = \dfrac{e^{at}(a \cos bt + b \sin bt)}{a^2 + b^2}$

可得：

$$A(\omega) = \frac{2}{\pi} \cdot \frac{1}{k^2 + \omega^2} e^{-kt} \left(-k \cos \omega t + \omega \sin \omega t \right) \Big|_0^\infty$$

$$= \frac{2}{\pi} \cdot \frac{k}{k^2 + \omega^2}$$

由(5)式得

$$e^{-kx} = \int_0^\infty \frac{2k}{\pi(k^2 + \omega^2)} \cos \omega x \, d\omega \ \text{為} \ e^{-kx} \ \text{的傅立葉餘弦積分。}$$

$$\therefore \int_0^\infty \frac{\cos \omega x}{k^2 + \omega^2} \, d\omega = \frac{\pi}{2k} e^{-kx} \quad \text{得證。}$$

$f(x)$ 的傅立葉正弦積分的推導如下：

由(8)式得

$$B(\omega) = \frac{2}{\pi} \int_0^\infty e^{-kt} \sin \omega t \, dt$$

利用積分公式，$\int e^{at} \sin bt \, dt = \dfrac{e^{at}(a \sin bt - b \cos bt)}{a^2 + b^2}$

可得：

$$B(\omega) = \frac{2}{\pi} \cdot \frac{1}{k^2 + \omega^2} e^{-kt} \left(-k \sin \omega t - \omega \cos \omega t \right) \Big|_0^{\infty}$$

$$= \frac{2}{\pi} \cdot \frac{\omega}{k^2 + \omega^2}$$

由(7)式得

$$e^{-kx} = \int_0^{\infty} \frac{2\omega}{\pi(k^2 + \omega^2)} \sin \omega x \, d\omega \, 爲 \, e^{-kx} \, 的傅立葉正弦積分。$$

$$\therefore \int_0^{\infty} \frac{\omega \sin \omega x}{k^2 + \omega^2} \, d\omega = \frac{\pi}{2} e^{-kx} \quad 得證。$$

■

習題（7－5節）

1. 以傅立葉正弦積分來表示 $f(x) = \begin{cases} k, & 0 \le x \le a \\ 0, & x > a \end{cases}$ ，其中 k 爲常

數，而 a 爲正的常數。並以此結果，證明

$$\int_0^{\infty} \frac{1 - \cos \omega a}{\omega} \sin \omega t \, d\omega = \begin{cases} \dfrac{\pi}{2}, & 0 < t \le a \\ 0, & t > a \end{cases}$$

2. 利用拉普拉斯積分(9)和(10)式，求 $f(x) = \dfrac{1}{1 + x^2}$ ， $x \in [0, \infty)$ 的

傅立葉餘弦積分和 $g(x) = \dfrac{x}{1+x^2}$ 的傅立葉正弦積分。

§7-6 傅立葉轉換

傅立葉轉換 (Fourier transform) 與複數形式的傅立葉積分有密切的關係，在信號的頻譜分析方面是相當重要的工具。

A. 傅立葉轉換的定義與頻譜

若 $f(x)$，$x \in (-\infty, \infty)$，為實函數，則其傅立葉積分可表示成

$$f(x) = \int_0^\infty \left(A(\omega)\cos\omega x + B(\omega)\sin\omega x \right) d\omega$$

其中　$A(\omega) = \dfrac{1}{\pi} \int_{-\infty}^{\infty} f(t)\cos\omega t \, dt$

$B(\omega) = \dfrac{1}{\pi} \int_{-\infty}^{\infty} f(t)\sin\omega t \, dt$

利用尤拉公式，$\cos\omega x$ 和 $\sin\omega x$ 可以寫成

$$\cos\omega x = \frac{1}{2}(e^{i\omega x} + e^{-i\omega x})$$

$$\sin\omega x = \frac{1}{2i}(e^{i\omega x} - e^{-i\omega x})$$

則 $f(x) = \int_0^\infty \left[A(\omega) \cdot \frac{1}{2}(e^{i\omega x} + e^{-i\omega x}) + B(\omega) \cdot \frac{1}{2i}(e^{i\omega x} - e^{-i\omega x}) \right] d\omega$

$\qquad = \int_0^\infty \left[\frac{1}{2}\big(A(\omega) - iB(\omega)\big)e^{i\omega x} + \frac{1}{2}\big(A(\omega) + iB(\omega)\big)e^{-i\omega x} \right] d\omega$

令 $c(\omega) = \frac{1}{2}\big(A(\omega) - iB(\omega)\big)$

則 $c(\omega) = \frac{1}{2\pi} \int_{-\infty}^\infty \left[f(t)\cos\omega t - i\, f(t)\sin\omega t \right] dt$

$\qquad = \frac{1}{2\pi} \int_{-\infty}^\infty f(t)e^{-i\omega t}\, dt \qquad\qquad\qquad (1)$

將(1)式取其共軛複數，得

$\qquad \overline{c(\omega)} = \frac{1}{2\pi} \int_{-\infty}^\infty f(t)e^{i\omega t}\, dt = c(-\omega) \qquad\qquad (2)$

所以

$\qquad f(x) = \int_0^\infty \left[c(\omega)e^{i\omega x} + c(-\omega)e^{-i\omega x} \right] d\omega$

$\qquad\quad = \int_0^\infty c(\omega)e^{i\omega x}d\omega + \int_0^{-\infty} c(\omega)e^{i\omega x}(-d\omega)$

$\qquad\quad = \int_0^\infty c(\omega)e^{i\omega x}d\omega + \int_{-\infty}^0 c(\omega)e^{i\omega x}d\omega$

$\qquad\quad = \int_{-\infty}^\infty c(\omega)e^{i\omega x}d\omega \qquad\qquad\qquad\qquad (3)$

(3)式稱為 $f(x)$ 的複數形式之傅立葉積分，而(1)式中的 $c(\omega)$ 稱為 $f(x)$ 的傅立葉積分係數。

由(1)式可得

$\qquad 2\pi\, c(\omega) = \int_{-\infty}^\infty f(t)e^{-i\omega t}\, dt$

令 $F(\omega) = 2\pi \cdot c(\omega)$ ，則

$$F(\omega) = \int_{-\infty}^{\infty} f(t)e^{-i\omega t}\, dt$$

稱爲 $f(x)$ 的傅立葉轉換 (Fourier transform)。 由於在信號分析的應用中，函數 $f(x)$ 常代表信號的時域波形，故在以下的討論中，將以時間變數 t 取代變數 x。

【定義九】（傅立葉轉換）

若 $\int_{-\infty}^{\infty} |f(t)|\, dt < \infty$，則 $f(t)$ 的傅立葉轉換爲

$$\mathcal{F}\{f(t)\} \triangleq F(\omega) = \int_{-\infty}^{\infty} f(t)e^{-i\omega t} dt \qquad (4)$$

其中 $\mathcal{F}\{\cdot\}$ 稱爲傅立葉運算子 (Fourier Operator)。

另一方面，由(3)式可得

$$f(t) = \int_{-\infty}^{\infty} c(\omega)e^{i\omega t}\, d\omega$$

$$= \frac{1}{2\pi} \int_{-\infty}^{\infty} F(\omega)e^{i\omega t}\, d\omega$$

所以，我們有下面的定義

【定義十】（傅立葉逆轉換）

$$f(t) = \frac{1}{2\pi} \int_{-\infty}^{\infty} F(\omega)e^{i\omega t}\, d\omega \qquad (5)$$

稱爲 $F(\omega)$ 的傅立葉逆轉換 (inverse Fourier transform)。

如前所述，傅立葉轉換常應用於信號的頻譜分析。一般而言，

$F(\omega)$ 為複數,稱為頻域函數。$|F(\omega)|$ 稱為信號 $f(t)$ 的振幅譜。若

將 $F(\omega)$ 的實部,以 $\text{Re}[F(\omega)]$ 記之;而 $F(\omega)$ 的虛部,以 $\text{Im}[F(\omega)]$ 記

之,則 $\tan^{-1}\left[\dfrac{\text{Im}[F(\omega)]}{\text{Re}[F(\omega)]}\right]$ 稱為信號 $f(t)$ 的相位譜。

【例 1】 求脈波 (pulse) $f(t) = \begin{cases} k , & -a < t < a \\ 0 , & \text{else} \end{cases}$, $k > 0$, $a > 0$ 的傅立

葉轉換,並畫其振幅譜。

【解】: $F(\omega) = \displaystyle\int_{-\infty}^{\infty} f(t)e^{-i\omega t}dt$

$= k \displaystyle\int_{-a}^{a} e^{-i\omega t}dt$

$= \dfrac{-k}{i\omega} e^{-i\omega t}\Big|_{-a}^{a}$

$= \dfrac{-k}{i\omega}\left(e^{-i\omega a} - e^{i\omega a}\right)$

$= \dfrac{2k}{\omega}\sin(\omega a)$

為 $f(t)$ 的傅立葉轉換。

振幅譜為 $\quad |F(\omega)| = 2k\left|\dfrac{\sin(\omega a)}{\omega}\right|$

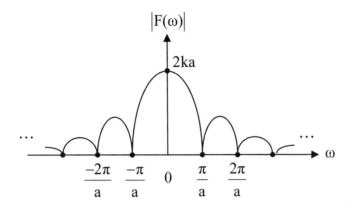

B. 傅立葉轉換的性質

　　傅立葉轉換是將時域函數轉換成頻域函數，具有下列性質：

1. 線性 (linearity)

$$\boxed{\mathcal{F}\{a \cdot f(t) + b \cdot g(t)\} = a \cdot F(\omega) + b \cdot G(\omega)}$$ （6）

其中 a 和 b 為常數。

2. 時間平移 (time shifting)

$$\boxed{\mathcal{F}\{f(t - t_0)\} = e^{-i\omega t_0} F(\omega)}$$ （7）

其中 t_0 為**時間延遲** (time delay) 常數。

　　【註】時間平移後的信號，其振幅譜不會改變；但相位譜會有

　　　　 $-\omega t_0$ 的**相位移** (phase shift) 改變。

3. 頻率平移 (frequency shifting)

$$\boxed{\mathcal{F}\{e^{i\omega_0 t} \cdot f(t)\} = F(\omega - \omega_0)}$$ （8）

其中 ω_0 為**頻率移位**常數。

4. **比例縮放** (scaling)

若 a 為非零整數，則

$$\mathcal{F}\{f(\text{at})\} = \frac{1}{|a|} F(\frac{\omega}{a}) \tag{9}$$

【註】若 a>1，則 $f(\text{at})$ 為 $f(\text{t})$ 在時間軸的比例縮小 a 倍所得的

波形。若 0<a<1，則 $f(\text{at})$ 為 $f(\text{t})$ 在時間軸的比例放大 a

倍所得的波形。

〈證〉 $\mathcal{F}\{f(\text{at})\} = \int_{-\infty}^{\infty} f(\text{at}) \cdot e^{-i\omega t} dt$

令 $\tilde{t} = \text{at}$ ，則

(i) a > 0：

$$\mathcal{F}\{f(\text{at})\} = \int_{-\infty}^{\infty} f(\tilde{t}) \cdot e^{-i\frac{\omega}{a}\tilde{t}} \cdot \frac{d\tilde{t}}{a}$$

$$= \frac{1}{|a|} F\left(\frac{\omega}{a}\right)$$

(ii) a < 0：

$$\mathcal{F}\{f(\text{at})\} = \int_{\infty}^{-\infty} f(\tilde{t}) \cdot e^{-i\frac{\omega}{a}\tilde{t}} \cdot \frac{d\tilde{t}}{a}$$

$$= -\frac{1}{a} \int_{-\infty}^{\infty} f(\tilde{t}) \cdot e^{-i\frac{\omega}{a}\tilde{t}} d\tilde{t} = \frac{1}{|a|} F\left(\frac{\omega}{a}\right)$$

■

此性質說明，若時域函數在時間軸上縮小(放大) a 倍時，

其頻域函數在頻率軸上放大(縮小) a 倍，在頻譜軸上縮小(放

大)a 倍。

5. **對稱**或**對偶** (symmetry or duality)

若 $f(\text{t}) \xrightarrow{\ \mathcal{F}\ } \text{F}(\omega)$，則

$\text{F}(\text{t}) \xrightarrow{\ \mathcal{F}\ } 2\pi f(-\omega)$

意即 $\boxed{\mathcal{F}\{\text{F}(\text{t})\} = 2\pi f(-\omega)}$ （10）

〈證〉$\because f(\text{t}) = \dfrac{1}{2\pi} \displaystyle\int_{-\infty}^{\infty} \text{F}(\omega)\, e^{i\omega t}\mathrm{d}\omega$

$= \dfrac{1}{2\pi} \displaystyle\int_{-\infty}^{\infty} \text{F}(x)\, e^{ixt}\mathrm{d}x$

$\therefore$ 將上式的 t 改成 $-\omega$ 後，乘以 2π，得

$2\pi f(-\omega) = \displaystyle\int_{-\infty}^{\infty} \text{F}(x)e^{-ix\omega}\mathrm{d}x = \mathcal{F}\{\text{F}(\text{t})\}$

∎

【例2】(1) 求 $f(\text{t}) = \begin{cases} e^{-4\text{t}}, \text{t} \geq 0 \\ 0 \ , \text{else} \end{cases}$ 的傅立葉轉換。

(2) 利用對稱性和(1)的結果，求 $\mathcal{F}\left\{\dfrac{1}{4+it}\right\}$

【解】：(1) $\text{F}(\omega) = \displaystyle\int_{0}^{\infty} e^{-4\text{t}} \cdot e^{-i\omega t}\mathrm{d}t = \dfrac{1}{4+i\omega}$

(2) 由(10)式，得

$\mathcal{F}\left\{\dfrac{1}{4+it}\right\} = 2\pi f(-\omega) = \begin{cases} 2\pi\, e^{4\omega} , \omega < 0 \\ 0 \ \ , \omega \geq 0 \end{cases}$

6. 調變 (modulation)

$$\mathcal{F}\{f(t)\cos\omega_0 t\} = \frac{1}{2}\left[F(\omega+\omega_0)+F(\omega-\omega_0)\right] \qquad (11)$$

$$\mathcal{F}\{f(t)\sin\omega_0 t\} = \frac{i}{2}\left[F(\omega+\omega_0)-F(\omega-\omega_0)\right] \qquad (12)$$

【註】調變一般用於通訊系統。信息訊號，如語音、視訊等的頻譜皆在低頻帶範圍。為了使信息訊號易於通道中傳送，需先經過調變的程序，使頻譜移到以載波頻率 ω_0 為中心的高頻帶範圍。

〈證〉 $\because \cos\omega_0 t = \frac{1}{2}\left(e^{i\omega_0 t}+e^{-i\omega_0 t}\right)$

$\therefore \mathcal{F}\{f(t)\cos\omega_0 t\} = \frac{1}{2}\mathcal{F}\{e^{i\omega_0 t}f(t)\}+\frac{1}{2}\mathcal{F}\{e^{-i\omega_0 t}f(t)\}$

由頻率平移性質，可得

$\mathcal{F}\{f(t)\cos\omega_0 t\} = \frac{1}{2}F(\omega-\omega_0)+\frac{1}{2}F(\omega+\omega_0)$

同理，利用 $\sin\omega_0 t = \frac{1}{2i}\left(e^{i\omega_0 t}-e^{-i\omega_0 t}\right)$，可證明(12)式。

【例3】有一脈波調變訊號為 $f(t) = \begin{cases} k\cos\omega_0 t, & -a \le t \le a \\ 0, & \text{else} \end{cases}$，$k > 0$，求其傅立葉轉換，並畫其振幅譜。

【解】：$f(t) = g(t)\cdot\cos\omega_0 t$

其中 $g(t) = \begin{cases} k & , -a \leq t \leq a \\ 0 & , \quad \text{else} \end{cases}$ 爲脈波。

由【例1】得知，

$$G(\omega) = 2k \cdot \frac{\sin(\omega a)}{\omega}$$

利用(11)式，可得 $f(t)$ 的傅立葉轉換爲

$$F(\omega) = \frac{1}{2}\left[G(\omega + \omega_0) + G(\omega - \omega_0)\right]$$

$$= \frac{k\sin\left[(\omega + \omega_0)a\right]}{\omega + \omega_0} + \frac{k\sin\left[(\omega - \omega_0)a\right]}{\omega - \omega_0}$$

$$\therefore \left|F(\omega)\right| = k\left[\left|\frac{\sin\left[(\omega + \omega_0)a\right]}{\omega + \omega_0}\right| + \left|\frac{\sin\left[(\omega - \omega_0)a\right]}{\omega - \omega_0}\right|\right]$$

爲振幅譜，其圖如下：

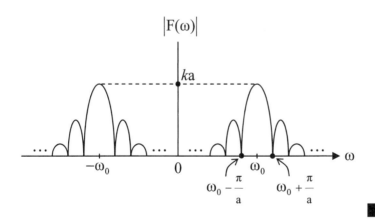

7.**時間微分** (differentiation in time)

若 $f^{(n-1)}(t)$ 爲連續，$f^{(n)}(t)$ 爲分段連續，

$$\int_{-\infty}^{\infty}\left|f^{(n-1)}(t)\right|dt < \infty，\lim_{t\to\infty}f^{(k)}(t) = \lim_{t\to-\infty}f^{(k)}(t) = 0，k = 0,1,\cdots,n-1$$

則

$$\boxed{\mathcal{F}\{f^{(n)}(t)\} = (i\omega)^n F(\omega)} \quad , \ n = 1, 2, \cdots \qquad （13）$$

【例4】求 $y' - 2y = f(t)$ 的 $y(t)$ 解，$-\infty < t < \infty$，其中

$$f(t) = \begin{cases} e^{-2t} , & t > 0 \\ 0 , & t < 0 \end{cases}$$

【解】：將微分方程式的每一項，取傅立葉轉換得

$$\mathcal{F}\{y'(t)\} - 2\mathcal{F}\{y(t)\} = \mathcal{F}\{f(t)\}$$

$$\because \mathcal{F}\{y'(t)\} = i\omega \cdot Y(\omega)$$

$$\mathcal{F}\{f(t)\} = \frac{1}{2 + i\omega}$$

$$\therefore (i\omega - 2)Y(\omega) = \frac{1}{2 + i\omega}$$

$$\therefore Y(\omega) = \frac{1}{(i\omega - 2)(2 + i\omega)}$$

$$= \frac{-\dfrac{1}{4}}{(2 - i\omega)} + \frac{-\dfrac{1}{4}}{(2 + i\omega)}$$

$$\therefore y(t) = -\frac{1}{4}e^{2t}u(-t) - \frac{1}{4}e^{-2t}u(t) = -\frac{1}{4}e^{-2|t|}$$

其中，$u(t)$ 為單位步進函數，即

$$u(t) = \begin{cases} 1 , & t \geq 0 \\ 0 , & t < 0 \end{cases}$$

8. **頻率微分** (differentiation in frequency)

若 $f(t)$ 為分段連續，且 $\int_{-\infty}^{\infty} \left| t^n f(t) \right| dt < \infty$ ，則

$$\boxed{\mathcal{F}\{t^n f(t)\} = i^n F^{(n)}(\omega)} \quad , \; n = 1, 2, \cdots \qquad (14)$$

9. **時間積分** (integration in time)

若 $f(t)$ 為分段連續，且 $\int_{-\infty}^{\infty} \left| f(t) \right| dt < \infty$ ， $F(0) = 0$ ，則

$$\boxed{\mathcal{F}\left\{ \int_{-\infty}^{t} f(x)\, dx \right\} = \frac{1}{i\omega} F(\omega)} \qquad (15)$$

10. **迴旋積分** (convolution integral)

若 $f(t)$ 和 $g(t)$ 為分段連續，且 $\int_{-\infty}^{\infty} \left| f(t) \right| dt < \infty$ ， $\int_{-\infty}^{\infty} \left| g(t) \right| dt < \infty$ ，

則

$$\boxed{\begin{array}{l} \mathcal{F}\{f(t) * g(t)\} = F(\omega)G(\omega) \qquad\qquad\;\; (16) \\[2ex] \mathcal{F}\{f(t)g(t)\} = \dfrac{1}{2\pi} F(\omega) * G(\omega) \qquad (17) \end{array}}$$

其中 $*$ 稱為迴旋積分運算子，定義如下：

$$f(t) * g(t) = \int_{-\infty}^{\infty} f(t - \tau)g(\tau)\, d\tau \qquad \text{(time convolution)}$$

$$F(\omega) * G(\omega) = \int_{-\infty}^{\infty} F(\omega - \alpha)G(\alpha)\, d\alpha \quad \text{(frequency convolution)}$$

〈證〉(16)式証明如下：

$$\mathcal{F}\{f(t) * g(t)\} = \int_{-\infty}^{\infty} \left[\int_{-\infty}^{\infty} f(t - \tau)g(\tau)d\tau \right] e^{-i\omega t} dt$$

$$= \int_{-\infty}^{\infty} g(\tau)\left[\int_{-\infty}^{\infty} f(t - \tau)e^{-i\omega t} dt \right] d\tau$$

$$= \int_{-\infty}^{\infty} g(\tau) F(\omega) \cdot e^{-i\omega\tau} d\tau \qquad \text{(時間平移性質)}$$

$$= F(\omega) \cdot \int_{-\infty}^{\infty} g(\tau) e^{-i\omega\tau} d\tau$$

$$= F(\omega) \cdot G(\omega)$$

(17)式証明如下

$$\mathscr{F}\{f(t)g(t)\} = \int_{-\infty}^{\infty} f(t)g(t) e^{-i\omega t} dt$$

$$= \int_{-\infty}^{\infty} \left[\frac{1}{2\pi} \int_{-\infty}^{\infty} F(\alpha) e^{i\alpha t} d\alpha \right] g(t) e^{-i\omega t} dt$$

$$= \frac{1}{2\pi} \int_{-\infty}^{\infty} F(\alpha) \cdot \left[\int_{-\infty}^{\infty} g(t) e^{-i(\omega-\alpha)t} dt \right] d\alpha$$

$$= \frac{1}{2\pi} \int_{-\infty}^{\infty} F(\alpha) \cdot G(\omega-\alpha) d\alpha$$

$$= \frac{1}{2\pi} F(\omega) * G(\omega)$$

【例 5】求 $\mathscr{F}^{-1} \left\{ \dfrac{5}{2 - \omega^2 + 3i\omega} \right\}$ ，其中 $\mathscr{F}^{-1}$ 表示傅立葉逆轉換的運算子。

【解】：$\because F(\omega) = \dfrac{5}{2 - \omega^2 + 3i\omega}$

$$= \frac{5}{(2+i\omega)(1+i\omega)}$$

$$= 5 \cdot \frac{1}{(2+i\omega)} \cdot \frac{1}{(1+i\omega)}$$

$\therefore$ 由(16)式得，

$$f(t) = 5 \cdot \mathscr{F}^{-1} \left\{ \frac{1}{2+i\omega} \right\} * \mathscr{F}^{-1} \left\{ \frac{1}{1+i\omega} \right\}$$

$$= 5 \cdot \left[e^{-2t} u(t) \right] * \left[e^{-t} u(t) \right]$$

$$= 5 \cdot \int_{-\infty}^{\infty} e^{-2\tau} u(\tau) \cdot e^{-(t-\tau)} u(t-\tau) \, d\tau$$

$$= 5 e^{-t} \cdot \int_{-\infty}^{\infty} u(\tau) u(t-\tau) \, e^{-\tau} d\tau$$

$$= 5 e^{-t} \cdot \int_{0}^{t} e^{-\tau} d\tau \qquad (t > 0)$$

$$= 5 e^{-t} (1 - e^{-t})$$

即 $\mathscr{F}^{-1} \left\{ \dfrac{5}{2 - \omega^2 + 3\,i\omega} \right\} = \begin{cases} 5 e^{-t}(1 - e^{-t}) & , \ t \geq 0 \\ 0 & , \ t < 0 \end{cases}$

C. 特殊函數的傅立葉轉換

這裡所指的特殊函數是指其絕對值不可積分，即

$\int_{-\infty}^{\infty} |f(t)| dt = \infty$ 之函數，包括弦波函數，單位步進函數，和脈衝 (Dirac delta)函數等。為了使這些函數的傅立葉轉換可以存在，吾人必須定義一個特殊函數，稱為 Dirac delta 函數 $\delta(t)$ 如下：

$$\delta(t) = \lim_{a \to 0} \frac{1}{2a} \left[u(t+a) - u(t-a) \right] \qquad （18）$$

其中 u(t) 為單位步進函數。 $\delta(t)$ 可視為脈波函數的波寬趨近於零而得的脈衝 (impulse) 函數。

$\delta(t)$ 具有下列的性質：

1. 超寬頻： $\boxed{\mathcal{F}\{\delta(t)\}=1}$ （1 9）

2. 濾　波： $\boxed{\displaystyle\int_{-\infty}^{\infty} f(t)\delta(t-t_0)\,dt = f(t_0)}$ （2 0）

其次，我們討論弦波函數的傅立葉轉換。由 $\delta(t)$ 的傅立葉轉換之對偶性質，可得：

$$\mathcal{F}\{1\} = 2\pi\delta(-\omega) = 2\pi\delta(\omega) \tag{2 1}$$

所以，由頻率平移性質，可得

$$\mathcal{F}\{e^{i\omega_0 t}\} = 2\pi\delta(\omega-\omega_0) \tag{2 2}$$

和　$\mathcal{F}\{e^{-i\omega_0 t}\} = 2\pi\delta(\omega+\omega_0)$ （2 3）

因此，

$$\begin{aligned}
\mathcal{F}\{\cos\omega_0 t\} &= \frac{1}{2}\mathcal{F}\{e^{i\omega_0 t}\} + \frac{1}{2}\mathcal{F}\{e^{-i\omega_0 t}\} \\
&= \frac{1}{2}\left[2\pi\delta(\omega-\omega_0) + 2\pi\delta(\omega+\omega_0)\right] \\
&= \pi\left[\delta(\omega-\omega_0) + \delta(\omega+\omega_0)\right]
\end{aligned} \tag{2 4}$$

$$\begin{aligned}
\mathcal{F}\{\sin\omega_0 t\} &= \frac{1}{2i}\mathcal{F}\{e^{i\omega_0 t}\} - \frac{1}{2i}\mathcal{F}\{e^{-i\omega_0 t}\} \\
&= \frac{1}{2i}\left[2\pi\delta(\omega-\omega_0) - 2\pi\delta(\omega+\omega_0)\right]
\end{aligned}$$

$$= i\pi \left[\delta(\omega + \omega_0) - \delta(\omega - \omega_0) \right] \qquad (25)$$

從(24)式和(25)式，得知 $\cos\omega_0 t$ 和 $\sin\omega_0 t$ 有相同的振幅譜，如下圖所示。

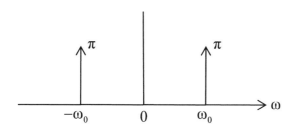

由於 $\cos\omega_0 t$ 或 $\sin\omega_0 t$ 只有單頻率 ω_0，所以其振幅譜的能量只出現在頻率 ω_0 的地方。

D. 週期函數的傅立葉轉換

設 $f(t)$ 為週期函數，其週期為 T，則其複數形式的傅立葉級數可表示成

$$f(t) = \sum_{n=-\infty}^{\infty} c_n e^{in\omega_0 t} \quad , \quad \omega_0 = \frac{2\pi}{T}$$

所以，

$$\mathscr{F}\{f(t)\} = \sum_{n=-\infty}^{\infty} c_n \mathscr{F}\left\{ e^{in\omega_0 t} \right\}$$

由(22)式，可得

$$\boxed{F(\omega) = 2\pi \sum_{n=-\infty}^{\infty} c_n \cdot \delta(\omega - n\omega_0)} \qquad (26)$$

其中 $\boxed{c_n = \dfrac{1}{T} \int_{-\frac{T}{2}}^{\frac{T}{2}} f(t)\, e^{-in\omega_0 t}\, dt}$ （27）

從(26)式得知，週期函數的頻譜是由無限個脈衝函數組成的線譜，其能量只分佈於各諧波的頻率。

【例6】求下圖**取樣函數** (sampling function) $S(t) = \displaystyle\sum_{n=-\infty}^{\infty} \delta(t - nT)$ ，T 為周期，之傅立葉轉換。

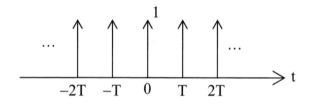

【解】：∵ S(t) 為週期函數，其周期為 T

∴由(27)式，可得

$$c_n = \frac{1}{T} \int_{-\frac{T}{2}}^{\frac{T}{2}} \delta(t) \cdot e^{-in\omega_0 t}\, dt = \frac{1}{T} \cdot e^0 = \frac{1}{T}$$

∴由(26)式，可得 S(t) 的傅立葉轉換為

$$S(\omega) = 2\pi \cdot \sum_{n=-\infty}^{\infty} \frac{1}{T} \delta(\omega - n\omega_0)$$

$$= \omega_0 \cdot \sum_{n=-\infty}^{\infty} \delta(\omega - n\omega_0)$$

習題（7－6節）

1. 求下列函數的傅立葉轉換：

(a) $e^{-3t}u(t)$ ； (b) $e^{-|t|}$ ； (c) $te^{-t}u(t)$ ； (d) $e^{-2|t|}$ ；(e) $\dfrac{1}{4+t^2}$

其中 u(t) 為單位步進函數。

2. 求下列函數的傅立葉逆轉換：

(a) $\dfrac{1}{(1+i\omega)^2}$ ； (b) $\dfrac{\sin(3\omega)}{\omega(2+i\omega)}$ ； (c) $\dfrac{1}{(4+\omega^2)(9+\omega^2)}$

3. 證明 Parseval 定理：

$$\int_{-\infty}^{\infty} |f(t)|^2\, dt = \frac{1}{2\pi} \int_{-\infty}^{\infty} |F(\omega)|^2\, d\omega$$

4. 利用 Parseval 定理，求 $\displaystyle\int_{-\infty}^{\infty} \frac{\sin^2(3t)}{t^2}\, dt$ 之值。

5. 證明(7)，(8)，(13)，(14)，(15)和(19)式。

6. 利用傅立葉轉換，求 $y'' + 6y' + 5y = \delta(t-1)$ 之解。

§7-7 傅立葉餘弦和正弦轉換

假設 $f(t)$ 於 $t \in [0,\infty)$ 為分段平滑函數，且 $\int_0^\infty |f(t)| dt < \infty$。

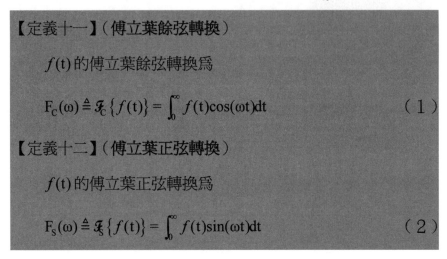

【定義十一】（傅立葉餘弦轉換）

$f(t)$ 的傅立葉餘弦轉換為

$$F_C(\omega) \triangleq \mathscr{F}_C\{f(t)\} = \int_0^\infty f(t)\cos(\omega t)dt \qquad (1)$$

【定義十二】（傅立葉正弦轉換）

$f(t)$ 的傅立葉正弦轉換為

$$F_S(\omega) \triangleq \mathscr{F}_S\{f(t)\} = \int_0^\infty f(t)\sin(\omega t)dt \qquad (2)$$

【例1】求 $f(t) - e^{-t}u(t)$ 的傅立葉餘弦轉換和正弦轉換。

【解】：$F_C(\omega) = \int_0^\infty e^{-t}\cos(\omega t)\, dt = \dfrac{1}{1+\omega^2}$

$F_S(\omega) = \int_0^\infty e^{-t}\cos(\omega t)\, dt = \dfrac{\omega}{1+\omega^2}$

傅立葉餘弦和正弦轉換，具有下列的微分性質：

【定理五】（餘弦和正弦轉換的微分）

設 $f(t)$ 和 $f'(t)$ 於 $t \in [0, \infty)$ 爲連續，且 $\lim\limits_{t \to \infty} f(t) = \lim\limits_{t \to \infty} f'(t) = 0$。

若 $f''(t)$ 於 $t \in [0, \infty)$ 爲分段連續，則

$$\mathscr{F}_C\{f''(t)\} = -\omega^2 F_C(\omega) - f'(0) \qquad （3）$$

$$\mathscr{F}_S\{f''(t)\} = -\omega^2 F_S(\omega) + \omega f(0) \qquad （4）$$

〈證〉只證明(3)式。

$$\mathscr{F}_C\{f''(t)\} = \int_0^\infty f''(t)\cos(\omega t)dt$$

$$= \int_0^\infty \cos(\omega t) \cdot d[f'(t)]$$

$$= f'(t)\cos(\omega t)\Big|_0^\infty - \int_0^\infty f'(t)(-\omega) \cdot \sin(\omega t)\, dt$$

$$= -f'(0) + \omega \cdot \int_0^\infty f'(t) \cdot \sin(\omega t)\, dt$$

$$= -f'(0) + \omega \cdot \int_0^\infty \sin(\omega t)\, d[f(t)]$$

$$= -f'(0) + \omega \cdot \left[\sin(\omega t) \cdot f(t)\Big|_0^\infty - \int_0^\infty f(t) \cdot \omega \cdot \cos(\omega t)\, dt \right]$$

$$= -f'(0) + \omega\big[0 - \omega \cdot F_C(\omega)\big]$$

$$= -f'(0) - \omega^2 F_C(\omega)$$

∎

1. 求 $f(t) = e^{-t}\sin t$，$0 < t < \infty$ 的傅立葉正弦和餘弦轉換。

2. 證明(4)式。

3. 證明，在 f 和其導數在合宜的條件下，

$$\mathcal{F}_S\left\{f^{(4)}(t)\right\} = \omega^4 F_S(\omega) - \omega^3 f(0) + \omega f''(0)$$

$$\mathcal{F}_C\left\{f^{(4)}(t)\right\} = \omega^4 F_C(\omega) + \omega^2 f'(0) - f^{(3)}(0)$$

§7-8 在工程上的應用

本節討論傅立葉級數在機械振動系統和電路系統的應用，傅立葉轉換在濾波 (filtering) 上的應用，及離散傅立葉轉換。

A. 傅立葉級數的應用

在上冊中討論到常係數非齊次線性微分方程式的全解時，是由齊次解和特解兩部分所組成。若微分方程式是用來描述某一線性系統的動態，則齊次解代表該系統的暫態 (transient-state) 響

應，而特解代表此系統的穩態 (steady-state) 響應。當系統的輸入

函數具有週期性質時，吾人可利用此函數的傅立葉級數來描述系

統的穩態響應。

一. 機械振動系統

　　圖一所示之外力 $f(t)$ 作用於由質量 m 和彈簧 k 所組成的彈簧

振動系統，其系統之動態微分方程式為

$$mx'' + cx' + kx = f(t) \qquad （1）$$

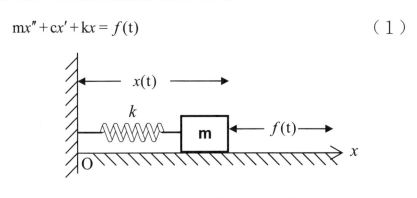

圖一 外力作用之彈簧振動系統

其中 m 為物體質量，k 為彈簧的彈性係數，C 為阻尼 (damping)

常數，$x(t)$ 為物體在時間 t 的瞬時水平位移。 若 $f(t)$ 為週期函數，

其周期為 T，則其複數形式的傅立葉級數可寫成

$$f(t) = \sum_{n=-\infty}^{\infty} d_n e^{in\omega_0 t} \quad , \quad \omega_0 = \frac{2\pi}{T} \qquad （2）$$

其中

$$d_n = \frac{1}{T} \int_{-T/2}^{T/2} f(t)\, e^{-in\omega_0 t} dt \qquad （3）$$

所以，(1)式可寫成

$$mx'' + cx' + kx = \sum_{n=-\infty}^{\infty} d_n e^{in\omega_0 t} \qquad (4)$$

取 $f(t)$ 之第 n 個諧波，求(4)式的穩態解，即

$$x'' + \frac{c}{m}x' + \frac{k}{m}x = \frac{d_n}{m}e^{in\omega_0 t} \qquad (5)$$

令(5)式之穩態解型式為

$$x_n(t) = a_n e^{in\omega_0 t} \qquad (6)$$

則 $\quad x_n' = in\omega_0 a_n e^{in\omega_0 t}$

$$x_n'' = -n^2\omega_0^2 a_n e^{in\omega_0 t}$$

所以，(5)式變成

$$a_n\left(-n^2\omega_0^2 + i\frac{cn\omega_0}{m} + \frac{k}{m}\right)e^{in\omega_0 t} = \frac{d_n}{m}e^{in\omega_0 t}$$

上式經比較係數，得

$$a_n = \frac{d_n}{k - n^2\omega_0^2 m + inc\omega_0} \qquad (7)$$

所以，$x_n(t)$ 之振幅為

$$|a_n| = \frac{|d_n|}{\sqrt{(k - n^2\omega_0^2 m)^2 + (nc\omega_0)^2}}$$

而 $x_n(t)$ 之相位角 θ_n 為

$$\theta_n = \phi_n - \tan^{-1}\left(\frac{nc\omega_0}{k - n^2\omega_0^2 m}\right) \qquad (8)$$

其中 ϕ_n 為 d_n 的相位角。

(1)式之穩態解為(6)式之 $x_n(t)$ ， $n=-\infty,\cdots,\infty$ 的總和，即

$$x(t)=\sum_{n=-\infty}^{\infty} a_n e^{in\omega_0 t}$$

$$=\sum_{n=-\infty}^{\infty} \frac{|d_n|}{\sqrt{(k-n^2\omega_0^2 m)^2+(nc\omega_0)^2}} e^{i(n\omega_0 t+\theta_n)} \qquad （9）$$

由(8)式得知，若 n 為正整數，則

$$\theta_{-n}=-\phi_n+\tan^{-1}\left(\frac{nc\omega_0}{k-n^2\omega_0^2 m}\right)=-\theta_n$$

所以，(9)式可化簡成

$$x(t)=\frac{d_0}{k}+\sum_{n=1}^{\infty} \frac{|d_n|}{\sqrt{(k-n^2\omega_0^2 m)^2+(nc\omega_0)^2}}\left[e^{i(n\omega_0 t+\theta_n)}+e^{-i(n\omega_0 t+\theta_n)}\right]$$

$$=\frac{d_0}{k}+2\sum_{n=1}^{\infty} \frac{|d_n|}{\sqrt{(k-n^2\omega_0^2 m)^2+(nc\omega_0)^2}}\cos(n\omega_0 t+\theta_n) \qquad （10）$$

其中 d_0 為實數。

二. 電路系統

圖二所示為 RLC 串聯電路，其中 R 為電阻，L 為電感，C 為電容， $v(t)$ 為電源電壓，和 $i(t)$ 為迴路電流。

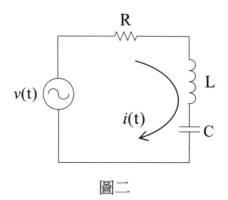

圖二

此電路的微分方程式為

$$i'' + \frac{R}{L}i' + \frac{1}{LC}i = \frac{1}{L}v' \qquad (11)$$

若 $v(t)$ 為週期函數，其周期為 T，則 $v(t)$ 的傅立葉級數為

$$v(t) = \frac{1}{2}a_0 + \sum_{n=1}^{\infty}(a_n \cos n\omega_0 t + b_n \sin n\omega_0 t)$$

所以 $\quad v'(t) = \sum_{n=1}^{\infty}(-n\omega_0 a_n \sin n\omega_0 t + n\omega_0 b_n \cos n\omega_0 t)$

於(11)式中的 v' 中只取第 n 項，求其穩態解 $i_n(t)$，即 $i_n(t)$ 滿足

$$i'' + \frac{R}{L}i' + \frac{1}{LC}i = \frac{\omega_0}{L}(nb_n \cos n\omega_0 t - na_n \sin n\omega_0 t) \qquad (12)$$

假設 $i_n(t)$ 之解型式為

$$i_n(t) = A_n \cos n\omega_0 t + B_n \sin n\omega_0 t \qquad (13)$$

則 $\quad i_n' = -n\omega_0 A_n \sin n\omega_0 t + n\omega_0 B_n \cos n\omega_0 t$

$$i_n'' = -n^2\omega_0^2 A_n \cos n\omega_0 t - n^2\omega_0^2 B_n \sin n\omega_0 t$$

將上面三式代入(12)式，得

$$(-n^2\omega_0^2 A_n + \frac{n\omega_0 B_n R}{L} + \frac{A_n}{LC})\cos n\omega_0 t + (-n^2\omega_0^2 B_n - \frac{n\omega_0 A_n R}{L} + \frac{B_n}{LC})\sin n\omega_0 t$$

$$= \frac{\omega_0}{L} n b_n \cos n\omega_0 t - \frac{\omega_0}{L} n a_n \sin n\omega_0 t$$

比較係數後，可得

$$(-n^2\omega_0^2 + \frac{1}{LC})A_n + \frac{n\omega_0 R}{L}B_n = \frac{n\omega_0}{L}b_n \qquad （１４）$$

$$-\frac{n\omega_0 R}{L}A_n + (\frac{1}{LC} - n^2\omega_0^2)B_n = \frac{-n\omega_0}{L}a_n \qquad （１５）$$

由 Cramer 公式解(14)和(15)兩式，得

$$A_n = \frac{\begin{vmatrix} \dfrac{n\omega_0 b_n}{L} & \dfrac{n\omega_0 R}{L} \\[2mm] \dfrac{-n\omega_0 a_n}{L} & \dfrac{1}{LC} - n^2\omega_0^2 \end{vmatrix}}{\begin{vmatrix} \dfrac{1}{LC} - n^2\omega_0^2 & \dfrac{n\omega_0 R}{L} \\[2mm] -\dfrac{n\omega_0 R}{L} & \dfrac{1}{LC} - n^2\omega_0^2 \end{vmatrix}}$$

$$= \frac{\dfrac{n\omega_0}{L}\left(\dfrac{1}{LC} - n^2\omega_0^2\right)b_n + \dfrac{n^2\omega_0^2 R}{L^2}a_n}{\left(\dfrac{1}{LC} - n^2\omega_0^2\right)^2 + \left(\dfrac{n\omega_0 R}{L}\right)^2} \qquad （１６）$$

$$B_n = \frac{\begin{vmatrix} \dfrac{1}{LC} - n^2\omega_0^2 & \dfrac{n\omega_0}{L}b_n \\[2mm] -\dfrac{n\omega_0 R}{L} & -\dfrac{n\omega_0}{L}a_n \end{vmatrix}}{\left(\dfrac{1}{LC} - n^2\omega_0^2\right)^2 + \left(\dfrac{n\omega_0 R}{L}\right)^2}$$

$$= \dfrac{\dfrac{-n\omega_0}{L}\left(\dfrac{1}{LC}-n^2\omega_0^2\right)a_n + \dfrac{n^2\omega_0^2 R}{L^2}b_n}{\left(\dfrac{1}{LC}-n^2\omega_0^2\right)^2 + \left(\dfrac{n\omega_0 R}{L}\right)^2}$$ （17）

將(16)和(17)式代入(13)式可得 $i_n(t)$。所以，(11)式的穩態解 $i(t)$ 爲

$$i(t) = \sum_{n=1}^{\infty} i_n(t)$$

$$= \sum_{n=1}^{\infty}\left[\dfrac{\dfrac{n\omega_0}{L}\left(\dfrac{1}{LC}-n^2\omega_0^2\right)b_n + \dfrac{n^2\omega_0^2 R}{L^2}a_n}{\left(\dfrac{1}{LC}-n^2\omega_0^2\right)^2 + \left(\dfrac{n\omega_0 R}{L}\right)^2}\cos n\omega_0 t\right.$$

$$\left. + \dfrac{\dfrac{-n\omega_0}{L}\left(\dfrac{1}{LC}-n^2\omega_0^2\right)a_n + \dfrac{n^2\omega_0^2 R}{L^2}b_n}{\left(\dfrac{1}{LC}-n^2\omega_0^2\right)^2 + \left(\dfrac{n\omega_0 R}{L}\right)^2}\sin n\omega_0 t\right]$$ （18）

B. 傅立葉轉換在濾波方面的應用

考慮一個有限能量的信號 $f(t)$，即 $\int_{-\infty}^{\infty}\left|f(t)\right|^2 dt$ 爲有限值。若

$f(t)$ 的頻譜 $F(\omega) = \int_{-\infty}^{\infty} f(t)e^{-i\omega t}dt$ 涵蓋整個頻率軸 $-\infty < \omega < \infty$，則

吾人可將此信號通過一濾波器 (filter) 而得到一個頻率介於

$[\omega_1, \omega_2]$ 及 $[-\omega_2, -\omega_1]$ 範圍的信號 g(t)。上面這種將某一頻率範圍外

的信號頻率濾除的信號處理，稱爲濾波 (filtering)。

在時域上常用**脈衝響應** (impulse response) 函數 $h(t)$ 來描述

濾波器的性質。在圖三中，當輸入信號 $f(t) = \delta(t)$ 爲脈衝 (或 Dirac

delta) 函數時，輸出信號 g(t) = $h(t)$ 即爲脈衝響應函數。

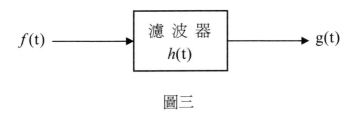

圖三

從頻域上來分析，輸入信號 $f(t) = \delta(t)$ 的傅立葉轉換爲 $F(\omega) = 1$，而濾波器 $h(t)$ 的傅立葉轉換爲 $H(\omega)$，又稱爲**頻率響應** (frequency responses)。所以輸出信號的傅立葉轉換 $G(\omega)$ 爲

$$G(\omega) = F(\omega) \cdot H(\omega) = H(\omega)$$

上式說明，輸出信號的頻譜爲輸入信號的頻譜與系統(濾波器)的頻率響應的乘積。由傅立葉的**時域迴旋積分** (time-convolution) 性質，得知

$$\boxed{g(t) = f(t) * h(t)}$$ （19）

換句話說，在時域上，輸出信號等於輸入信號與系統的脈衝響應之迴旋積分。

一. 低通濾波 (low-pass filtering)

理想 (ideal) 低通濾波器的頻率響應 $H(\omega)$ 爲

$$H(\omega) = \begin{cases} 1 & , \quad -\omega_0 < \omega < \omega_0 \\ 0 & , \qquad else \end{cases}$$ （20）

其脈衝響應 $h(t)$ 爲

$$h(t) = \mathscr{F}^{-1}\{H(\omega)\} = \frac{1}{2\pi}\int_{-\omega_0}^{\omega_0} e^{i\omega t}d\omega = \frac{\sin\omega_0 t}{\pi t}$$

所以，由(19)式可得 $f(t)$ 經過低通濾波後的輸出信號 g(t) 為

$$g(t) = f(t) * \frac{\sin\omega_0 t}{\pi t} \qquad (2\,1)$$

二. 帶通濾波 (band-pass filtering)

理想帶通濾波器的頻率響應 H(ω) 為

$$H(\omega) = \begin{cases} 1 & , \ \omega_1 < \omega < \omega_2 \ \text{或} \ -\omega_2 < \omega < -\omega_1 \\ 0 & , \quad \text{else} \end{cases}$$

其脈衝響應 $h(t)$ 為

$$h(t) = \frac{1}{2\pi}\int_{-\infty}^{\infty} H(\omega)e^{i\omega t}d\omega$$

$$= \frac{1}{2\pi}\left[\int_{-\omega_2}^{-\omega_1} e^{i\omega t}d\omega + \int_{\omega_1}^{\omega_2} e^{i\omega t}d\omega\right]$$

$$= \frac{1}{2\pi it}\left[e^{i\omega t}\Big|_{-\omega_2}^{-\omega_1} + e^{i\omega t}\Big|_{\omega_1}^{\omega_2}\right]$$

$$= \frac{1}{2\pi it}\left(e^{-i\omega_1 t} - e^{-i\omega_2 t} + e^{i\omega_2 t} - e^{i\omega_1 t}\right)$$

$$= \frac{1}{\pi t}\left(\sin\omega_2 t - \sin\omega_1 t\right)$$

所以，由(19)式得知，$f(t)$ 經過帶通濾波後的輸出信號為

$$\boxed{g(t) = f(t) * \frac{\sin\omega_2 t - \sin\omega_1 t}{\pi\,t}} \qquad (2\,2)$$

C. 時域取樣與離散傅立葉轉換

一. 時域取樣 (sampling in time)

若想利用電腦來分析信號頻譜，首要之務就是需要將連續時間 (continuous-time) 的信號轉換成**離散時間** (discrete-time) 的信號，如圖四所示。

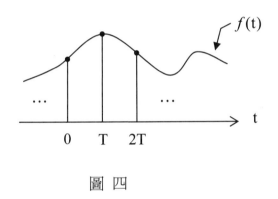

圖 四

將一連續時間信號 $f(t)$，每隔 T 取樣，所得的離散時間信號記成 $f_s(t)$。則 $f_s(t)$ 可視為

（ 乘法器 ）

$$f(t) \longrightarrow \bigotimes \longrightarrow f_s(t) = f(t)S(t)$$

$$\uparrow$$

$$S(t)$$

其中 $S(t) = \sum_{n=-\infty}^{\infty} \delta(t-nT)$ 稱為**取樣函數** (參見 7-6 節的【例 6】)。

從 7-6 節的**頻域迴旋積分**性質(17)式得知，$f_s(t)$ 的傅立葉轉換為（$\omega_s = \dfrac{2\pi}{T}$ 為取樣頻率）：

$$
\begin{aligned}
F_s(\omega) &= \frac{1}{2\pi} F(\omega) * S(\omega) \\
&= \frac{1}{2\pi} F(\omega) * \left[\sum_{n=-\infty}^{\infty} \omega_s \cdot \delta(\omega - n\omega_s) \right] \\
&= \frac{1}{T} \sum_{n=-\infty}^{\infty} \left[F(\omega) * \delta(\omega - n\omega_s) \right] \\
&\boxed{= \frac{1}{T} \sum_{n=-\infty}^{\infty} F(\omega - n\omega_s)}
\end{aligned}
$$

（２３）

　　如何選擇合宜的取樣周期 T，使得原來的連續時間信號可以從取樣後的信號在無失真的情況下還原？吾人可從下述的定理來說明。

【定理六】（Shannon 取樣定理）

　　假設 $f(t)$ 為有限頻寬的訊號，其頻譜 $F(\omega)$ 在 $|\omega| > \omega_m$ 為零。

若取樣頻率 $\omega_s \geq 2\omega_m$，則 $f(t)$ 可從其取樣值 $f_s(nT)$，n 為整數（$n = 0, \pm1 \cdots$）完整的重建，其信號重建公式為

$$
f(t) = \sum_{n=-\infty}^{\infty} f\left(\frac{n\pi}{\omega_0} \right) \cdot \frac{\sin(\omega_0 t - n\pi)}{\omega_0 t - n\pi}
$$

（２４）

其中 $\omega_0 = \dfrac{\omega_s}{2} = \dfrac{\pi}{T}$。

〈證〉：從(23)式得知，若 $\omega_S < 2\omega_m$，則 $F_s(\omega)$ 會有頻譜重疊現象

(稱為**贋頻效應** (aliasing effect))，導致信號失真，而無法

重建。因此取樣頻率 ω_S 必須至少為兩倍的信號頻寬。

　欲擷取 $F(\omega)$，可將 $f_s(t)$ 通過一個低通濾波器，其頻率

響應為

$$H(\omega) = \begin{cases} T & , \ |\omega| < \omega_0 \\ 0 & , \ |\omega| > \omega_0 \end{cases}$$

其中 ω_0 為截止 (cut-off) 頻率 (選為 $\dfrac{\omega_S}{2}$)。

則低通濾波器的脈衝響應函數為

$$h(t) = \mathcal{F}^{-1}\{H(\omega)\} = \frac{\sin(\omega_0 t)}{\omega_0 t}$$

所以，

$$\begin{aligned}
f(t) &= f_S(t) * h(t) \\
&= \left[\sum_{n=-\infty}^{\infty} f(nT)\delta(t-nT) \right] * h(t) \\
&= \sum_{n=-\infty}^{\infty} f(nT)\left[\delta(t-nT) * h(t)\right] \\
&= \sum_{n=-\infty}^{\infty} f(nT)h(t-nT) \\
&= \sum_{n=-\infty}^{\infty} f(nT) \cdot \frac{\sin\left[\omega_0(t-nT)\right]}{\omega_0(t-nT)} \\
&= \sum_{n=-\infty}^{\infty} f\left(\frac{n\pi}{\omega_0}\right) \cdot \frac{\sin\left[\omega_0 t - n\pi\right]}{\omega_0 t - n\pi}
\end{aligned}$$

　　圖五所示爲時域取樣的流程及其頻譜之間的關係圖，其中 $F_S(\omega)$ 沒有頻譜重疊，乃因 $\omega_S > 2\omega_m$ 之故。

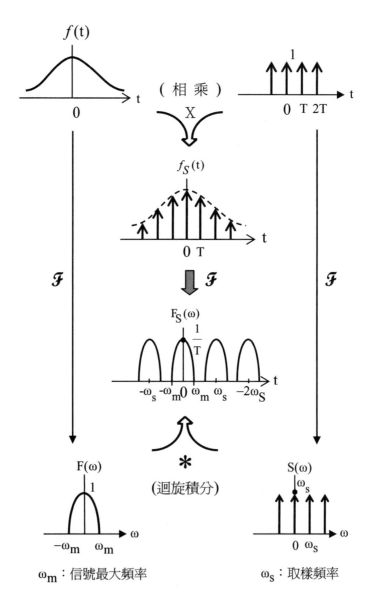

圖五

　　圖六所示為信號重建的時域及頻域關係圖，其中 $f(t)$ 內的虛線圖為平移的內插函數 $\dfrac{\sin \omega_0 t}{\omega_0 t}$ 。

圖六

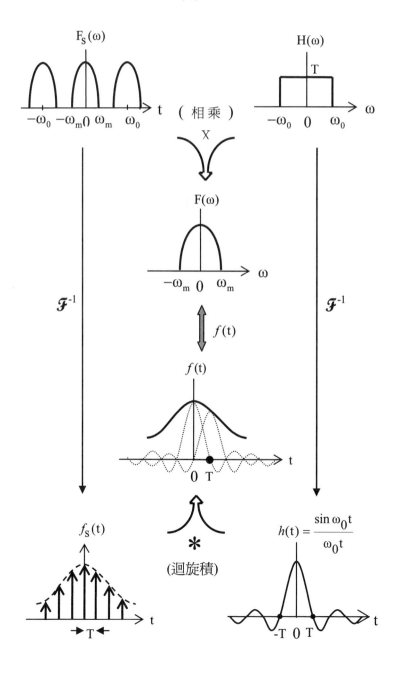

二. 離散傅立葉轉換 (discrete Fourier transform)

　　雖然連續時間的信號經由上述的時域取樣，轉換成離散時間的信號，再將信號值予以量化 (quantization) 和編碼 (coding) 成為序列 (sequence) 後可被電腦作運算處理，但也只限於有限點數的序列。因此對於無限點數的序列而言，吾人需要將其分段，使每一段序列的點數 N 為有限值。為了使 N-點序列轉換成頻譜，以近似傅立葉係數(或轉換)值，吾人有下面的定義：

【定義十三】（**N-點離散傅立葉轉換**）

　　若 $f(n)$, $n = 0, 1, \cdots, N-1$ 為時間序列，則其 N-點**離散傅立葉轉換** (DFT) 為

$$F(k) = \sum_{n=0}^{N-1} f(n)\, e^{-i2\pi nk/N} \ , \ k = 0, 1, \cdots N-1 \qquad (25)$$

【例一】 求常數序列 $f(n) = k$, $n = 0, 1, \cdots, N-1$ 的 N-點 DFT 值。

【解】：$F(k) = k \cdot \displaystyle\sum_{n=0}^{N-1} \left(e^{-i2\pi k/N} \right)^n$

$$= k \cdot \frac{1 - (e^{-i2\pi k/N})^N}{1 - e^{-i2\pi k/N}}$$

$$= k \cdot \frac{1 - e^{-i2\pi k}}{1 - e^{-i2\pi k/N}}$$

$$= 0 \quad , \quad k = 0, 1, \cdots, N-1$$

由(25)式得知，

$$F(k+N) = \sum_{n=0}^{N-1} f(n)\, e^{-i2\pi n(k+N)/N}$$

$$= \sum_{n=0}^{N-1} f(n)\, e^{-i2\pi nk/N} \cdot e^{-i2\pi n}$$

$$= \sum_{n=0}^{N-1} f(n)\, e^{-i2\pi nk/N}$$

$$= F(k)$$

所以，N-點 DFT 序列， $F(k)$ ， $k = 0,1,\cdots,N-1$ 爲週期序列，其周期爲 N。

由 N-點 DFT 序列 $F(k)$ 轉換成時間序列 $f(n)$ 稱爲**離散傅立葉逆轉換** (inverse DFT ; IDFT)。其逆轉換的公式，可由下述定理說明。

【定理七】（IDFT）

$$f(n) = \frac{1}{N} \sum_{k=0}^{N-1} F(k)\, e^{i2\pi nk/N} \quad , \quad n = 0,1,\cdots,N-1$$

〈證〉：令 $W = e^{-i2\pi/N}$

則 $W^N = 1$ ， $W^{-1} = e^{i2\pi/N}$

$$\therefore \frac{1}{N} \sum_{k=0}^{N-1} F(k)\, e^{i2\pi nk/N}$$

$$= \frac{1}{N} \sum_{k=0}^{N-1} \left(\sum_{l=0}^{N-1} f(l) e^{-i2\pi l k/N} \right) \cdot W^{-nk}$$

$$= \frac{1}{N} \sum_{k=0}^{N-1} \sum_{l=0}^{N-1} f(l) \cdot W^{lk} \cdot W^{-nk}$$

$$= \frac{1}{N} \sum_{l=0}^{N-1} f(l) \cdot \sum_{k=0}^{N-1} W^{(l-n)k} \qquad (26)$$

對於某一 n 而言，吾人可證明

$$\sum_{k=0}^{N-1} W^{(l-n)k} = \begin{cases} N & , \; l=n \\ \dfrac{1-(W^{l-n})^N}{1-W^{l-n}} = 0 & , \; l \neq n \end{cases}$$

所以，(26)式可寫成 $\dfrac{1}{N} f(n) \cdot N = f(n)$

■

吾人可利用 N-點時間序列 $f(n), n = 0, 1, \cdots, N-1$ 的 DFT 序列 $F(k), k = 0, 1, \cdots, N-1$ 來近似週期函數的複數形式之傅立葉係數。其理由說明如下：

假設 $f(t)$ 為週期函數，其周期為 P。 由 7-3 節的討論，可知 $f(t)$ 的複數形式之傅立葉級數為

$$f(t) = \sum_{k=-\infty}^{\infty} d_k e^{ik\omega_0 t} \qquad (\omega_0 = \frac{2\pi}{P})$$

其中傅立葉係數 d_k 為

$$d_k = \frac{1}{P} \int_0^P f(t) \, e^{-ik\omega_0 t} \, dt \qquad (27)$$

若將一周期 $[0, P]$ 分成 N 等分 (取樣周期 $T = \dfrac{P}{N}$)，並於離散時間 $t_n = nT$ 取 $f(t)$ 之值，而得一時間序列 $f(t_n), n = 0, 1, \cdots, N-1$。利用**黎曼和** (Riemann sum) 來近似(27)式中的積分，可得

$$d_k \approx \frac{1}{P} \sum_{n=0}^{N-1} f(t_n) \, e^{-ik\omega_0 t_n} \cdot \frac{P}{N}$$

$$= \frac{1}{N} \sum_{n=0}^{N-1} f(t_n) \, e^{-ik \cdot \frac{2\pi}{P} \cdot \frac{np}{N}}$$

$$= \frac{1}{N} \sum_{n=0}^{N-1} f(t_n) \, e^{-i2\pi kn / N}$$

$$= \frac{1}{N} F(k) \qquad\qquad （28）$$

所以傅立葉係數 d_k 可由 N-點 DFT 的 $F(k)$ 值除以 N 來近似。

為了快速計算 DFT 的值，已有**快速傅立葉轉換** (fast Fourier transform ; FFT) 演算法可供電腦使用。

習題（7－8節）

1.於圖一的振動系統中，若 m=1 克，k=25 克/秒^2，c=0.02 克/秒，

$f(t)$ 為週期函數，其周期為 2π ，如下所述

$$f(t) = \begin{cases} t + \dfrac{\pi}{2} \ , & -\pi < t < 0 \\[2mm] -t + \dfrac{\pi}{2} \ , & 0 < t < \pi \end{cases}$$

求此系統之穩態響應。

2. 於圖一中，試利用 $f(t)$ 的傅立葉級數來推導系統的穩態解並驗證其結果與(10)式相同。

3. 於圖二中，若 $R = 500\Omega$ ， $L = 5H$ ， $C = 0.2\mu F$ ，

   $v(t) = \left|10\sin(800\pi t)\right|$ ，求此電路的穩態電流。

   (提示：首先證明 $v(t) = \dfrac{20}{\pi}\left[1 - 2\displaystyle\sum_{n=1}^{\infty}\dfrac{\cos(1600 n\pi t)}{4n^2 - 1}\right]$)

4. 求 $f(n) = \sin\sqrt{2}n$, $n = 0, 1, \cdots, 4$ 的 5-點 DFT 序列。

第八章

偏微分方程式

前言

本章的內容在於探討典型 (classic) 偏微分方程式的求解方法。這些典型偏微分方程式常出現於實際的工程問題上，包括振動弦的波動方程式，溫度分佈的熱導方程式，及電位分佈的拉普拉斯 (Laplace) 或法松 (Poisson) 方程式。

§8-1 典型的微分方程式與邊界值問題

A. 偏微分方程式的基本定義

一方程式中，含有兩個或兩個以上的自變數，且至少包含一個偏導數者，稱為**偏微分方程式** (partial differential equation)，其中偏導數的最高階，稱為此方程式的**階數** (order)。

線性二階偏微分方程式的一般型式可寫成

$$A\frac{\partial^2 u}{\partial x^2} + B\frac{\partial^2 u}{\partial x \partial y} + C\frac{\partial^2 u}{\partial y^2} + D\frac{\partial u}{\partial x} + E\frac{\partial u}{\partial y} + Fu = G \tag{1}$$

其中 A，B，C，D，E，F，G 為自變數 x 和 y 的函數。若 $G(x, y) = 0$，則此方程式為**齊次** (homogeneous)；否則稱為**非齊次** (nonhomogeneous)。

假設(1)式中的 A，B，C，D，E 和 F 均為常數且 G= 0。(1)式

有下面的分類：

若 $B^2 - 4AC > 0$，則(1)式稱為**雙曲線**型 (hyperbolic)。

若 $B^2 - 4AC = 0$，則(1)式稱為**抛物線**型 (parabolic)。

若 $B^2 - 4AC < 0$，則(1)式稱為**橢圓**型 (elliptic)。

B. 分離變數法與重疊原理

分離變數 (separation of variables) 法是一種實用且重要求偏

微分方程式解的方法。此方法尋求解的形式可以表示成每一個單

獨自變數函數的乘積，如

$$\boxed{u(x, y) = X(x)\ Y(y)}$$

以下用一個範例來說明。

【例 1】求 $\dfrac{\partial^2 u}{\partial x^2} = \dfrac{\partial u}{\partial y}$ 的解。

【解】：設解的形式為

$$u(x, y) = X(x)Y(y)$$

則　$\dfrac{\partial^2 u}{\partial x^2} = X''Y$ ，$\dfrac{\partial u}{\partial y} = XY'$

故　$X''Y = XY'$

即　$\dfrac{X''}{X} = \dfrac{Y'}{Y}$

由於此式中，等號的左邊只是 x 的函數，而等號右邊只是 y 的函數，因此，其值必定為常數。為了方便起見，將此分離常數寫成 $-\lambda$。根據 λ 的值，以下分成三種情形來討論：

◆ 情況 1 ： $\lambda > 0$

當 $\lambda > 0$ 時，可將 λ 寫成 $\lambda = k^2$ ， $k > 0$ 。

由 $\quad \dfrac{X''}{X} = \dfrac{Y'}{Y} = -k^2$

可得兩個常微分方程式：

$\quad X'' + k^2 X = 0 \quad 和 \quad Y' + k^2 Y = 0$

其通解分別為

$\quad X(x) = c_1 \cos kx + c_2 \sin kx$

$\quad Y(y) = c_3 e^{-k^2 y}$

所以

$\quad u(x, y) = (c_1 \cos kx + c_2 \sin kx) \cdot c_3 e^{-k^2 y}$

$\qquad = a \cdot \cos kx \cdot e^{-k^2 y} + b \cdot \sin kx \cdot e^{-k^2 y}$

其中 $a = c_1 c_3$ ， $b = c_2 c_3$ 皆為任意常數。

◆ 情況 2 ： $\lambda = 0$

$\lambda = 0$ 可導致兩個常微分方程式：

$\quad X'' = 0 \quad 和 \quad Y' = 0$

其通解分別為

$$X(x) = c_1 x + c_2$$

$$Y(y) = c_0$$

故 $u(x, y) = (c_1 x + c_2) \cdot c_0$

$$= ax + b$$

其中 $a = c_1 c_0$，$b = c_2 c_0$ 均為任意常數。

◆ 情況 3：$\lambda < 0$

當 $\lambda < 0$ 時，可將 λ 寫成 $\lambda = -k^2$，$k > 0$。

由 $\dfrac{X''}{X} = \dfrac{Y'}{Y} = k^2$

可得兩個常微分方程式：

$$X'' - k^2 X = 0 \quad 和 \quad Y' - k^2 Y = 0$$

其通解分別為

$$X(x) = c_1 e^{kx} + c_2 e^{-kx}$$

$$Y(y) = c_3 e^{k^2 y}$$

故 $u(x, y) = (c_1 e^{kx} + c_2 e^{-kx}) \cdot c_3 e^{k^2 y}$

$$= a \cdot e^{kx + k^2 y} + b \cdot e^{-kx + k^2 y}$$

其中 $a = c_1 c_3$，$b = c_2 c_3$ 皆為任意常數。

■

　　分離變數法並非可適用於任何一種線性偏微分方程式。有些線性偏微分方程式的解是無法分離的，例如 $u = XY$ 的假設無法導

致偏微分方程式 $\dfrac{\partial^2 u}{\partial x^2} = \dfrac{\partial u}{\partial y} + x$ 的解。

對於齊次線性偏微分方程式而言，下面的重疊原理 (superposition principle)是成立的：

【定理一】（重疊原理）

若 $u_1, u_2, \cdots$ 為一齊次線性偏微分方程式的解，則

$u = \displaystyle\sum_{k=1}^{\infty} c_k \, u_k$ ，其中 c_k ， $k = 1, 2, \cdots$ 為常數，為方程式的解。

C. 典型的偏微分方程式

本章所欲討論的偏微分方程式，包含下列三種：

◆ 一維**波動** (wave) 方程式： $\dfrac{\partial^2 u}{\partial t^2} = c^2 \dfrac{\partial^2 u}{\partial x^2}$

◆ 一維**熱導** (heat) 方程式： $\dfrac{\partial u}{\partial t} = k \dfrac{\partial^2 u}{\partial x^2}$ ， $k > 0$

◆ 二維**電位** (potential) 方程式：包含

二維**拉普拉斯** (Laplace) 方程式： $\dfrac{\partial^2 u}{\partial x^2} + \dfrac{\partial^2 u}{\partial y^2} = 0$

或二維**法松** (Poisson)方程式： $\dfrac{\partial^2 u}{\partial x^2} + \dfrac{\partial^2 u}{\partial y^2} = -h$ ， $h > 0$ 。

其中 t 為時間變數， x 和 y 為空間變數。這三種方程式分別與振動弦的振動模態，熱傳導時的溫度分佈以及電場的電位分佈問題有關。

以下分別推導這三種典型的偏微分方程式。

1.一維波動方程式：

考慮一條長 L 的振動弦，兩端固定於 x 軸上的 $x=0$ 和 $x=L$ 處。當此弦開始振動時，假設振動的方向是與 $x-$ 軸垂直，且在 $x-y$ 平面上。如圖一所示，設 $u(x,t)$ 代表此弦的 $(x,0)$ 點，於時間 $t>0$ 時垂直方向的位移量。$\mathbf{T}$ 為作用於曲線在 $[x, x+\Delta x]$ 區間兩個端點的張力 (tension)。

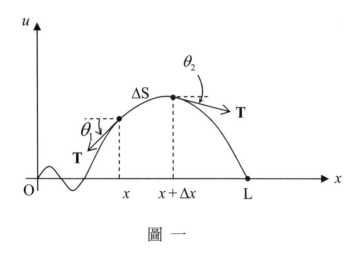

圖 一

假設

- 此弦是完全**可撓的** (flexible)；

- 此弦的質量密度是**均勻的** (homogeneous)，其單位長度的質量為常數 ρ；

- 振動位移量小於弦的長度；

- 張力 $\mathbf{T}$ 為常數，比重力來得大；

● 在每一點的切線斜率小

則作用於振動弦 ΔS 的淨垂直力，於角度 θ_1 和 θ_2 很小時，為

$$T\sin\theta_2 - T\sin\theta_1 \approx T\tan\theta_2 - T\tan\theta_1$$

$$= T\left[\frac{\partial u}{\partial x}(x+\Delta x, t) - \frac{\partial u}{\partial x}(x, t)\right]$$

其中 $T = |\mathbf{T}|$。由於 $\rho \cdot \Delta S \approx \rho \cdot \Delta x$ 為此弦在 $[x, x+\Delta x]$ 的質量，所以

由牛頓第二運動定律可得：

$$T\left[\frac{\partial u}{\partial x}(x+\Delta x, t) - \frac{\partial u}{\partial x}(x, t)\right] = \rho\Delta x \frac{\partial^2 u}{\partial t^2}$$

或

$$\frac{\frac{\partial u}{\partial x}(x+\Delta x, t) - \frac{\partial u}{\partial x}(x, t)}{\Delta x} = \frac{\rho}{T}\frac{\partial^2 u}{\partial t^2}$$

當 $\Delta x \to 0$ 時，上式可化簡成

$$\frac{\partial u}{\partial x^2} = \frac{\rho}{T}\frac{\partial^2 u}{\partial t^2}$$

或

$$\boxed{\frac{\partial^2 u}{\partial t^2} = c^2 \frac{\partial^2 u}{\partial x^2}}$$ （2）

其中 $c^2 = \dfrac{T}{\rho}$。

2．一維熱導方程式

假設有一長爲 L，截面積爲 A 的圓柱體 (thin rod)，位於 $x-$ 軸上的 $[0,L]$ 區間內，如圖二所示。

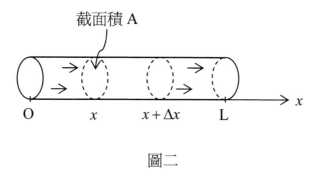

圖二

假設

- 在圓柱體內，熱流方向只限於 $x-$ 方向；

- 圓柱體的表面爲絕熱物質；

- 在圓柱體內，沒有熱源可以產生熱；

- 此圓柱體的質量密度是均勻的，其單位體積的質量爲常數 ρ。

- 此圓柱體材料的**比熱** (specific heat) 係數 γ 和**熱導** (thermal conductivity) 係數 k 皆爲常數。

令 $u(x,t)$ 表示在 $(x,0)$ 點，於 $t>0$ 時的溫度。在熱傳導理論中，有下列兩個經驗法則：

(i) 在質量 m 內的熱量 Q 爲

$$Q = \gamma \mathrm{m} u \qquad\qquad （3）$$

(ii) 單位時間內通過截面的熱量，$\dfrac{\partial Q}{\partial t}$，與截面積 A 和在熱流方向

的溫度變化率 $\dfrac{\partial u}{\partial x}$ 成正比，即

$$\frac{\partial Q}{\partial t} = -KA\frac{\partial u}{\partial x} \tag{4}$$

【註】：(4)式中的負號說明如下：

當溫度 u 沿正 x 軸方向遞減時 $\left(\dfrac{\partial u}{\partial x} < 0\right)$，熱流方向為正 x

軸方向。因此，負號可以確保 $\dfrac{\partial Q}{\partial t} > 0$ 。

從(4)式得知，當

熱流方向為正 x 軸方向時，單位時間內在 $[x, x+\Delta x]$ 區間內

熱的變化量為

$$-KA\frac{\partial u}{\partial x}(x,t) - \left(-KA\frac{\partial u}{\partial x}(x+\Delta x,t)\right) = KA\left[\frac{\partial u}{\partial x}(x+\Delta x,t) - \frac{\partial u}{\partial x}(x,t)\right]$$
$$\tag{5}$$

從(3)式得知，在 $[x, x+\Delta x]$ 區間的質量內之熱量 Q 為

$$Q = \gamma \cdot \rho\, A\, \Delta x\, u$$

所以，單位時間此區間內的熱變化量為

$$\frac{\partial Q}{\partial t} = \gamma\, \rho\, A\, \Delta x\, \frac{\partial u}{\partial t} \tag{6}$$

由(5)式和(6)式，可得

$$KA\left[\frac{\partial u}{\partial x}(x+\Delta x,t) - \frac{\partial u}{\partial x}(x,t)\right] = \gamma\, \rho\, A\, \Delta x\, \frac{\partial u}{\partial t}$$

或

$$\frac{K}{\gamma \rho} \cdot \frac{\frac{\partial u}{\partial x}(x + \Delta x, t) - \frac{\partial u}{\partial x}(x, t)}{\Delta x} = \frac{\partial u}{\partial t}$$

當 $\Delta x \to 0$ 時，上式可寫成

$$\frac{K}{\gamma \rho} \cdot \frac{\partial^2 u}{\partial x^2} = \frac{\partial u}{\partial t}$$

或

$$\boxed{\frac{\partial u}{\partial t} = k \frac{\partial^2 u}{\partial x^2}} \tag{7}$$

其中 $k = \dfrac{K}{\gamma \rho}$ 為正常數。

3. 二維電位方程式

在第六章之 6-11 節中，吾人已經推導，在三維空間的電位 $u(x, y, z)$ 滿足**松法** (Poisson) 方程式：

$$\frac{\partial^2 u}{\partial x^2} + \frac{\partial^2 u}{\partial y^2} + \frac{\partial^2 u}{\partial z^2} = -h \tag{8}$$

其中 $h = \dfrac{\rho}{\varepsilon} > 0$ 為常數，而 ρ 為電荷密度，ε 為介質的電導係數。

在二維 $x - y$ 平面上，(8)式可化簡成

$$\frac{\partial^2 u}{\partial x^2} + \frac{\partial^2 u}{\partial y^2} = -h \tag{9}$$

(9)式稱爲二維法松方程式。當沒有電荷密度($h = 0$)時，(9)式可寫成

$$\frac{\partial^2 u}{\partial x^2} + \frac{\partial^2 u}{\partial y^2} = 0 \tag{10}$$

(10)式稱爲二維**拉普拉斯**方程式。事實上，(10)式也可視爲在 $x-y$ 平面上的穩態 (steady-state) 溫度的二維熱導方程式。

D. 邊界條件

一般而言，與前面所述之三個典型偏微分方程式中有關的邊界條件 (boundary condition) 可分成下面三種：

(i) 與 u 有關，稱爲 Dirichlet 條件；

(ii) 與 u 在邊界垂直方向之方向導數 $\dfrac{\partial u}{\partial n}$ 有關，稱爲 Neumann 條件；

(iii) 與 $\dfrac{\partial u}{\partial n} + ku$ (k 爲常數)有關，稱爲 Robin 條件。

例如，在一維熱導問題中，若

$u(\mathrm{L}, t) = u_0$，u_0 爲常數

爲 Dirichlet 條件，則表示在 $x = \mathrm{L}$ 的邊界溫度維持恆溫 u_0 值。

若 $\dfrac{\partial u}{\partial x}(\mathrm{L}, t) = 0$

為 Neumann 條件，則表示在 $x = L$ 邊界處為**絕熱** (insulated)。

若 $\dfrac{\partial u}{\partial x}(0,t) = h\left[u(0,t) - u_0\right]$

為 Robin 條件且 $u_0 < u(0,t)$，則表示在 $x = 0$ 邊界有熱量損失，此乃因為與此邊界接合的介質溫度較低(為恆溫 u_0)所致。當然，邊界條件視實際的應用問題而定，可以同時是上述三種條件的組合。

習題（8－1節）

如圖一所示的振動弦問題，請就下面 1-2 題，列出初始條件和邊界條件：

1. 兩端固定。初始時，振動弦在靜止狀態，從初始位移 $x(L-x)$ 放開。

2. 兩端固定。初始時，振動弦沒有位移量，但有初始速率 $\cos\left(\dfrac{\pi x}{L}\right)$。

如圖二所示的熱傳導問題，請就下面 3-4 題，列出初始條件和邊界條件：

3. 左端的溫度維持在 $0°$，右端為絕熱。初始時溫度為 $x(L-x)$。

4. 左端的溫度維持在 $50°$，但有熱從右端傳入溫度為 $0°$ 的介質。初始時，溫度為 $f(x)$。

在二維 $x-y$ 平面的電位問題中，請就下面 5-6 題，列出邊界條件：

5. 有一半無限 (semi-infinite) 的薄板，其範圍為 $0 \le x \le \pi$，$y \ge 0$。左端的電位為 0，右端的電位為 1，底端的電位為 0。

6. 有一圓碟(disk)，其範圍以極座標表示為 $0 \le r < 1$，$-\pi \le \theta \le \pi$。在單位圓上的電位分佈為 $f(\theta)$，$-\pi \le \theta < \pi$。

§8-2 波動方程式

本節討論振動弦在有限區間 $x \in [0, \mathrm{L}]$ 和無限區間 $x \in (-\infty, \infty)$ 之振動模態。

A. 有限區間振動弦之振動

考慮 8-1 節所述的振動弦問題。弦的垂直位移量 $u(x,t)$ 滿足下述的波動方程式及初始和邊界條件：

$$\frac{\partial^2 u}{\partial t^2} = c^2 \frac{\partial^2 u}{\partial x^2} \quad , \quad 0 < x < L \ , \ t > 0 \qquad （1）$$

邊界條件： $u(0,t) = u(\mathrm{L},t) = 0 \ , \ t > 0$ （2）

初始條件： $u(x,0) = f(x) \ , \ \dfrac{\partial u}{\partial t}(x,0) = g(x) \ , \ 0 < x < \mathrm{L}$ （3）

利用分離變數法的求解過程如下：

令　$u(x,t) = \mathrm{X}(x)\mathrm{T}(t)$

則(1)式變成

$$\mathrm{X}\mathrm{T}'' = c^2 \mathrm{X}''\mathrm{T}$$

或

$$\frac{\mathrm{X}''}{\mathrm{X}} = \frac{\mathrm{T}''}{c^2 \mathrm{T}} = -\lambda$$

其中 $-\lambda$ 為分離常數。

上式可導致兩個常微分方程式：

$$\boxed{\begin{array}{l} \mathrm{X}'' + \lambda \mathrm{X} = 0 \\ \mathrm{T}'' + \lambda c^2 \mathrm{T} = 0 \end{array}}$$

由邊界條件　$u(0,t) = \mathrm{X}(0)\,\mathrm{T}(t) = 0 \ , \ t > 0$ ，

可得　　　　$\mathrm{X}(0) = 0$ 。

由邊界條件　$u(\mathrm{L},t) = \mathrm{X}(\mathrm{L})\mathrm{T}(t) = 0 \ , \ t > 0$ ，

可得　　　　$\mathrm{X}(\mathrm{L}) = 0$ 。

首先，吾人先求 $X'' + \lambda X = 0$；$X(0) = X(L) = 0$ 之解。其解可分成下面三種情況來討論：

◆ 情況一： $\lambda = 0$

當 $\lambda = 0$ 時，微分方程式為 $X'' = 0$，其通解為 $X(x) = ax + b$，a 和 b 為任意常數。

由 $X(0) = 0$ 可得，$b = 0$ 和 $X(x) = ax$。

由 $X(L) = 0$ 可得，$a = 0$ 和 $X(x) = 0$。

然而此解會導致 $u(x,t) = 0$，故為不合理。

◆ 情況二： $\lambda < 0$

當 λ 為負值時，可將 λ 寫成 $\lambda = -k^2$，$k > 0$。所以，微分方程式為 $X'' - k^2 X = 0$，其通解為 $X(x) = a \cdot e^{kx} + b \cdot e^{-kx}$，其中 a 和 b 為任意常數。

由邊界條件 $X(0) = 0$ 可得，$a + b = 0$，和

$\quad X(x) = a(e^{kx} - e^{-kx})$。

由邊界條件 $X(L) = 0$，可得 $a = 0$。所以

$\quad X(x) = 0$ 也為不合理。

◆ 情況三： $\lambda > 0$

當 λ 為正值時，可將 λ 寫成 $\lambda = k^2$，$k > 0$。所以，微分方程式為 $X'' + k^2 X = 0$，其通解為 $X(x) = a \cdot \cos kx + b \cdot \sin kx$，其中 a 和 b 為任意常數。

由邊界條件 $X(0) = 0$ 可得，$a = 0$ 和

$X(x) = b \cdot \sin kx$ 。

由邊界條件 $X(L) = 0$ ，可得 $b \sin(kL) = 0$ 。但是 $b = 0$ 會導致

$X(x) = 0$ 的不合理情況，所以在 $b \neq 0$ 的條件下

$$k = \frac{n\pi}{L} \ , \ n = 1, 2, 3, \cdots \ 。$$

所以，對於每一正整數 n ，有**特徵解** (eigen-function) 為

$X_n(x) = \sin\left(\dfrac{n\pi x}{L}\right)$，其對應的**特徵值** (eigenvalue) 為 $\lambda_n = \dfrac{n^2\pi^2}{L^2}$ 。

由上面討論的三種狀況，只有第三種情況有特徵值，因此接

下來要求解的微分方程式 $T'' + \lambda c^2 T = 0$ ，只需考慮 $\lambda_n = \dfrac{n^2\pi^2}{L^2}$ 的

情況，意即

$$\boxed{T'' + \frac{n^2\pi^2 c^2}{L^2} T = 0} \ , \ n = 1, 2, 3, \cdots$$

上式的通解為

$$T_n(t) = a_n \cdot \cos\left(\frac{n\pi c}{L}t\right) + b_n \cdot \sin\left(\frac{n\pi c}{L}t\right) 。$$

從上面的討論得知，欲滿足(1)式和(2)式的特徵解有

$$u_n(x, t) = X_n(x)\, T_n(t)$$

$$= \sin\left(\frac{n\pi x}{L}\right)\left[a_n \cos\left(\frac{n\pi ct}{L}\right) + b_n \sin\left(\frac{n\pi ct}{L}\right)\right] \qquad （4）$$

$n = 1, 2, \cdots$ 。

由重疊定理可得，通解如下：

$$u(x, t) = \sum_{n=1}^{\infty} u_n(x, t)$$

$$= \sum_{n=1}^{\infty} \sin\left(\frac{n\pi x}{L}\right)\left[a_n \cos\left(\frac{n\pi ct}{L}\right) + b_n \sin\left(\frac{n\pi ct}{L}\right)\right]$$

由初始條件，$u(x,0) = f(x)$ 可得

$$f(x) = \sum_{n=1}^{\infty} a_n \sin\left(\frac{n\pi x}{L}\right) \tag{5}$$

(5)式可視為 $f(x)$，$x \in [0, L]$ 的半幅展開之傅立葉正弦級數，其係數 a_n 為

$$\boxed{a_n = \frac{2}{L} \int_0^L f(x) \sin\left(\frac{n\pi x}{L}\right) dx} \tag{6}$$

由初始條件，$\dfrac{\partial u}{\partial t}(x,0) = g(x)$ 可得

$$g(x) = \sum_{n=1}^{\infty} b_n \cdot \frac{n\pi c}{L} \sin\left(\frac{n\pi x}{L}\right) \tag{7}$$

(7)式可視為 $g(x)$，$x \in [0, L]$ 的半幅展開之傅立葉正弦級數，其係數 $b_n \cdot \dfrac{n\pi c}{L}$ 為

$$b_n \cdot \frac{n\pi c}{L} = \frac{2}{L} \int_0^L g(x) \sin\left(\frac{n\pi x}{L}\right) dx$$

或

$$\boxed{b_n = \frac{2}{n\pi c} \int_0^L g(x) \sin\left(\frac{n\pi x}{L}\right) dx} \tag{8}$$

最後，此方程式的解為

$$\boxed{u(x,t) = \sum_{n=1}^{\infty} \sin\left(\frac{n\pi x}{L}\right)\left[a_n \cos\left(\frac{n\pi ct}{L}\right) + b_n \sin\left(\frac{n\pi ct}{L}\right)\right]} \tag{9}$$

其中係數 a_n 和 b_n 分別由(6)式和(8)式計算。

　　下面吾人進一步深入剖析(9)式解所描述有關振動的**標準模態** (normal modes) 或**駐波** (standing waves)。 從 8-1 節有關一維波動方程式的推導過程得知，(1)式的 $c = \sqrt{\dfrac{T}{\rho}}$ ，其中 T 為張力大小，而 ρ 為弦的質量密度。當 T 足夠大時，振動弦將會產生音樂，此乃(9)式中的無限個駐波造成的結果。由(9)式得知，振動位移是由無限個駐波或標準模態所組成：

$$u(x,t) = u_1(x,t) + u_2(x,t) + \cdots 。$$

　　第 n 個駐波可由(4)式寫成

$$u_n(x,t) = c_n \cos\left(\frac{n\pi ct}{L} + \theta_n\right)\sin\left(\frac{n\pi x}{L}\right)$$

其中 $c_n = \sqrt{a_n{}^2 + b_n{}^2}$ 為駐波振幅，$\theta_n = \tan^{-1}\left(\dfrac{-b_n}{a_n}\right)$ 為駐波相位和

$f_n = \dfrac{nc}{2L}$ 為駐波頻率。圖三顯示前三個駐波的波形。

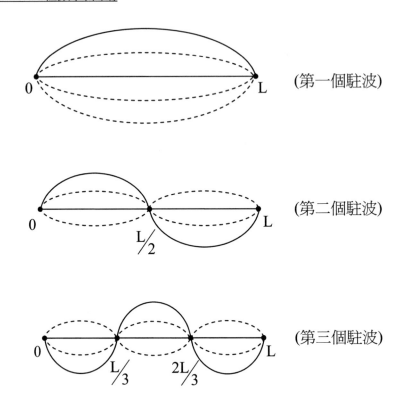

(第一個駐波)

(第二個駐波)

(第三個駐波)

圖三　在不同時間之前三個駐波

　　圖三中的虛線代表各個駐波在不同時間的波形，而在 $(0, L)$ 之間，使 $\sin\left(\dfrac{n\pi L}{x}\right) = 0$ 之點稱為**節點** (node)。例如，第二駐波有一節點位於 $x = \dfrac{L}{2}$，而第三駐波有兩個節點位於 $x = \dfrac{L}{3}$ 和 $x = \dfrac{2L}{3}$ 的地方。一般而言，第 n 個駐波有 n−1 個節點。

　　第一駐波的頻率 $f_1 = \dfrac{c}{2L} = \dfrac{1}{2L}\sqrt{\dfrac{T}{\rho}}$ 稱為基本頻率，而與樂器的**音階** (pitch) 有直接的關係。弦內的張力愈大，則音階愈高。

B. 無限區間振動弦之振動

考慮在無限區間 $x \in (-\infty, \infty)$ 的振動弦波動方程式如下：

$$\frac{\partial^2 u}{\partial t^2} = c^2 \frac{\partial^2 u}{\partial x^2} \ , \ -\infty < x < \infty \ , \ t > 0 \qquad （10）$$

此問題沒有邊界條件，但有初始條件：

$$u(x,0) = f(x) \ ; \ \frac{\partial u}{\partial t}(x,0) = g(x) \qquad （11）$$

以下分別介紹三種方法來求解。

一. 分離變數法

利用分離變數法，求解之過程如下：

令　$u(x,t) = X(x)\,T(t)$

則(10)式可化簡成

$$X'' + \lambda X = 0$$
$$T'' + \lambda c^2 T = 0$$

首先，求 $X'' + \lambda X = 0$ 之通解，分成下面三種情形：

◆情況一：　$\lambda = 0$

當 $\lambda = 0$ 時，微分方程式爲 $X'' = 0$，其通解爲 $X(x) = ax + b$，a 和 b 爲任意常數。由於 x 可爲 $-\infty$ 和 ∞，所以 $a = 0$ 才能使其解爲有限值。故 $X(x) = b$ 爲特徵函數。

◆情況二：　$\lambda < 0$

當 $\lambda < 0$ 時，可將 λ 寫成 $\lambda = -\omega^2$，$\omega > 0$。微分方程式可表示成 $X'' - \omega^2 X = 0$，其通解爲

$$X(x) = a \cdot e^{\omega x} + b \cdot e^{-\omega x} \; \text{。}$$

由於 $e^{\omega x}$ 在 $x = \infty$ 時為無限值，故 $a = 0$。

由於 $e^{-\omega x}$ 在 $x = -\infty$ 時為無限值，故 $b = 0$。

所以 $X(x) = 0$。然而 $X(x) = 0$ 為不合理解，故不是特徵解。

◆情況三： $\lambda > 0$

當 $\lambda > 0$ 時，可將 λ 寫成 $\lambda = \omega^2$，$\omega > 0$。微分方程式可寫成 $X'' + \omega^2 X = 0$，其通解為

$$X_\omega(x) = a_\omega \cdot \cos \omega x + b_\omega \cdot \sin \omega x$$

其中 a_ω 和 b_ω 為在任一 $\omega > 0$ 下之常數。由於此通解在 $x \in (-\infty, \infty)$ 時皆為有限值，所以為特徵解。

綜合情況一和情況三的特徵解，吾人可得特徵解如下：

$$\boxed{X_\omega(x) = a_\omega \cos(\omega x) + b_\omega \sin(\omega x), \, \omega \geq 0} \qquad （12）$$

其次，求 $T'' + \lambda c^2 T = 0$ 之通解。由於從上面的討論得知，特徵值 $\lambda = \omega^2$，$\omega \geq 0$，所以微分方程式可寫成 $T'' + \omega^2 c^2 T = 0$，其通解為

$$\boxed{T_\omega(t) = c_\omega \cos(\omega c t) + d_\omega \sin(\omega c t), \, t \geq 0} \qquad （13）$$

其中 c_ω 和 d_ω 為在任一 $\omega \geq 0$ 下之常數。(13)式的解為特徵解。

由上面的討論得知，欲滿足(10)式之特徵解為

$$u_\omega(x,t) = X_\omega(x) \cdot T_\omega(t)，\; \omega \geq 0$$

利用重疊定理，可得通解如下：

$$u(x,t) = \int_0^\infty u_\omega(x,t)\,d\omega$$

$$= \int_0^\infty \left[a_\omega\cos(\omega x) + b_\omega\sin(\omega x)\right]\left[c_\omega\cos(\omega ct) + d_\omega\sin(\omega ct)\right]d\omega \quad （１４）$$

將初始條件(11)式之 $f(x) = u(x,0)$ 代入(14)式可得，

$$f(x) = \int_0^\infty \left[c_\omega a_\omega\cos(\omega x) + c_\omega b_\omega\sin(\omega x)\right]d\omega \quad\quad （１５）$$

(15)式可視為 $f(x)$ ， $x \in (-\infty,\infty)$ 之傅立葉積分，其係數分別為

$$c_\omega a_\omega = \frac{1}{\pi}\int_{-\infty}^\infty f(x)\cos(\omega x)dx \quad\quad （１６）$$

$$c_\omega b_\omega = \frac{1}{\pi}\int_{-\infty}^\infty f(x)\sin(\omega x)dx \quad\quad （１７）$$

將初始條件(11)式之 $g(x) = \dfrac{\partial u}{\partial t}(x,0)$ 代入 $\dfrac{\partial u}{\partial t}(x,t)$ 後，化簡可得

$$g(x) = \int_0^\infty \left[\omega c a_\omega d_\omega\cos(\omega x) + \omega c b_\omega d_\omega\sin(\omega x)\right]d\omega \quad （１８）$$

(18)式可視為 $g(x)$ ， $x \in (-\infty,\infty)$ 之傅立葉積分，其係數分別為

$$\omega c a_\omega d_\omega = \frac{1}{\pi}\int_{-\infty}^\infty g(x)\cos(\omega x)d\omega$$

$$\Leftrightarrow \quad \boxed{a_\omega d_\omega = \frac{1}{\pi\omega c}\int_{-\infty}^\infty g(x)\cos(\omega x)d\omega} \quad\quad （１９）$$

及 $\quad \omega c b_\omega d_\omega = \dfrac{1}{\pi}\displaystyle\int_{-\infty}^\infty g(x)\sin(\omega x)dx$

$$\Leftrightarrow \quad \boxed{b_\omega d_\omega = \frac{1}{\pi\omega c}\int_{-\infty}^\infty g(x)\sin(\omega x)d\omega} \quad\quad （２０）$$

最後，我們可將此問題的解，總結如下(參見(14)，(16)，(17)，(19)

和(20)式)：

$$u(x,t) = \int_0^\infty \big[k(\omega)\cos(\omega x)\cos(\omega ct) + l(\omega)\sin(\omega x)\cos(\omega ct)$$
$$+ m(\omega)\cos(\omega x)\sin(\omega ct) + n(\omega)\sin(\omega x)\sin(\omega ct) \big]\,\mathrm{d}\omega$$

其中 $k(\omega) = \dfrac{1}{\pi}\displaystyle\int_{-\infty}^{\infty} f(x)\cos(\omega x)\mathrm{d}x$

$l(\omega) = \dfrac{1}{\pi}\displaystyle\int_{-\infty}^{\infty} f(x)\sin(\omega x)\mathrm{d}x$

$m(\omega) = \dfrac{1}{\pi\omega c}\displaystyle\int_{-\infty}^{\infty} g(x)\cos(\omega x)\mathrm{d}x$

$n(\omega) = \dfrac{1}{\pi\omega c}\displaystyle\int_{-\infty}^{\infty} g(x)\sin(\omega x)\mathrm{d}x$

二. d'Alembert 法

令解的形式 $u(x,t) = p(x-ct)$，p 為 $x\text{-}ct$ 之任意函數，則

$$\frac{\partial u}{\partial t} = p'(x-ct)\cdot\frac{\partial}{\partial t}(x-ct) = -c\cdot p'(x-ct)$$

$$\frac{\partial^2 u}{\partial t^2} = -c\,p''(x-ct)\cdot\frac{\partial}{\partial t}(x-ct) = c^2 p''(x-ct) \qquad (21)$$

$$\frac{\partial u}{\partial x} = p'(x-ct)\cdot\frac{\partial}{\partial x}(x-ct) = p'(x-ct)$$

$$\frac{\partial^2 u}{\partial x^2} = p''(x-ct)\cdot\frac{\partial}{\partial x}(x-ct) = p''(x-ct) \qquad (22)$$

由(21)式和(22)式得知，$u = p(x-ct)$ 滿足(10)式。同理，令解的形式 $u(x,t) = q(x+ct)$，q 為 $x+ct$ 的任意函數，則也可證明 $u = q(x+ct)$ 滿足(10)式。

由於 $p(x-ct)$ 和 $q(x+ct)$ 為線性獨立解，所以波動方程式((10)式)之通解可表示成

$$u(x,t) = p(x-ct) + q(x+ct) \qquad (2\ 3)$$

其次，將(23)式對 t 做偏微分得，

$$\frac{\partial u}{\partial t} = p'(x-ct)\cdot\frac{\partial}{\partial t}(x-ct) + q'(x+ct)\cdot\frac{\partial}{\partial t}(x+ct)$$

$$= -cp'(x-ct) + cq'(x+ct)$$

從初始條件(11)式中的 $\dfrac{\partial u}{\partial t}(x,0) = g(x)$ 及上式得

$$-cp'(x) + cq'(x) = g(x) \qquad (2\ 4)$$

從初始條件(11)式中的 $u(x,0) = f(x)$ 及(23)式得

$$p(x) + q(x) = f(x) \qquad (2\ 5)$$

將(24)式，對 x 積分，可得

$$-p(x) + q(x) = \frac{1}{c}\int_0^x g(\lambda)\mathrm{d}\lambda - p(0) + q(0) \qquad (2\ 6)$$

解(25)和(26)式，可得

$$p(x) = \frac{1}{2}\left[f(x) - \frac{1}{c}\int_0^x g(\lambda)\mathrm{d}\lambda + p(0) - q(0)\right]$$

$$q(x) = \frac{1}{2}\left[f(x) + \frac{1}{c}\int_0^x g(\lambda)\mathrm{d}\lambda - p(0) + q(0)\right]$$

將上面兩式，代入(23)式，得

$$u(x,t) = \frac{1}{2}\left[f(x-ct) - \frac{1}{c}\int_0^{x-ct} g(\lambda)\mathrm{d}\lambda\right] + \frac{1}{2}\left[f(x+ct) + \frac{1}{c}\int_0^{x+ct} g(\lambda)\mathrm{d}\lambda\right]$$

故

$$\boxed{u(x,t) = \frac{1}{2}\left[f(x-ct) + f(x+ct)\right] + \frac{1}{2c}\int_{x-ct}^{x+ct} g(\lambda)\mathrm{d}\lambda} \qquad (2\ 7)$$

為 d'Alembert 解，此解有下列物理意義：

(27)式中的 $f(x-ct)$ 代表**前進波** (forward wave)，而 $f(x+ct)$ 代表**後退波** (backward wave)。 前進波是將 $f(x)$ 波形向正 x 方向移動 ct 的位移量，故可視其為以 c 的速率向前傳遞。後退波是將 $f(x)$ 波形向負 x 方向移動 ct 的位移量，故可視其為以 c 的速率向後傳遞。

三. 傅立葉轉換法

在使用傅立葉轉換求解時，需考量在 $u(x,t)$ 有兩個自變數 x 和 t 的情況下，如何選擇其中一個自變數，作為待轉換變數。由於 $-\infty < x < \infty$ ，所以 x 適合作為待轉換變數，而 t 作為參數 (parameter)。

將(10)式取其傅立葉轉換得

$$\mathcal{F}\left(\frac{\partial^2 u}{\partial t^2}\right) = c^2 \mathcal{F}\left(\frac{\partial^2 u}{\partial x^2}\right) \qquad (28)$$

由傅立葉轉換之定義得知

$$\mathcal{F}\left(\frac{\partial^2 u}{\partial t^2}\right) = \int_{-\infty}^{\infty} \frac{\partial^2 u}{\partial t^2} e^{-i\omega x} \mathrm{d}x$$

$$= \frac{\partial^2}{\partial t^2} \int_{-\infty}^{\infty} u(x,t) e^{-i\omega x} \mathrm{d}x$$

$$= \frac{\partial^2}{\partial t^2} U(\omega, t) \qquad (29)$$

由傅立葉轉換之微分性質，可得

$$\mathscr{F}\left(\frac{\partial^2 u}{\partial x^2}\right) = -\omega^2 U(\omega, t) \qquad (30)$$

將(29)和(30)式，代入(28)式，可得

$$\frac{\partial^2 U(\omega, t)}{\partial t^2} + c^2\omega^2 U(\omega, t) = 0 \qquad (31)$$

(31)式可視爲以 t 爲自變數(ω 爲參數)之二階線性常係數微分方程式，其通解爲

$$U(\omega, t) = a_\omega \cos(\omega c t) + b_\omega \sin(\omega c t) \qquad (32)$$

取初始條件 $u(x, 0) = f(x)$ 的傅立葉轉換可得

$$U(\omega, 0) = F(\omega) \qquad (33)$$

取初始條件 $\dfrac{\partial u}{\partial t}(x, 0) = g(x)$ 的傅立葉轉換可得

$$\frac{\partial}{\partial t} U(\omega, 0) = G(\omega) \qquad (34)$$

將(33)式代入(32)式，得

$$a_\omega = F(\omega) \qquad (35)$$

將(32)式對 t 偏微分，得

$$\frac{\partial U}{\partial t}(\omega, t) = -a_\omega \omega c \sin(\omega c t) + b_\omega \omega c \cos(\omega c t)$$

由(34)式，上式可得

$$G(\omega) = b_\omega \omega c$$

或

$$b_\omega = \frac{1}{\omega c} G(\omega) \qquad (36)$$

最後將(35)式和(36)式代入(32)式，可得

$$U(\omega,t) = F(\omega)\cos(\omega ct) + \frac{1}{\omega c} G(\omega)\sin(\omega ct)$$

其傅立葉逆轉換為

$$u(x,t) = \frac{1}{2\pi} \int_{-\infty}^{\infty} U(\omega,t)e^{i\omega x}d\omega$$

故

$$\boxed{u(x,t) = \frac{1}{2\pi} \int_{-\infty}^{\infty} \left[F(\omega)\cos(\omega ct) + \frac{G(\omega)}{\omega c}\sin(\omega ct) \right] e^{i\omega x}d\omega} \qquad (37)$$

其中

$$F(\omega) = \int_{-\infty}^{\infty} f(x)e^{-i\omega x}dx \qquad (38)$$

$$G(\omega) = \int_{-\infty}^{\infty} g(x)e^{-i\omega x}dx \qquad (39)$$

，為波動方程式之傅立葉轉換解。

另外，將(38)和(39)式代入(37)式可得

$$u(x,t) = \frac{1}{2\pi} \int_{-\infty}^{\infty} \left[\left(\int_{-\infty}^{\infty} f(\lambda)e^{-i\omega\lambda}d\lambda \right)\cos(\omega ct) \right.$$
$$\left. + \frac{1}{\omega c}\left(\int_{-\infty}^{\infty} g(\lambda)e^{-i\omega\lambda}d\lambda \right)\sin(\omega ct) \right] e^{i\omega x}d\omega$$

$$= \frac{1}{2\pi} \int_{-\infty}^{\infty} \int_{-\infty}^{\infty} f(\lambda)\cos(\omega ct) \cdot e^{i(\omega x-\omega\lambda)}d\lambda d\omega$$
$$+ \frac{1}{2\pi} \int_{-\infty}^{\infty} \int_{-\infty}^{\infty} \frac{1}{\omega c} g(\lambda)\sin(\omega ct) \cdot e^{i(\omega x-\omega\lambda)}d\lambda d\omega$$

由於$u(x,t)$為實函數，故$e^{i(\omega x-\omega\lambda)} = \cos(\omega x - \omega\lambda)$。所以上式可化簡

成

$$u(x,t) = \frac{1}{2\pi} \int_{-\infty}^{\infty} \int_{-\infty}^{\infty} f(\lambda)\cos(\omega ct)\cos(\omega x - \omega\lambda)\mathrm{d}\lambda\mathrm{d}\omega$$
$$+ \frac{1}{2\pi} \int_{-\infty}^{\infty} \int_{-\infty}^{\infty} \frac{1}{\omega c} g(\lambda)\sin(\omega ct)\cos(\omega x - \omega\lambda)\mathrm{d}\lambda\mathrm{d}\omega$$

（４０）

習題（８－２節）

1. 求有限區間 $x \in [0, \pi]$ 之波動方程式，滿足

$$u(0,t) = u(\pi,t) = 0$$

$$u(x,0) = 0 \;,\; \frac{\partial u}{\partial t}(x,0) = \sin x$$

之解。

2. 利用 d'Alembert 法，求無限區間 $x \in (-\infty, \infty)$ 之波動方程式，滿足 $f(x) = \sin x$ ， $g(x) = 1$ 之解。

3. 求 $\dfrac{\partial^2 u}{\partial t^2} = 3\dfrac{\partial^2 u}{\partial x^2} + 2x$ ， $0 < x < 2$ ， $t > 0$

$$u(0,t) = u(2,t) = 0 \;,\; t \geq 0$$

$$u(x,0) = 0 \;,\; \frac{\partial u}{\partial t}(x,0) = 0 \;,\; 0 < x < 2$$

之解。

(提示：令 $y(x,t) = u(x,t) + h(x)$，並選擇適當的 $h(x)$，使

$y(x,t) = X(x)\,T(t)$ 為轉換後邊界值問題的解。)

4. 利用分離變數法，求 $\dfrac{\partial^2 u}{\partial t^2} = 16\dfrac{\partial^2 u}{\partial x^2}$，$x > 0$，$t > 0$，

$u(0,t) = 0$，$t \geq 0$

$\dfrac{\partial u}{\partial t}(x,0) = 0$，$u(x,0) = \begin{cases} \sin(\pi x) & , \ 0 \leq x \leq 4 \\ 0 & , \quad \text{else} \end{cases}$

之解。

5. 利用傅立葉轉換法，求 $\dfrac{\partial^2 u}{\partial t^2} = 9\dfrac{\partial^2 u}{\partial x^2}$，$-\infty < x < \infty$，$t \geq 0$，

$u(x,0) = 4e^{-5|x|}$，$-\infty < x < \infty$，

$\dfrac{\partial u}{\partial t}(x,0) = 0$

之解。

§8-3　熱導方程式

A. 有限區間圓柱體(thin rod)之熱傳導

考慮 8-1 節所述的一維熱傳導問題。溫度 $u(x,t)$ 滿足

$$\frac{\partial u}{\partial t} = k \cdot \frac{\partial^2 u}{\partial x^2} \ , \ 0 < x < L \ , \ t > 0 \tag{1}$$

假設圓柱體兩端的溫度皆維持在 $0°$。初始時，溫度分佈爲 $f(x)$。所以

$$u(0,t) = u(L,t) = 0 \ , \ t \geq 0 \tag{2}$$

$$u(x,0) = f(x) \ , \ 0 \leq x \leq L \tag{3}$$

利用分離變數法，求解的過程如下：

使用 $u = X(x)\,T(t)$ 及分離常數 $-\lambda$ ，可得

$$X'' + \lambda X = 0 \tag{4}$$

$$T' + k\lambda T = 0 \tag{5}$$

如同 8-2 節的推導，滿足(4)式和邊界條件 $X(0) = X(L) = 0$ 的特徵解爲

$$X_n(x) = \sin\left(\frac{n\pi x}{L}\right) \tag{6}$$

其中 n 爲所有正整數，而 $\lambda_n = \dfrac{n^2\pi^2}{L^2}$ 爲特徵值。

在 $\lambda_n = \dfrac{n^2\pi^2}{L^2}$ 的條件下，(5)式爲

$$T' + \frac{kn^2\pi^2}{L^2}T = 0$$

其通解爲

$$T_n(t) = c_n e^{-\frac{kn^2\pi^2}{L^2}t} \qquad\qquad （7）$$

所以，滿足(1)式和(2)式的特徵解爲

$$u_n(x,t) = X_n(x)\,T_n(t)$$

$$= c_n e^{-\frac{kn^2\pi^2}{L^2}t} \cdot \sin\left(\frac{n\pi x}{L}\right) \qquad\qquad （8）$$

$$n = 1, 2, \cdots 。$$

由重疊原理可得，通解如下：

$$u(x,t) = \sum_{n=1}^{\infty} u_n(x,t)$$

$$= \sum_{n=1}^{\infty} c_n e^{-\frac{kn^2\pi^2}{L^2}t} \cdot \sin\left(\frac{n\pi x}{L}\right)$$

由初始條件，$u(x,0) = f(x)$ 可得

$$f(x) = \sum_{n=1}^{\infty} c_n \sin\left(\frac{n\pi x}{L}\right) \qquad\qquad （9）$$

(9)式爲 $f(x)$，$x \in [0,L]$，的半幅展開之傅立葉正弦級數，其係數 c_n 爲

$$c_n = \frac{2}{L}\int_0^L f(x)\sin\left(\frac{n\pi x}{L}\right)dx$$

所以，滿足(1)，(2)和(3)式的解可表示成

$$u(x,t) = \frac{2}{L} \sum_{n=1}^{\infty} \left(\int_0^L f(\lambda) \sin\left(\frac{n\pi\lambda}{L}\right) d\lambda \right) e^{-\frac{kn^2\pi^2}{L^2}t} \cdot \sin\left(\frac{n\pi x}{L}\right) \quad （１０）$$

B. 半無限區間圓柱體之熱傳導

本節考慮半無限 (semi-infinite) 區間圓柱體之熱傳導問題 (至於無限區間之熱傳導問題，則留到習題供讀者練習)。求溫度 $u(x,t)$ 滿足

$$\frac{\partial u}{\partial t} = k \frac{\partial^2 u}{\partial x^2} \quad , \quad 0 < x < \infty ， t > 0 \quad （１１）$$

$$u(0,t) = 0 \quad , \quad t \geq 0 \quad （１２）$$

$$u(x,0) = f(x) ， \quad 0 \leq x < \infty \quad （１３）$$

一. 分離變數法

使用 $u = X(x) T(t)$ 及分離常數 $-\lambda$，可得

$$X'' + \lambda X = 0 \quad （１４）$$

$$T' + k\lambda T = 0 \quad （１５）$$

由邊界條件(12)式，可得 $X(0) = 0$。

解 $X'' + \lambda X = 0$ ； $X(0) = 0$，可得

特徵值 $\lambda = \omega^2$，$\omega \geq 0$ 和特徵解

$$X_\omega(x) = \sin(\omega x) \quad （１６）$$

當特徵值 $\lambda = \omega^2$ 時，(15)式為

$$T' + k\omega^2 T = 0$$

其特徵解為

$$T_\omega(t) = e^{-\omega^2 kt} \qquad (17)$$

所以，滿足(11)式和(12)式的特徵解為

$$u_\omega(x,t) = e^{-\omega^2 kt} \cdot \sin(\omega x)$$

由重疊原理，可得

$$u(x,t) = \int_0^\infty c_\omega u_\omega(x,t)\ d\omega$$

$$= \int_0^\infty c_\omega e^{-\omega^2 kt} \sin(\omega x)\ d\omega \qquad (18)$$

其中 c_ω 為任意常數。

由初始條件(13)式，$u(x,0) = f(x)$，可得

$$f(x) = \int_0^\infty c_\omega \sin(\omega x)\ d\omega$$

此式可視為 $f(x)$ 在 $x \in [0,\infty)$ 之傅立葉正弦積分，其係數 c_ω 可寫成

$$c_\omega = \frac{2}{\pi} \int_0^\infty f(\lambda)\sin(\omega\lambda)\ d\lambda$$

所以此問題的解為

$$\boxed{u(x,t) = \frac{2}{\pi} \int_0^\infty \left(\int_0^\infty f(\lambda)\sin(\omega\lambda)\ d\lambda \right) \cdot e^{-\omega^2 kt} \sin(\omega x) d\omega} \qquad (19)$$

二. 傅立葉正弦轉換法

在使用轉換法，解二階線性偏微分方程式時，需考慮何種變

換法是恰當的。以傅立葉理論衍生的轉換，計有傅立葉轉換、傅立葉正弦轉換和傅立葉餘弦轉換。依據這三種轉換對於微分的性質及其自變數範圍 x 的差異，圖四表示選擇其中一種轉換的準則：

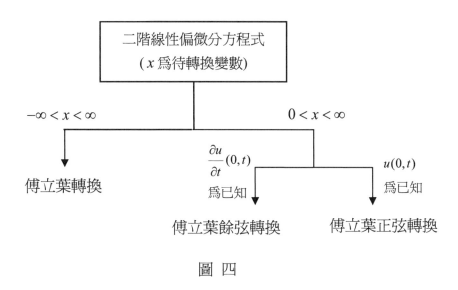

圖 四

由於此問題的空間變數 $x \in [0,\infty)$，且 $u(0,t)=0$ 為已知，故傅立葉正弦轉換才是合宜的選擇。

將(11)式取傅立葉正弦轉換(x 為待轉換自變數，t 為參數)得：

$$\frac{\partial u}{\partial t} U_s(\omega,t) = k \cdot \mathscr{F}_s\left\{\frac{\partial^2 u}{\partial x^2}\right\} \qquad (20)$$

由傅立葉正弦轉換的微分性質，可得

$$\mathscr{F}_s\left\{\frac{\partial^2 u}{\partial x^2}\right\} = -\omega^2 U_s(\omega,t) + \omega u(0,t) \qquad (21)$$

將(21)式代入(20)式，得

$$\frac{\partial}{\partial t} U_s(\omega,t) = -\omega^2 \cdot k \cdot U_s(\omega,t) + \omega \cdot k \cdot u(0,t)$$

由於 $u(0,t) = 0$，所以

$$\frac{\partial}{\partial t} U_s(\omega,t) = -\omega^2 \cdot k \cdot U_s(\omega,t) \; ;$$

其通解為

$$U_s(\omega,t) = c_\omega e^{-\omega^2 kt} \; 。$$

由初始條件 $u(x,0) = f(x)$，可得

$$U_s(\omega,0) = F_s(\omega) = C_\omega$$

所以

$$U_s(\omega,t) = F_s(\omega) \, e^{-\omega^2 kt} \; 。$$

最後，由傅立葉正弦逆轉換得

$$u(x,t) = \frac{2}{\pi} \int_0^\infty F_s(\omega) \, e^{-\omega^2 kt} \cdot \sin(\omega x) \, d\omega$$

$$= \frac{2}{\pi} \int_0^\infty \left(\int_0^\infty f(\lambda)\sin(\omega \lambda) \, d\lambda \right) \cdot e^{-\omega^2 kt} \cdot \sin(\omega x) \, d\omega \quad （２２）$$

與(19)式相同。

習題（8－3節）

1. 利用分離變數法，求熱導方程式，滿足

    $u(0,t) = 0$ ，$\dfrac{\partial u}{\partial x}(\mathrm{L},t) = -\mathrm{A}u(\mathrm{L},t)$ ，$t > 0$

    $u(x,0) = f(x)$ ，$0 \leq x \leq \mathrm{L}$

    之解。

2. 利用分離變數法，求熱導方程式，滿足

    $\dfrac{\partial u}{\partial x}(0,t) = \dfrac{\partial u}{\partial x}(\mathrm{L},t) = 0$ ，$t > 0$

    $u(x,0) = f(x)$ ，$0 < x < \mathrm{L}$

    之解。

3. 證明利用 $u(x,t) = e^{\alpha x + \beta t} v(x,t)$ 和適當的 α 和 β 值，可將偏微分方程式

    $$\frac{\partial u}{\partial t} = k\left(\frac{\partial^2 u}{\partial x^2} + \mathrm{A}\frac{\partial u}{\partial x} + \mathrm{B}u \right)$$

    轉換成典型的熱導方程式。

4. 利用(3)題的觀念，求

    $$\frac{\partial u}{\partial t} = \left(\frac{\partial^2 u}{\partial x^2} + 4\frac{\partial u}{\partial x} + 2u \right)，\ 0 < x < \pi，\ t > 0$$

    $u(0,t) = u(\pi,t) = 0$ ，$t \geq 0$

    $u(x,0) = x(\pi - x)$ ，$0 \leq x \leq \pi$

之解。

5. 利用傅立葉轉換法，求

$$\frac{\partial u}{\partial t} = k\frac{\partial^2 u}{\partial x^2} \ , \ -\infty < x < \infty \ , \ t > 0$$

$$u(x,0) = f(x) \ , \ -\infty < x < \infty$$

之解。

6. 利用分離變數法，求(5)題之解；並證明其與(5)題之解相同。

§8-4 拉普拉斯方程式

在 8-1 節中，吾人已說明二維電位方程式可寫成

$$\frac{\partial^2 u}{\partial x^2} + \frac{\partial^2 u}{\partial y^2} = -h \tag{1}$$

其中 $u(x,y)$ 為 $x-y$ 平面上之電位分佈，正常數 h 與電荷密度和介質的電導係數有關。(1)式稱為**法松 (Poisson)** 方程式。

當電荷密度為零時，(1)式化簡成二維**拉普拉斯 (Laplace)** 方程式：

$$\boxed{\frac{\partial^2 u}{\partial x^2} + \frac{\partial^2 u}{\partial y^2} = 0} \tag{2}$$

此外，二維熱傳導的穩態溫度分佈也可用(2)式來描述；此時，$u(x, y)$代表穩態時之溫度分佈。

拉普拉斯方程式或法松方程式沒有初始條件。如8-1節有關邊界條件之描述，邊界條件中

$$u(x, y) = f(x, y)，(x, y) \in 邊界 \qquad （3）$$

稱爲 **Dirichlet 條件**。本節主要討論在$x - y$直角座標系統中，求滿足(2)式和(3)式之$u(x, y)$解。另外，也論及求滿足(1)式和(3)式之$u(x, y)$解。

A. 矩形薄板的穩態溫度分佈

考慮圖五中，有一矩形薄板 (thin plate) 其四個邊界的溫度分別爲

$$u(x, 0) = 0 ，\quad 0 \le x \le a \qquad （4）$$

$$u(0, y) = u(a, y) = 0 ，\quad 0 \le y \le b \qquad （5）$$

$$u(x, b) = f(x) ，\quad 0 \le x \le a \qquad （6）$$

求滿足拉普拉斯方程式((2)式)及邊界條件((4)，(5)，(6)式)之穩態溫度$u(x, y)$。

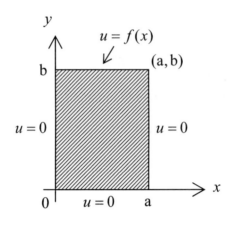

圖 五

利用分離變數法及分離常數$-\lambda$，(2)式可化簡成兩個微分方程式

$$X'' + \lambda X = 0 \qquad\qquad （7）$$

$$Y'' - \lambda Y = 0 \qquad\qquad （8）$$

由(4)式可得， $Y(0) = 0$ $\qquad\qquad$ （9）

由(5)式可得， $X(0) = X(a) = 0$ $\qquad\qquad$ （10）

首先，求 $X'' + \lambda X = 0$; $X(0) = X(a) = 0$ 之解，

其特徵值和特徵解分別為(請參閱 8-2 節)

$$\lambda_n = \frac{n^2 \pi^2}{a^2}$$

$$X_n(x) = \sin \frac{n\pi x}{a}$$

$$n = 1, 2, 3, \cdots \text{。}$$

其次，將 λ_n 代入(8)式得

$$Y'' - \frac{n^2\pi^2}{a^2}Y = 0$$

其通解爲

$$Y_n(y) = a_n e^{\frac{n\pi}{a}y} + b_n e^{-\frac{n\pi}{a}y}$$

由(9)式，得　　$b_n = -a_n$

所以，$Y_n(y) = \sinh\left(\dfrac{n\pi y}{a}\right)$爲特徵解。

綜合上面的討論，特徵解爲

$$u_n(x, y) = X_n(x) \cdot Y_n(y)$$

$$= \sin\left(\frac{n\pi x}{a}\right)\sinh\left(\frac{n\pi y}{a}\right)$$

$n = 1, 2, 3, \cdots$。

由重疊原理得知，通解爲

$$\boxed{u(x, y) = \sum_{n=1}^{\infty} C_n \sin\left(\frac{n\pi x}{a}\right) \cdot \sinh\left(\frac{n\pi y}{a}\right)} \qquad （11）$$

由(6)式，可得

$$f(x) = u(x, b) = \sum_{n=1}^{\infty} C_n \sinh\left(\frac{n\pi b}{a}\right) \cdot \sin\left(\frac{n\pi x}{a}\right)$$

此式可視爲 $f(x)$，$x \in [0, a]$，的半幅展開之傅立葉正弦級數，所以其係數爲

$$C_n \sinh\left(\frac{n\pi b}{a}\right) = \frac{2}{a} \int_0^a f(x)\sin\left(\frac{n\pi x}{a}\right)dx$$

或

$$C_n = \frac{2}{a \cdot \sinh\left(\dfrac{n\pi b}{a}\right)} \int_0^a f(x) \sin\left(\frac{n\pi x}{a}\right) dx \qquad (12)$$

所以，此問題的解可由(11)式和(12)式表示。

若將圖五的邊界條件延伸成

$$u(0,y) = g_1(y) \quad , \quad u(a,y) = g_2(y) \quad , \quad 0 < y < b$$

$$u(x,0) = f_1(x) \quad , \quad u(x,b) = f_2(x) \quad , \quad 0 < x < a$$

則吾人可將此問題拆開成四個子問題如下：

子問題一：

$$\frac{\partial^2 u_1}{\partial x^2} + \frac{\partial^2 u_1}{\partial y^2} = 0 \quad , \quad 0 < x < a \quad , \quad 0 < y < b$$

$$u_1(0,y) = u_1(a,y) = 0 \quad , \quad 0 < y < b$$

$$u_1(x,0) = f_1(x) \quad , \quad u_1(x,b) = 0 \quad , \ 0 < x < a$$

子問題二：

$$\frac{\partial^2 u_2}{\partial x^2} + \frac{\partial^2 u_2}{\partial y^2} = 0 \quad , \quad 0 < x < a \quad , \quad 0 < y < b$$

$$u_2(0,y) = u_2(a,y) = 0 \quad , \quad 0 < y < b$$

$$u_2(x,0) = 0 \quad , \quad u_2(x,b) = f_2(x) \quad , \ 0 < x < a$$

子問題三：

$$\frac{\partial^2 u_3}{\partial x^2} + \frac{\partial^2 u_3}{\partial y^2} = 0 \quad , \quad 0 < x < a \quad , \quad 0 < y < b$$

$$u_3(0,y) = g_1(y) \quad , \quad u_3(a,y) = 0 \quad , \quad 0 < y < b$$

$$u_3(x,0) = 0 \quad , \quad u_3(x,b) = 0 \quad , \ 0 < x < a$$

子問題四：

$$\frac{\partial^2 u_4}{\partial x^2} + \frac{\partial^2 u_4}{\partial y^2} = 0 \quad , \quad 0 < x < a \quad , \quad 0 < y < b$$

$$u_4(0, y) = 0 \quad , \quad u_4(a, y) = g_2(y) \quad , \quad 0 < y < b$$

$$u_4(x, 0) = 0 \quad , \quad u_4(x, b) = 0 \quad , \quad 0 < x < a$$

其次，分別求出每一子問題之解後，再利用重疊原理，將四個子

問題之解加起來，即為此問題的解。(留給讀者練習)

B. 上半平面的穩態溫度分佈

求

$$\frac{\partial^2 u}{\partial x^2} + \frac{\partial^2 u}{\partial y^2} = 0 \quad , \quad -\infty < x < \infty \quad , \quad y > 0 \qquad （13）$$

$$u(x, 0) = f(x) \quad , \quad -\infty < x < \infty \qquad （14）$$

之解。

一. 分離變數法求解

由 $u(x, y) = X(x)Y(y)$ 和分離變數 $-\lambda$，(13)式可化簡成

$$X'' + \lambda X = 0 \quad , \quad -\infty < x < \infty \qquad （15）$$

$$Y'' - \lambda Y = 0 \quad , \quad y > 0 \qquad （16）$$

吾人需要有限值的解。

◆ 情況一： $\lambda = 0$

當 $\lambda = 0$ 時，(15)式為 $X'' = 0$，其通解為

$$X(x) = ax + b$$

由於 x 可為 ∞ 或 $-\infty$，所以 $a = 0$ 才能保證解為有限值。故 $\lambda = 0$ 為特徵值，其對應的特徵解為 $X(x) = b$ 為常數解。

◆ 情況二： $\lambda = -\omega^2 < 0$ $(\omega > 0)$

(15)式為 $X'' - \omega^2 X = 0$，其通解為

$$X(x) = ae^{\omega x} + be^{-\omega x}$$ 。

由於 $x \to \infty$，$e^{\omega x} \to \infty$，故 $a = 0$ 才能使解為有限值。

由於 $x \to -\infty$，$e^{-\omega x} \to \infty$，故 $b = 0$ 才能使解為有限值。

所以 $X(x) = 0$ 不為特徵解。

◆ 情況三： $\lambda = \omega^2 > 0$ $(\omega > 0)$

(15)式為 $X'' + \omega^2 X = 0$，其通解為

$$X(x) = a\cos(\omega x) + b\sin(\omega x)$$ 。

此解在 $-\infty < x < \infty$ 皆為有限，故為特徵解。

其次，(16)式在 $\lambda = \omega^2$ 情況下，變成 $Y'' - \omega^2 Y = 0$，其通解為

$$Y(\omega) = a\, e^{\omega y} + b\, e^{-\omega y}$$ 。

由於 $y > 0$ 和 $\omega > 0$，且當 $y \to \infty$ 時，$e^{\omega y} \to \infty$，所以 $a = 0$ 且

$$Y(\omega) = b\, e^{-\omega y}$$ 。

由上述的討論得知，在每一 $\omega \geq 0$，有特徵解為

$$u_\omega(x, y) = \left[a_\omega \cos(\omega x) + b_\omega \sin(\omega x) \right] e^{-\omega y}$$

由重疊原理可知，通解可寫成

$$u(x, y) = \int_0^\infty u_\omega(x, y) \, d\omega$$

$$= \int_0^\infty \left[a_\omega \cos(\omega x) + b_\omega \sin(\omega x) \right] e^{-\omega y} d\omega$$

由(14)式得

$$u(x, 0) = f(x) = \int_0^\infty \left[a_\omega \cos(\omega x) + b_\omega \sin(\omega x) \right] d\omega$$

此式可視為 $f(x)$ ， $-\infty < x < \infty$ ，的傅立葉積分，其係數分別為

$$a_\omega = \frac{1}{\pi} \int_{-\infty}^\infty f(\lambda) \cos(\omega \lambda) \, d\lambda$$

$$b_\omega = \frac{1}{\pi} \int_{-\infty}^\infty f(\lambda) \sin(\omega \lambda) \, d\lambda$$

所以

$$u(x, y) = \frac{1}{\pi} \int_0^\infty \left[\left(\int_{-\infty}^\infty f(\lambda) \cos(\omega \lambda) \, d\lambda \right) \cdot \cos(\omega x) \right.$$

$$\left. + \left(\int_{-\infty}^\infty f(\lambda) \sin(\omega \lambda) \, d\lambda \right) \cdot \sin(\omega x) \right] e^{-\omega y} d\omega$$

$$= \frac{1}{\pi} \int_0^\infty \int_{-\infty}^\infty \left[\cos(\omega \lambda) \cos(\omega x) + \sin(\omega \lambda) \sin(\omega x) \right] f(\lambda) \, e^{-\omega y} d\lambda \, d\omega$$

$$= \frac{1}{\pi} \int_{-\infty}^\infty \left[\int_0^\infty \cos(\omega(\lambda - x)) \, e^{-\omega y} d\omega \right] f(\lambda) \, d\lambda \qquad （17）$$

因為

$$\int_0^\infty \cos(\omega(\lambda - x)) \, e^{-\omega y} d\omega$$

$$= \mathrm{Re} \left[\int_0^\infty e^{i\omega(\lambda - x) - \omega y} d\omega \right]$$

$$= \mathrm{Re}\left[\int_0^\infty e^{(i(\lambda-x)-y)\omega}\mathrm{d}\omega\right]$$

$$= \mathrm{Re}\left[\frac{1}{i(\lambda-x)-y}e^{(i(\lambda-x)-y)\omega}\Big|_0^\infty\right]$$

$$= \mathrm{Re}\left[\frac{1}{y-i(\lambda-x)}\right]$$

$$= \frac{y}{y^2+(\lambda-x)^2}$$

所以，(17)式變成

$$\boxed{u(x,y) = \frac{y}{\pi}\int_{-\infty}^\infty \frac{f(\lambda)}{y^2+(\lambda-x)^2}\mathrm{d}\lambda}$$ （18）

二. 傅立葉轉換法求解

由於 $-\infty < x < \infty$ ，所以使用傅立葉轉換時，係以 x 做為欲轉換的變數，而 y 視為參數。將(13)式取傅立葉轉換，可得

$$\mathscr{F}\left(\frac{\partial^2 u}{\partial x^2}\right) + \mathscr{F}\left(\frac{\partial^2 u}{\partial y^2}\right) = 0$$

由於

$$\mathscr{F}\left(\frac{\partial^2 u}{\partial x^2}\right) = -\omega^2 \mathrm{U}(\omega, y)$$

$$\mathscr{F}\left(\frac{\partial^2 u}{\partial y^2}\right) = \frac{\partial^2}{\partial y^2}\mathrm{U}(\omega, y)$$

所以

$$\frac{\partial^2}{\partial y^2} U(\omega, y) - \omega^2 U(\omega, y) = 0$$

其通解為

$$U(\omega, y) = a_\omega e^{\omega y} + b_\omega e^{-\omega y} \quad , \quad -\infty < x < \infty$$

當 $y \to \infty$ 時，在 $\omega > 0$ 的情況下，$e^{\omega y} \to \infty$，故 $a_\omega = 0$ 才能使

解為有限值。當 $y \to -\infty$ 時，在 $\omega < 0$ 的情況下，$e^{-\omega y} \to \infty$，

故 $b_\omega = 0$ 才能使解為有限值。所以

$$U(\omega, y) = \begin{cases} b_\omega e^{-\omega y} & , \ \omega \geq 0 \\ a_\omega e^{\omega y} & , \ \omega < 0 \end{cases}$$

或

$$U(\omega, y) = c_\omega e^{-|\omega| y} \tag{19}$$

由(14)式，可得

$$U(\omega, 0) = F(\omega)$$

將上式代入(19)式，可得

$$c_\omega = F(\omega) \; ;$$

所以

$$U(\omega, y) = F(\omega) \, e^{-|\omega| y} \; 。$$

將上式取傅立葉逆轉換，得

$$u(x, y) = \frac{1}{2\pi} \int_{-\infty}^{\infty} F(\omega) \, e^{-|\omega| y} \cdot e^{i\omega x} d\omega$$

$$= \frac{1}{2\pi} \int_{-\infty}^{\infty} \left(\int_{-\infty}^{\infty} f(\lambda) e^{-i\omega\lambda} d\lambda \right) e^{-|\omega|y} \cdot e^{i\omega x} d\omega$$

$$= \frac{1}{2\pi} \int_{-\infty}^{\infty} \left(\int_{-\infty}^{\infty} e^{-|\omega|y} \cdot e^{-i\omega(\lambda-x)} d\omega \right) f(\lambda) d\lambda$$

$$= \frac{1}{2\pi} \int_{-\infty}^{\infty} \frac{2y}{y^2 + (\lambda-x)^2} f(\lambda) d\lambda$$

$$= \frac{y}{\pi} \int_{-\infty}^{\infty} \frac{f(\lambda)}{y^2 + (\lambda-x)^2} d\lambda \qquad (20)$$

與(18)式同。

C. 法松(Poisson)方程式的電位分佈

考慮電位分佈 $u(x,y)$ 滿足下面的 Poisson 方程式及邊界條件:

$$\frac{\partial^2 u}{\partial x^2} + \frac{\partial^2 u}{\partial y^2} = -h \quad , \quad 0 < x < L \quad , \quad y > 0 \qquad (21)$$

$$u(0,y) = 0 \quad , \quad u(L,y) = 1 \quad , \quad y > 0 \qquad (22)$$

$$u(x,0) = 0 \quad , \quad 0 < x < L \qquad (23)$$

　　由於 $y > 0$，所以考慮使用傅立葉正弦或餘弦級數，以 y 做為待轉換變數。但是會遭遇到 $\int_0^{\infty} -h \cdot \sin(\omega x) \, dx$ 或 $\int_0^{\infty} -h \cdot \cos(\omega x) \, dx$ 發散的問題，故這兩種轉換均不可行。

　　以下介紹有限(finite)傅立葉正弦轉換的定義及其微分性質。

【定義一】（有限傅立葉正弦轉換及逆轉換）

若 $f(x)$，$x \in [0, L]$ 為分段平滑，則有限傅立葉正弦轉換為

$$\mathcal{S}_n\{f\} \triangleq F_s(n) = \int_0^L f(x) \sin\left(\frac{n\pi x}{L}\right) dx \qquad (24)$$

其中 n 為正整數。

而有限傅立葉正弦逆轉換為

$$f(x) = \frac{2}{L} \sum_{n=1}^\infty F_s(n) \sin\left(\frac{n\pi x}{L}\right) \qquad (25)$$

【定理二】(有限傅立葉正弦轉換的微分性質)

若 $f(x)$ 和 $f'(x)$ 於 $x \in [0, L]$ 為連續，而 $f''(x)$ 為分段連續，

則

$$\mathcal{S}_n\{f''\} = \frac{-n^2\pi^2}{L^2} F_s(n) + \frac{n\pi}{L} f(0) - \frac{n(-1)^n \pi}{L} f(L) \qquad (26)$$

$n = 1, 2, \cdots$

〈證〉：

$$\mathcal{S}_n\{f''\} = \int_0^L f''(x) \sin\left(\frac{n\pi x}{L}\right) dx$$

$$= \int_0^L \sin\left(\frac{n\pi x}{L}\right) d[f'(x)]$$

$$= \sin\left(\frac{n\pi x}{L}\right) f'(x) \Big|_0^L - \int_0^L f'(x) \cdot \frac{n\pi}{L} \cos\left(\frac{n\pi x}{L}\right) dx$$

$$= 0 - \frac{n\pi}{L} \cdot \int_0^L \cos\left(\frac{n\pi x}{L}\right) d[f(x)]$$

$$= -\frac{n\pi}{L} \cdot \left[\cos\left(\frac{n\pi x}{L}\right) \cdot f(x) \bigg|_0^L - \int_0^L f(x) \cdot \left(-\frac{n\pi}{L}\right) \sin\left(\frac{n\pi x}{L}\right) dx \right]$$

$$= -\frac{n\pi}{L} \left[(-1)^n f(L) - f(0) + \frac{n\pi}{L} \cdot F_s(n) \right]$$

$$= \frac{-n^2\pi^2}{L^2} F_s(n) + \frac{n\pi}{L} f(0) - \frac{n(-1)^n \pi}{L} f(L)$$

■

茲將(21)式取有限傅立葉正弦轉換，得 (以 x 做爲待轉換變數，y 做爲參數)：

$$\mathcal{S}_n\left\{\frac{\partial^2 u}{\partial x^2}\right\} + \mathcal{S}_n\left\{\frac{\partial^2 u}{\partial y^2}\right\} = \mathcal{S}_n\{-h\} \qquad (27)$$

由(26)式，得

$$\mathcal{S}_n\left\{\frac{\partial^2 u}{\partial x^2}\right\} = -\frac{n^2\pi^2}{L^2} F_s(n, y) + \frac{n\pi}{L} u(0, y) - \frac{n(-1)^n \pi}{L} u(L, y)$$

而

$$\mathcal{S}_n\left\{\frac{\partial^2 u}{\partial y^2}\right\} = \frac{\partial^2}{\partial y^2} \mathcal{S}_n\{u\} = \frac{\partial^2}{\partial y^2} F_s(n, y)$$

$$\mathcal{S}_n\{-h\} = \int_0^L -h \cdot \sin\left(\frac{n\pi x}{L}\right) dx$$

$$= \frac{hL}{n\pi} \cos\left(\frac{n\pi x}{L}\right) \bigg|_0^L$$

$$= \frac{hL}{n\pi} \left[(-1)^n - 1\right]$$

將上面三式，代入(27)式得

$$\frac{-n^2\pi^2}{L^2}F_s(n,y) + \frac{n\pi}{L}u(0,y) - \frac{n(-1)^n\pi}{L}u(L,y) + \frac{\partial^2}{\partial y^2}F_s(n,y) = \frac{hL}{n\pi}\left[(-1)^n - 1\right]$$

從(22)式的邊界條件，$u(0,y) = 0$，$u(L,y) = 1$，上式可化簡成

$$\frac{\partial^2}{\partial y^2}F_s(n,y) - \frac{n^2\pi^2}{L^2}F_s(n,y) = \frac{hL}{n\pi}\left[(-1)^n - 1\right] + \frac{n(-1)^n\pi}{L} \qquad （２８）$$

對於 $n = 1, 2, \cdots$ 而言，(28)式的通解為

$$F_s(n,y) = a_n e^{\frac{n\pi}{L}y} + b_n e^{-\frac{n\pi}{L}y} + \frac{hL^3}{n^3\pi^3}\left[1 - (-1)^n\right] - \frac{L}{n\pi}(-1)^n \qquad （２９）$$

對於 $y > 0$ 而言，(29)式要為有限值，必須選擇 $a_n = 0$。

所以，(29)式化簡成

$$F_s(n,y) = b_n e^{-\frac{n\pi}{L}y} + \frac{hL^3}{n^3\pi^3}\left[1 - (-1)^n\right] - \frac{L}{n\pi}(-1)^n \qquad （３０）$$

由(23)式得，$F_s(n,0) = 0$。所以，在此條件下，可得：

$$0 = b_n + \frac{hL^3}{n^3\pi^3}\left[1 - (-1)^n\right] - \frac{L}{n\pi}(-1)^n$$

或

$$b_n = \frac{L}{n\pi}(-1)^n + \frac{hL^3}{n^3\pi^3}\left[(-1)^n - 1\right]。$$

故(30)式可寫成

$$F_s(n,y) = \left[\frac{L}{n\pi}(-1)^n + \frac{hL^3}{n^3\pi^3}\left[(-1)^n - 1\right]\right]\left(e^{-\frac{n\pi}{L}y} - 1\right)$$

由逆轉換公式，得

$$\boxed{u(x,y) = \frac{2}{L}\sum_{n=1}^{\infty}\left[\frac{L}{n\pi}(-1)^n + \frac{hL^3}{n^3\pi^3}\left[(-1)^n - 1\right]\right]\left(e^{-\frac{n\pi}{L}y} - 1\right)\sin\left(\frac{n\pi x}{L}\right)}$$

習題（8－4節）

1. 求

$$\frac{\partial^2 u}{\partial x^2} + \frac{\partial^2 u}{\partial y^2} = 0 \quad , \quad 0 < x < a \quad , \quad 0 < y < b$$

$$u(x,0) = \frac{\partial u}{\partial y}(x,b) = 0 \quad , \quad 0 \le x \le a$$

$$u(0,y) = 0 \quad , \quad u(a,y) = f(y) \quad , \quad 0 \le y \le b$$

之解。

2. 求

$$\frac{\partial^2 u}{\partial x^2} + \frac{\partial^2 u}{\partial y^2} = 0 \quad , \quad x > 0 \quad , \quad y > 0$$

$$u(x,0) = f(x) \quad , \quad x \ge 0$$

$$u(0,y) = 0 \quad , \quad y \ge 0$$

之解。

3. 求

$$\frac{\partial^2 u}{\partial x^2} + \frac{\partial^2 u}{\partial y^2} = 0 \quad , \quad 0 < x < a \quad , \quad 0 < y < b$$

$$u(0,y) = 0 \quad , \quad u(a,y) = 0 \quad , \quad 0 < y < b$$

$$u(x,0) = f(x) \quad , \quad u(x,b) = g(x) \quad , \quad 0 < x < a$$

之解。

4. 有限傅立葉餘弦轉換的定義如下：

若 $f(x)$，$x \in [0, L]$ 為分段平滑，則有限傅立葉餘弦轉換為

$$C_n\{f\} \triangleq F_c(n) = \int_0^L f(x)\cos\left(\frac{n\pi x}{L}\right)dx$$

，試推導 $C_n\{f''\}$ 之微分性質。

§8-5 不同座標系統中的拉普拉斯方程式

在工程的應用上，雖然我們常用直角座標系統來描述拉普拉斯方程式，但在某些問題的邊界若為圓形、圓柱或球體等具有**軸向對稱** (radial symmetry) 之幾何形狀時，利用極座標、圓柱座標或球體座標系統，將更為方便來求解。以下分別討論在三種不同座標系統下的拉普拉斯方程式及其求解方法。

A. 極座標系統之拉普拉斯方程式及其解

圖六為極座標系統，與二維直角座標系統的關係如下：

$$x = r\cos\theta \quad , \quad r = \sqrt{x^2 + y^2}$$

$$y = r \sin \theta \quad , \quad \theta = \tan^{-1}\left(\frac{y}{x}\right)$$

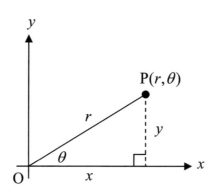

圖六 極座標系統

直角座標系統的拉普拉斯方程式為

$$\frac{\partial^2 u}{\partial x^2} + \frac{\partial^2 u}{\partial y^2} = 0 \tag{1}$$

由於

$$\frac{\partial u}{\partial x} = \frac{\partial u}{\partial r} \cdot \frac{\partial r}{\partial x} + \frac{\partial u}{\partial \theta} \cdot \frac{\partial \theta}{\partial x} \tag{2}$$

所以

$$\frac{\partial^2 u}{\partial x^2} = \frac{\partial}{\partial x}\left(\frac{\partial u}{\partial x}\right)$$

$$= \frac{\partial}{\partial x}\left(\frac{\partial u}{\partial r} \cdot \frac{\partial r}{\partial x} + \frac{\partial u}{\partial \theta} \cdot \frac{\partial \theta}{\partial x}\right)$$

$$= \frac{\partial}{\partial x}\left(\frac{\partial u}{\partial r}\right) \cdot \frac{\partial r}{\partial x} + \frac{\partial u}{\partial r} \frac{\partial}{\partial x}\left(\frac{\partial r}{\partial x}\right) + \frac{\partial}{\partial x}\left(\frac{\partial u}{\partial \theta}\right) \cdot \frac{\partial \theta}{\partial x} + \frac{\partial u}{\partial \theta} \cdot \frac{\partial}{\partial x}\left(\frac{\partial \theta}{\partial x}\right)$$

$$= \left[\frac{\partial}{\partial r}\left(\frac{\partial u}{\partial r}\right) \cdot \frac{\partial r}{\partial x} + \frac{\partial^2 u}{\partial r \partial \theta} \frac{\partial \theta}{\partial x}\right]\frac{\partial r}{\partial x} + \frac{\partial u}{\partial r} \frac{\partial^2 r}{\partial x^2}$$

$$+\left[\frac{\partial^2 u}{\partial r\partial\theta}\cdot\frac{\partial r}{\partial x}+\frac{\partial^2 u}{\partial\theta^2}\frac{\partial\theta}{\partial x}\right]\frac{\partial\theta}{\partial x}+\frac{\partial u}{\partial\theta}\cdot\frac{\partial^2\theta}{\partial x^2}$$

【註】上式中的第一個中括號內的式子是 $\dfrac{\partial}{\partial x}\left(\dfrac{\partial u}{\partial r}\right)$ 利用(2)式所得

的結果；而第二個中括號內的式子是 $\dfrac{\partial}{\partial x}\left(\dfrac{\partial u}{\partial\theta}\right)$ 利用(2)式所

得的結果。

故

$$\frac{\partial^2 u}{\partial x^2}=\frac{\partial^2 u}{\partial r^2}\left(\frac{\partial r}{\partial x}\right)^2+\frac{\partial^2 u}{\partial r\partial\theta}\cdot\frac{\partial\theta}{\partial x}\cdot\frac{\partial r}{\partial x}+\frac{\partial u}{\partial r}\frac{\partial^2 r}{\partial x^2}$$

$$+\frac{\partial^2 u}{\partial r\partial\theta}\cdot\frac{\partial r}{\partial x}\cdot\frac{\partial\theta}{\partial x}+\frac{\partial^2 u}{\partial\theta^2}\left(\frac{\partial\theta}{\partial x}\right)^2+\frac{\partial u}{\partial\theta}\cdot\frac{\partial^2\theta}{\partial x^2}\qquad（3）$$

由於

$$\frac{\partial u}{\partial y}=\frac{\partial u}{\partial r}\cdot\frac{\partial r}{\partial y}+\frac{\partial u}{\partial\theta}\cdot\frac{\partial\theta}{\partial y}\qquad（4）$$

所以

$$\frac{\partial^2 u}{\partial y^2}=\frac{\partial}{\partial y}\left(\frac{\partial u}{\partial y}\right)$$

$$=\frac{\partial}{\partial y}\left(\frac{\partial u}{\partial r}\cdot\frac{\partial r}{\partial y}+\frac{\partial u}{\partial\theta}\cdot\frac{\partial\theta}{\partial y}\right)$$

$$=\frac{\partial}{\partial y}\left(\frac{\partial u}{\partial r}\right)\cdot\frac{\partial r}{\partial y}+\frac{\partial u}{\partial r}\frac{\partial}{\partial y}\left(\frac{\partial r}{\partial y}\right)+\frac{\partial u}{\partial y}\left(\frac{\partial u}{\partial\theta}\right)\cdot\frac{\partial\theta}{\partial y}+\frac{\partial u}{\partial\theta}\cdot\frac{\partial}{\partial y}\left(\frac{\partial\theta}{\partial y}\right)$$

$$=\left[\frac{\partial}{\partial r}\left(\frac{\partial u}{\partial r}\right)\cdot\frac{\partial r}{\partial y}+\frac{\partial}{\partial\theta}\left(\frac{\partial u}{\partial r}\right)\cdot\frac{\partial\theta}{\partial y}\right]\frac{\partial r}{\partial y}+\frac{\partial u}{\partial r}\left(\frac{\partial^2 r}{\partial y^2}\right)$$

$$+\left[\frac{\partial}{\partial r}\left(\frac{\partial u}{\partial \theta}\right)\frac{\partial r}{\partial y}+\frac{\partial}{\partial \theta}\left(\frac{\partial u}{\partial \theta}\right)\frac{\partial \theta}{\partial y}\right]\frac{\partial \theta}{\partial y}+\frac{\partial u}{\partial \theta}\cdot\frac{\partial^2 \theta}{\partial y^2}$$

【註】上式中的第一個中括號內的式子是 $\frac{\partial}{\partial y}\left(\frac{\partial u}{\partial r}\right)$ 利用(4)式所得

的結果；而第二個中括號內的式子是 $\frac{\partial}{\partial y}\left(\frac{\partial u}{\partial \theta}\right)$ 利用(4)式所

得的結果。

故

$$\frac{\partial^2 u}{\partial y^2}=\frac{\partial^2 u}{\partial r^2}\cdot\left(\frac{\partial r}{\partial y}\right)^2+\frac{\partial^2 u}{\partial r\partial \theta}\cdot\frac{\partial \theta}{\partial y}\cdot\frac{\partial r}{\partial y}+\frac{\partial u}{\partial r}\cdot\frac{\partial^2 r}{\partial y^2}$$

$$+\frac{\partial^2 u}{\partial r\partial \theta}\cdot\frac{\partial r}{\partial y}\cdot\frac{\partial \theta}{\partial y}+\frac{\partial^2 u}{\partial \theta^2}\cdot\left(\frac{\partial \theta}{\partial y}\right)^2+\frac{\partial u}{\partial \theta}\cdot\frac{\partial^2 \theta}{\partial y^2} \qquad （5）$$

由於

$$r=\sqrt{x^2+y^2}$$

所以

$$\frac{\partial r}{\partial x}=\frac{x}{\sqrt{x^2+y^2}}=\frac{x}{r} \qquad （6）$$

$$\frac{\partial r}{\partial y}=\frac{y}{\sqrt{x^2+y^2}}=\frac{y}{r} \qquad （7）$$

$$\frac{\partial^2 r}{\partial x^2}=\frac{\partial}{\partial x}\left(\frac{\partial r}{\partial x}\right)=\frac{\partial}{\partial x}\left(\frac{x}{r}\right)=\frac{r\cdot\frac{\partial x}{\partial x}-x\cdot\frac{\partial r}{\partial x}}{r^2}=\frac{y^2}{r^3} \qquad （8）$$

$$\frac{\partial^2 r}{\partial y^2} = \frac{\partial}{\partial y}\left(\frac{\partial r}{\partial y}\right) = \frac{\partial}{\partial y}\left(\frac{y}{r}\right) = \frac{r \cdot \frac{\partial y}{\partial y} - y \cdot \frac{\partial r}{\partial y}}{r^2} = \frac{x^2}{r^3} \qquad （9）$$

由於

$$\theta = \tan^{-1}\left(\frac{y}{x}\right)$$

所以

$$\frac{\partial \theta}{\partial x} = \frac{\frac{\partial}{\partial x}\left(\frac{y}{x}\right)}{1+\left(\frac{y}{x}\right)^2} = \frac{-\frac{y}{x^2}}{1+\left(\frac{y}{x}\right)^2} = -\frac{y}{r^2} \qquad （10）$$

$$\frac{\partial \theta}{\partial y} = \frac{\frac{\partial}{\partial y}\left(\frac{y}{x}\right)}{1+\left(\frac{y}{x}\right)^2} = \frac{\frac{1}{x}}{1+\left(\frac{y}{x}\right)^2} = \frac{x}{r^2} \qquad （11）$$

$$\frac{\partial^2 \theta}{\partial x^2} = \frac{\partial}{\partial x}\left(\frac{\partial \theta}{\partial x}\right)$$

$$= \frac{\partial}{\partial x}\left(-\frac{y}{r^2}\right)$$

$$= \frac{r^2 \cdot \left(-\frac{\partial y}{\partial x}\right) + y \cdot \frac{\partial}{\partial x}\left(r^2\right)}{r^4}$$

由於 y 和 x 互為獨立變數，所以 $\frac{\partial y}{\partial x} = 0$ 代入上式化簡可得：

$$\frac{\partial^2 \theta}{\partial x^2} = \frac{y \cdot \left(2r \cdot \frac{\partial r}{\partial x}\right)}{r^4} = \frac{2yr}{r^4} \cdot \frac{x}{r} = \frac{2xy}{r^4} \qquad （12）$$

另外，

$$\frac{\partial^2 \theta}{\partial y^2} = \frac{\partial}{\partial y}\left(\frac{\partial \theta}{\partial y}\right)$$

$$= \frac{\partial}{\partial y}\left(\frac{x}{r^2}\right)$$

$$= \frac{r^2 \cdot \left(\frac{\partial x}{\partial y}\right) - x \cdot \frac{\partial}{\partial y}\left(r^2\right)}{r^4}$$

$$= \frac{-x \cdot \left(2r \cdot \frac{\partial r}{\partial y}\right)}{r^4} = \frac{-2xr}{r^4} \cdot \frac{y}{r} = \frac{-2xy}{r^4} \qquad (13)$$

將(6)式~(13)式，代入(3)式和(5)式可得：

$$\frac{\partial^2 u}{\partial x^2} = \frac{\partial^2 u}{\partial r^2}\left(\frac{x}{r}\right)^2 - \frac{\partial^2 u}{\partial r \partial \theta} \cdot \frac{xy}{r^3} + \frac{\partial u}{\partial r}\frac{y^2}{r^3}$$

$$- \frac{\partial^2 u}{\partial r \cdot \partial \theta}\frac{x}{r}\cdot\left(\frac{y}{r^2}\right) + \frac{\partial^2 u}{\partial \theta^2}\cdot\frac{y^2}{r^4} + \frac{\partial u}{\partial \theta}\cdot\frac{2xy}{r^4} \qquad (14)$$

和

$$\frac{\partial^2 u}{\partial y^2} = \frac{\partial^2 u}{\partial r^2}\cdot\left(\frac{y}{r}\right)^2 + \frac{\partial^2 u}{\partial r \partial \theta}\cdot\frac{x}{r^2}\cdot\frac{y}{r} + \frac{\partial u}{\partial r}\cdot\frac{x^2}{r^3}$$

$$+ \frac{\partial^2 u}{\partial r \partial \theta}\cdot\frac{y}{r}\cdot\frac{x}{r^2} + \frac{\partial^2 u}{\partial \theta^2}\cdot\frac{x^2}{r^4} + \frac{\partial u}{\partial \theta}\cdot\frac{-2xy}{r^4} \qquad (15)$$

由(14)和(15)式，可得

$$\frac{\partial^2 u}{\partial x^2} + \frac{\partial^2 u}{\partial y^2} = \frac{\partial^2 u}{\partial r^2}\left(\frac{x^2 + y^2}{r^2}\right) + \frac{\partial u}{\partial r}\left(\frac{x^2 + y^2}{r^3}\right) + \frac{\partial^2 u}{\partial \theta^2}\left(\frac{x^2 + y^2}{r^4}\right)$$

$$= \frac{\partial^2 u}{\partial r^2} + \frac{1}{r}\frac{\partial u}{\partial r} + \frac{1}{r^2}\frac{\partial^2 u}{\partial \theta^2}$$

所以，**極座標系統的拉普拉斯方程式**為

$$\frac{\partial^2 u}{\partial r^2} + \frac{1}{r}\frac{\partial u}{\partial r} + \frac{1}{r^2}\frac{\partial^2 u}{\partial \theta^2} = 0 \qquad\qquad （16）$$

　　假設有一**圓碟** (circular disk)，其圓心為座標原點，半徑為 R，邊界條件為 $u(\mathrm{R},\theta) = f(\theta)$ ， $-\pi \le \theta \le \pi$ 。

　　利用分離變數法的求解過程如下。令 $u(r,\theta) = \mathrm{F}(r)\,\mathrm{G}(\theta)$ ，並將其代入(16)式得

$$\mathrm{F}''\mathrm{G} + \frac{1}{r}\mathrm{F}'\mathrm{G} + \frac{1}{r^2}\mathrm{F}\mathrm{G}'' = 0$$

上式除以 FG，並乘上 r^2 ，可得：

$$\frac{r^2\mathrm{F}''}{\mathrm{F}} + \frac{r\mathrm{F}'}{\mathrm{F}} = -\frac{\mathrm{G}''}{\mathrm{G}} \triangleq \lambda$$

其中 λ 為分離常數。上式可寫成

$$\mathrm{G}'' + \lambda\mathrm{G} = 0 \qquad\qquad （17）$$

$$r^2\mathrm{F}'' + r\mathrm{F}' - \lambda\mathrm{F} = 0 \qquad\qquad （18）$$

首先，求 $\mathrm{G}'' + \lambda\mathrm{G} = 0$ 之特徵解，分下列三種情況討論：

◆情況一： $\lambda > 0$

　　當 $\lambda > 0$ 時，可將 λ 寫成 $\lambda = k^2$ ， $k > 0$ 。

則　$G'' + k^2 G = 0$　。其通解為

$$G(\theta) = a_k \cos k\theta + b_k \sin k\theta \text{。} \tag{19}$$

由於$u(r, \theta)$對θ而言，為一週期函數，其周期為　2π　(即 $u(r, \theta + 2n\pi) = u(r, \theta)$，n 為任意整數)，所以$G(\theta)$必為週期函數，其周期為$2\pi$。從(19)式得知，(19)式為特徵解的條件為$k$須為正整數。

◆情況二：　$\lambda = 0$

在$\lambda = 0$時，$G'' = 0$之通解為　$G(\theta) = a\theta + b$　。在此解為週期函數的條件下，a 必須為 0，即　$G(\theta) = b$為常數，也為特徵解。

◆情況三：　$\lambda < 0$

在$\lambda < 0$時，可將λ寫成$\lambda = -k^2$，$k > 0$。

則　$G'' - k^2 G = 0$　。其通解為

$$G(\theta) = a_k \cdot e^{k\theta} + b_k \cdot e^{-k\theta}$$

然而上式不為週期函數，故不是特徵解。

綜合以上的討論，$G'' + \lambda G = 0$之特徵解為

$$G(\theta) = a_k \cos k\theta + b_k \sin k\theta \text{，}\quad k = 0, 1, 2, \cdots \tag{20}$$

而特徵值為$\lambda = k^2$，　$k = 0, 1, 2, \cdots$。

其次，討論在$\lambda = k^2$時，$r^2 F'' + r F' - k^2 F = 0$之特徵解。令

$F(r) = r^p$ ，並將其代入微分方程式得

$$p(p-1)r^p + pr^p - k^2 r^p = 0$$

化簡後，得

$$(p^2 - k^2)r^p = 0$$

由於 $r^p \neq 0$ ，故 $p = \pm k$ 。

所以 $F(r) = c \cdot r^k + d \cdot r^{-k}$ ，其中 c 和 d 為任意常數，為通解。由於 $F(0) < \infty$ ，故 $d = 0$ 。所以

$$F(r) = r^k \quad , \quad k = 0, 1, 2, \cdots \text{，為特徵解。}$$

綜合上面的討論，得知(16)式的通解為

$$u(r, \theta) = \frac{1}{2}a_0 + \sum_{k=1}^{\infty}\left[a_k r^k \cos(k\theta) + b_k r^k \sin(k\theta)\right]$$

由邊界條件 $u(R, \theta) = f(\theta)$ ， $-\pi \leq \theta \leq \pi$ 代入上式，可得

$$f(\theta) = \frac{1}{2}a_0 + \sum_{k=1}^{\infty}\left[a_k R^k \cos(k\theta) + b_k R^k \sin(k\theta)\right] \qquad （２１）$$

(21)式可視為 $f(\theta)$ ，在 $\theta \in [-\pi, \pi]$ 的傅立葉級數，其傅立葉係數分別為

$$a_0 = \frac{1}{\pi}\int_{-\pi}^{\pi} f(\theta)\, d\theta \qquad （２２）$$

$$a_k = \frac{1}{\pi R^k}\int_{-\pi}^{\pi} f(\theta)\cos(k\theta)\, d\theta \quad , \quad k = 1, 2, \cdots \qquad （２３）$$

$$b_k = \frac{1}{\pi R^k}\int_{-\pi}^{\pi} f(\theta)\sin(k\theta)\, d\theta \quad , \quad k = 1, 2, \cdots \qquad （２４）$$

B. 圓柱座標系統之拉普拉斯方程式及其解

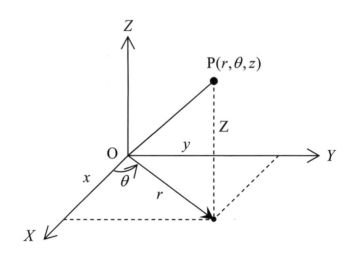

圖七　圓柱座標系統

　　圓柱 (cylindrical) 座標系統與三維直角座標系統的關係如下：

$$x = r\cos\theta \quad , \quad y = \sin\theta \quad , \quad z = z$$

　　由於直角座標(x, y)與極座標(r, θ)之間的關係，如前所述完全相同，而z保持不變，因此，圓柱座標系統的拉普拉斯方程式為：

$$\frac{\partial^2 u}{\partial r^2} + \frac{1}{r}\frac{\partial u}{\partial r} + \frac{1}{r^2}\frac{\partial^2 u}{\partial \theta^2} + \frac{\partial^2 u}{\partial z^2} = 0 \qquad (25)$$

其中$u(r, \theta, z)$是r、θ和z的函數。在下面的討論中，我們只考慮較簡單但仍相當重要的具有**軸向對稱** (radial symmetry)之問題，

意即 u 與 θ 角無關。則(25)式可化簡成

$$\boxed{\frac{\partial^2 u}{\partial r^2} + \frac{1}{r}\frac{\partial u}{\partial r} + \frac{\partial^2 u}{\partial z^2} = 0}$$ （26）

現在吾人考慮一個圓柱體的穩態溫度 $u(r,z)$，滿足(26)式，其中 $0 < r < R$ ， $0 < z < c$ 和邊界條件：

$$u(R,z) = 0 \quad , \quad 0 < z < c$$ （27）

$$u(r,0) = 0 \quad , \quad u(r,c) = f(r) \quad , \quad 0 < r < R$$ （28）

利用分離變數法，令 $u(r,z) = F(r) \cdot G(z)$，並將其代入(26)式可得

$$F''G + \frac{1}{r}F'G + FG'' = 0$$

或

$$\frac{F'' + \dfrac{1}{r}F'}{F} = -\frac{G''}{G}$$

由於 $u(r,z)$ 對於 z 而言不是週期函數，若設定上式的分離常數為零或正值，則 $G(z)$ 為常數或週期函數均不宜。所以，設定分離常數為 $-\lambda^2$（ $\lambda > 0$ ）。則上式可表示成

$$G'' - \lambda^2 G = 0$$ （29）

$$rF'' + F' + \lambda^2 r F = 0$$ （30）

(29)式的通解為

$$G(z) = c_1 \cosh(\lambda z) + c_2 \sinh(\lambda z)$$

由(28)式中的 $u(r,0) = 0$ 得 ， $G(0) = 0$ 。

所以上式中的 $c_1 = 0$ 。故 $\underline{G(z) \text{ 的特徵解為 } \sinh(\lambda z)}$ 。

(30)式不是 Cauchy-Euler 方程式，而是另一種特殊的方程式，稱為**零階參數型貝斯 (parametric Bessel)** 方程式。(30)式的通解為 **(參見附錄 8-A)**

$$F(r) = c_1 J_0(\lambda r) + c_2 Y_0(\lambda r) \tag{31}$$

其中

$$J_0(\lambda r) = \sum_{n=0}^{\infty} \frac{(-1)^n}{n! \ \Gamma(1+n)} \left(\frac{\lambda r}{2} \right)^{2n} \tag{32}$$

為**零階第一類型貝斯函數** (Bessel function of the first kind of order 0)，而 $\Gamma(\cdot)$ 稱為 **Gamma 函數**。

$$Y_0(\lambda r) = \frac{2}{\pi} J_0(\lambda r) \left[r + \ln \frac{\lambda r}{2} \right] - \frac{2}{\pi} \sum_{k=1}^{\infty} \frac{(-1)^k}{(k!)^2} \left(1 + \frac{1}{2} + \cdots + \frac{1}{k} \right) \left(\frac{\lambda r}{2} \right)^{2k}$$

$$\tag{33}$$

為**零階第二類型貝斯函數** (Bessel function of the second kind of order 0)，而 $r = 0.57721566\cdots$ 稱為 Euler-Mascheroni 常數。

由於當 $r \to 0$ ， $Y_0(\lambda r) \to -\infty$ 且 u 必須為有限值，所以(31)式中的 $c_2 = 0$ 。因此 $\underline{F(r) \text{ 的特徵解為 } J_0(\lambda r)}$ 。

由於(27)式的 $u(\mathrm{R}, z) = 0$ 得知，$\mathrm{F(R)} = 0$。

因爲 $\mathrm{F}(r) = c_1 \mathrm{J}_0(\lambda r)$，所以，在 c_1 不得爲零的條件下，

$\mathrm{J}_0(\lambda \mathrm{R}) = 0$。從 $\mathrm{J}_0(\lambda \mathrm{R}) = 0$ 可以求出 λ 的根爲正特徵值 λ_n，

$n = 1, 2, 3, \cdots$。

從上面的討論，可知此問題的通解爲

$$u(r, z) = \sum_{n=1}^{\infty} \mathrm{A}_n \sinh(\lambda_n z) \mathrm{J}_0(\lambda_n r) \qquad (34)$$

最後，將(28)式的 $u(r, c) = f(r)$ 代入(34)式可得

$$f(r) = \sum_{n=1}^{\infty} \mathrm{A}_n \sinh(\lambda_n c) \mathrm{J}_0(\lambda_n r) \qquad (35)$$

(35)式可視爲 $f(r)$，$0 \le r \le c$，的**傅立葉-貝斯** (Fourier-Bessel) 級

數，其係數爲 **(參見附錄 8-A)**

$$\mathrm{A}_n \sinh(\lambda_n c) = \frac{1}{\int_0^c r \cdot \mathrm{J}_0^2(\lambda_n r) \mathrm{d}r} \int_0^c r \cdot \mathrm{J}_0(\lambda_n r) f(r) \mathrm{d}r$$

或

$$\mathrm{A}_n = \frac{1}{\sinh(\lambda_n c) \int_0^c r \cdot \mathrm{J}_0^2(\lambda_n r) \mathrm{d}r} \int_0^c r \cdot \mathrm{J}_0(\lambda_n r) f(r) \mathrm{d}r \qquad (36)$$

C. 球體座標系統之拉普拉斯方程式及其解

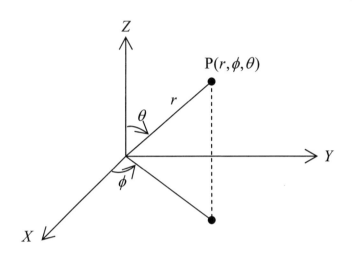

圖八 球體座標系統

球體 (spherical) 座標系統與直角座標系統的關係如下：

$$x = r\sin\theta\cos\phi \ , \ y = r\sin\theta\sin\phi \ , \ z = r\cos\theta$$

吾人可證明 $\nabla^2 u = \dfrac{\partial^2 u}{\partial x^2} + \dfrac{\partial^2 u}{\partial y^2} + \dfrac{\partial^2 u}{\partial z^2}$ 在球體座標系統變成

$$\nabla^2 u = \frac{\partial^2 u}{\partial r^2} + \frac{2}{r}\frac{\partial u}{\partial r} + \frac{1}{r^2\sin^2\theta}\frac{\partial^2 u}{\partial\phi^2} + \frac{1}{r^2}\frac{\partial^2 u}{\partial\theta^2} + \frac{\cot\theta}{r^2}\frac{\partial u}{\partial\theta}$$

因此，球體座標系統的拉普拉斯方程式為

$$\boxed{\frac{\partial^2 u}{\partial r^2} + \frac{2}{r}\frac{\partial u}{\partial r} + \frac{1}{r^2\sin^2\theta}\frac{\partial^2 u}{\partial\phi^2} + \frac{1}{r^2}\frac{\partial^2 u}{\partial\theta^2} + \frac{\cot\theta}{r^2}\frac{\partial u}{\partial\theta} = 0} \quad （37）$$

其中 $u(r,\phi,\theta)$ 為 r、ϕ、θ 的函數。

在應用問題中，若具有軸向對稱，即 u 與方位角 ϕ 無關時，(37) 式可化簡成

$$\boxed{\frac{\partial^2 u}{\partial r^2} + \frac{2}{r}\frac{\partial u}{\partial r} + \frac{1}{r^2}\frac{\partial^2 u}{\partial \theta^2} + \frac{\cot\theta}{r^2}\frac{\partial u}{\partial \theta} = 0} \qquad (38)$$

考慮一個球體的穩態溫度 $u(r,\theta)$ 滿足(38)式，其中 $0 < r < R$，$0 < \theta < \pi$，及邊界條件

$$u(R,\theta) = f(\theta) \quad , \quad 0 < \theta < \pi \qquad (39)$$

利用分離變數法，令 $u(r,\theta) = F(r)\,G(\theta)$ 代入(38)式，可得

$$\frac{r^2 F'' + 2rF'}{F} = -\frac{G'' + \cot\theta \cdot G'}{G} = \lambda^2$$

其中 λ^2 為分離常數。

所以

$$r^2 F'' + 2rF' - \lambda^2 F = 0 \qquad (40)$$

$$\sin\theta \cdot G'' + \cos\theta \cdot G' + \lambda^2 \sin\theta \cdot G = 0 \qquad (41)$$

首先，對(41)式求其解。利用變數代換，令 $x = \cos\theta$，$0 \le \theta \le \pi$。則(41)式可化簡成

$$(1-x^2)\frac{\partial^2 G}{\partial x^2} - 2x \cdot \frac{\partial G}{\partial x} + \lambda^2 G = 0 \quad , \quad -1 \le x \le 1 \qquad (42)$$

由於(42)式為 **Legendre 微分方程式(參見附錄 8-B)**，因此其解，在[−1,1]區間內具有連續且其微分也連續性質者，只有 **Legendre**

多項式 $P_n(x)$，而且參數 $\lambda^2 = n(n+1)$，$n = 0, 1, 2, \cdots$。所以

$G_n(\theta) = P_n(\cos\theta)$ 爲(41)式的特徵解。此外，當 $\lambda^2 = n(n+1)$ 時，

Cauchy-Euler 方程式((40)式)的通解(參見上冊 2-4 節)爲

$$F_n(r) = c_1\, r^n + c_2\, r^{-(n+1)} \qquad (43)$$

由於 $u(r, \theta)$ 在 $r = 0$ 時應爲有限值，故(43)式中的 c_2 必須設定爲 0。

所以 $F_n(r) = r^n$ 爲(40)式在 $\lambda^2 = n(n+1)$ 條件下的特徵解。

由上述的討論得知，滿足(38)式的通解爲

$$u(r, \theta) = \sum_{n=0}^{\infty} c_n\, F_n(r)\, G_n(\theta)$$
$$= \sum_{n=0}^{\infty} c_n\, r^n \cdot P_n(\cos\theta)$$

由邊界條件(39)式，可得

$$f(\theta) = u(R, \theta) = \sum_{n=0}^{\infty} c_n\, R^n \cdot P_n(\cos\theta) \qquad (44)$$

(44)式表示 $f(\theta)$ 爲 **Fourier-Legendre 級數**，其係數爲(**參見附錄**

8-B)

$$c_n R^n = \frac{2n+1}{2} \int_0^\pi f(\theta) P_n(\cos\theta) \sin\theta\; d\theta$$

或

$$c_n = \frac{2n+1}{2R^n} \int_0^\pi f(\theta) P_n(\cos\theta) \sin\theta\; d\theta$$

所以，此問題的解為

$$u(r,\theta) = \sum_{n=0}^{\infty} \left(\frac{2n+1}{2} \int_0^{\pi} f(\theta) P_n(\cos\theta) \sin\theta \, d\theta \right) \left(\frac{r}{R} \right)^n P_n(\cos\theta) \quad (45)$$

其中 $P_n(\cos\theta)$ 為 $\cos\theta$ 的 Legendre 多項式。

習題（8－5節）

1. 求上半圓碟的穩態溫度 $u(r,\theta)$，滿足

$$\frac{\partial^2 u}{\partial r^2} + \frac{1}{r}\frac{\partial u}{\partial r} + \frac{1}{r^2}\frac{\partial^2 u}{\partial \theta^2} = 0 \quad , \quad 0 \le \theta \le \pi \quad , \quad 0 \le r \le R$$

$$u(R,\theta) = u_0 \quad , \quad 0 \le \theta \le \pi$$

$$u(r,0) = u(r,\pi) = 0 \quad , \quad 0 \le r \le R$$

2. 求 $u(r,\theta)$ 滿足

$$\frac{\partial^2 u}{\partial r^2} + \frac{1}{r}\frac{\partial u}{\partial r} + \frac{1}{r^2}\frac{\partial^2 u}{\partial \theta^2} = 0 \quad , \quad -\pi \le \theta \le \pi \quad , \quad a \le r \le b$$

$$u(a,\theta) = f(\theta) \quad , \quad -\pi \le \theta \le \pi$$

$$u(b,\theta) = 0 \quad , \quad -\pi \le \theta \le \pi$$

3. 有兩個共軸圓柱面，其半徑分別爲 r_1 和 r_2，如下圖所示。

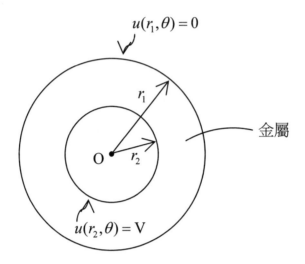

$$u(r_1, \theta) = 0$$

金屬

$$u(r_2, \theta) = V$$

若邊界爲等位面，即 $u(r_1, \theta) = 0$ 和 $u(r_2, \theta) = V$ 時，求金屬中之電位函數。

4. 有兩同心球體，半徑分別爲 r_1 及 r_2（$r_1 > r_2$）。若兩球面均爲等位面，其內球面的電位爲 0，外球面的電位爲 V，求球體內的電位函數。

附錄 8-A：

Bessel 微分方程式與 Fourier-Bessel 級數

一. **Bessel 微分方程式**

Bessel 微分方程式常出現於應用數學、物理學和工程領域，其方程式為

$$\boxed{x^2 y'' + xy' + (x^2 - v^2)y = 0} \tag{1}$$

(1)式為線性二階變係數微分方程式

$$a_2(x)y'' + a_1(x)y' + a_0(x)y = 0 \tag{2}$$

之特例。若將(2)式寫成

$$y'' + P(x)y' + Q(x)y = 0 \tag{3}$$

則有下面的定義：

【定義 A(一)】（正規和奇異點）

若 $P(x)$ 和 $Q(x)$ 在 $x = x_0$ 點展開的冪級數皆有正的收斂半徑時，則稱 $x = x_0$ 點為(2)式的正規點(ordinary point)；反之，則稱為(2)式的奇異點(singular point)。

奇異點尚可分類如下：

【定義 A(二)】（規則和不規則奇異點）

若 $(x-x_0)P(x)$ 和 $(x-x_0)^2 Q(x)$ 在奇異點 x_0 展開的冪級數皆有正的收斂半徑時，則稱 x_0 點為(2)式的規則奇異點(regular singular point)；反之，為(2)式的不規則奇異點(irregular singular point)。

對於正規點 x_0 而言，我們可以使用 $y = \sum_{n=0}^{\infty} c_n (x-x_0)^n$ 的冪級數作為解的形式代入(2)式，以求得 c_n 的**遞迴式** (recurrence) 和(2)式的通解。但是，對於奇異點 x_0 而言，若以 $y = \sum_{n=0}^{\infty} c_n (x-x_0)^n$ 作為解的形式，則往往無法求得(2)式的通解。此時，必須使用 $y = \sum_{n=0}^{\infty} c_n (x-x_0)^{n+r}$ ，其中 r 為待定常數，的解形式，才有可能求得(2)式的通解。

以下介紹 Frobenius 方法，適用於規則奇異點的情形。此方法建構在 Frobenius 定理，如下所述：

【定理 A(一)】（**Frobenius 定理**）

若 x_0 為(2)式的規則奇異點時，則至少存在一種冪級數 $y = \sum_{n=0}^{\infty} c_n (x-x_0)^{n+r}$ ，其中 r 為待定常數，為(2)式的解。此級數至少於某一區間 $0 < x - x_0 < R$ 為收斂。

從 Frobenius 定理得知，無法保證一定可以找到兩個所述的冪級數為線性獨立。Frobenius 方法包括確認 x_0 為規則奇異點，以

$y(x) = \sum_{n=0}^{\infty} c_n(x - x_0)^{n+r}$ 代入微分方程式，和決定 r 值與係數 c_n。

對於 Bessel 微分方程式而言，$x = 0$ 為規則奇異點。因此吾人以 Frobenius 方法來求其解，如下所述。

令 $y = \sum_{n=0}^{\infty} c_n x^{n+r}$ 為解的形式。將其代入(1)式可得

$x^2 y'' + xy' + (x^2 - v^2)y$

$= \sum_{n=0}^{\infty} c_n(n+r)(n+r-1)x^{n+r} + \sum_{n=0}^{\infty} c_n(n+r)x^{n+r} + \sum_{n=0}^{\infty} c_n x^{n+r+2}$

$\quad - v^2 \sum_{n=0}^{\infty} c_n x^{n+r}$

$= c_0(r^2 - r + r - v^2)x^r + x^r \sum_{n=1}^{\infty} c_n \left[(n+r)(n+r-1) + (n+r) - v^2\right] x^n$

$\quad + x^r \sum_{n=0}^{\infty} c_n x^{n+2}$

$= c_0(r^2 - v^2)x^r + x^r \sum_{n=1}^{\infty} c_n \left[(n+r)^2 - v^2\right] x^n + x^r \sum_{n=0}^{\infty} c_n x^{n+2} \qquad （4）$

由(4)式，可得

$$r^2 - v^2 = 0 \qquad （5）$$

(5)式稱為**索引** (indicial) 方程式，其根為 $r_1 = v$ 和 $r_2 = -v$。

當 $r_1 = v$ 時，(4)式變成

$$x^v \sum_{n=1}^{\infty} c_n n(n + 2v)x^n + x^v \sum_{n=0}^{\infty} c_n x^{n+2}$$

$$= x^v \left[(1+2v)c_1 x + \sum_{n=2}^{\infty} c_n (n+2v)x^n + \sum_{n=0}^{\infty} c_n x^{n+2} \right]$$

$$= x^v \left\{ (1+2v)c_1 x + \sum_{k=0}^{\infty} \left[(k+2)(k+2+2v)c_{k+2} + c_k \right] x^{k+2} \right\}$$

$$= 0$$

所以

$$\boxed{(1+2v)c_1 = 0} \tag{6}$$

且

$$(k+2)(k+2+2v)c_{k+2} + c_k = 0$$

$$\Leftrightarrow$$

$$\boxed{c_{k+2} = \frac{-c_k}{(k+2)(k+2+2v)} \quad , \quad k = 0,1,2,\cdots} \tag{7}$$

由(6)式得， $c_1 = 0$ ，並將其代入(7)式，可得 $c_3 = c_5 = c_7 = \cdots = 0$ 。

所以對於 $k = 0,2,4,\cdots$ 而言，令 $k+2 = 2n$ ， $n = 1,2,3,\cdots$ ，則(7)式

變成

$$c_{2n} = -\frac{c_{2n-2}}{2^2 n(n+v)} \tag{8}$$

因此，

$$c_2 = -\frac{c_0}{2^2 \cdot 1 \cdot (1+v)}$$

$$c_4 = -\frac{c_2}{2^2 \cdot 2 \cdot (2+v)} = \frac{c_0}{2^4 \cdot 1 \cdot 2(1+v)(2+v)}$$

.

.

$$c_{2n} = \frac{(-1)^n c_0}{2^{2n} n!(1+v)(2+v)\cdots(n+v)} \qquad （9）$$

定義 **Gamma 函數** $\Gamma(\alpha)$ 為 $\boxed{\Gamma(\alpha) = \int_0^\infty t^{\alpha-1} e^{-t} dt}$，$\alpha > 0$。由於

$\Gamma(\alpha)$ 滿足 $\Gamma(1+\alpha) = \alpha\,\Gamma(\alpha)$，因此選擇 $c_0 = \dfrac{1}{2^v\,\Gamma(1+\alpha)}$ 可使(9)

式化簡成

$$c_{2n} = -\frac{(-1)^n}{2^{2n+v} n!\,\Gamma(1+v+n)} \quad , \quad n = 0, 1, 2, \cdots$$

所以，滿足 Bessel 方程式的一個解為

$$y(x) = \sum_{n=0}^\infty c_{2n} x^{2n+v} = \sum_{n=0}^\infty \frac{(-1)^n}{n!\,\Gamma(1+v+n)} \left(\frac{x}{2}\right)^{2n+v} \qquad （10）$$

(10)式通常記為 $J_v(x)$，稱為 v 階第一類 Bessel 函數。

同理，當 $r_2 = -v$ 時，可推導出另一解為

$$J_{-v}(x) = \sum_{n=0}^\infty \frac{(-1)^n}{n!\,\Gamma(1-v+n)} \left(\frac{x}{2}\right)^{2n-v} \qquad （11）$$

稱為 $-v$ 階第一類 Bessel 函數。

事實上，吾人可證明：

1. 當 v 不是整數時，$J_v(x)$ 和 $J_{-v}(x)$ 為線性獨立，故(1)式的通解為

   $y(x) = c_1 J_v(x) + c_2 J_{-v}(x)$，其中 c_1 和 c_2 為任意常數。

2. 當 v 是整數時，$J_v(x)$ 和 $J_{-v}(x)$ 為線性相依；

   $J_{-v}(x) = (-1)^v J_v(x)$。

　　定義 v 階第二類 Bessel 函數(有時又稱爲 Neumann 函數)
如下：

$$Y_v(x) = \frac{\cos v\pi \, J_v(x) - J_{-v}(x)}{\sin v\pi}$$ （１２）

其中 v 不是整數；及 $Y_m(x) = \lim_{v \to m} Y_v(x)$ ， m 爲整數。

　　吾人可證明，不論 v 爲何值， $J_v(x)$ 和 $Y_v(x)$ 均爲線性獨立，
所以(1)式的通解可寫成

$$y(x) = c_1 J_v(x) + c_2 Y_v(x)$$ （１３）

　　當 $v = 0$ 時，

$$J_0(x) = \sum_{n=0}^{\infty} \frac{(-1)^n}{n! \, \Gamma(1+n)} \left(\frac{x}{2}\right)^{2n}$$ （１４）

其圖形類似**減幅餘弦** (damped cosine) 函數，如下：

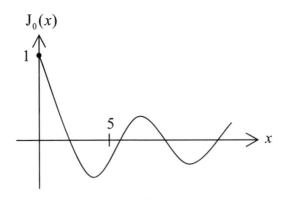

$$Y_0(x) = \lim_{v \to 0} \frac{\cos v\pi \, J_v(x) - J_{-v}(x)}{\sin v\pi}$$ 可化簡成

$$Y_0(x) = \frac{2}{\pi} J_0(x) \left[r + \ln \frac{x}{2} \right] - \frac{2}{\pi} \sum_{k=1}^{\infty} \frac{(-1)^k}{(k!)^2} \left(1 + \frac{1}{2} + \cdots + \frac{1}{k} \right) \left(\frac{x}{2} \right)^{2k}$$ （１５）

其中 $r = 0.57721566\cdots$ 稱爲 Euler-Mascheroni 常數，其圖形如下：

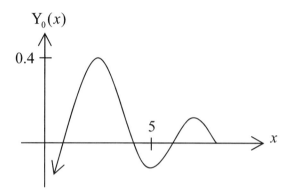

m 階 Bessel 函數，$m = 0, 1, 2, \cdots$，的性質如下：

(a) $J_{-m}(x) = (-1)^m J_m(x)$

(b) $J_m(-x) = (-1)^m J_m(x)$

(c) $J_m(0) = 0$ ， $m > 0$

(d) $J_0(0) = 1$

(e) $\lim\limits_{x \to 0^+} Y_m(x) = -\infty$

若將(1)式中的 x 代換成 λx，並使用微積分中的鏈結規則 (chain rule)可得：

$$x^2 y'' + xy' + (\lambda^2 x^2 - v^2) y = 0 \qquad （16）$$

(16)式稱爲**參數型 Bessel 方程式** (parametric Bessel equation)，其通解爲

$$y(x) = c_1 J_v(\lambda x) + c_2 Y_v(\lambda x) \qquad （17）$$

二. Fourier-Bessel 級數

假設 $f(x)$，$x \in [a,b]$ 為一函數，$\{\phi_n(x)\}$ 為一組定義於

$x \in [a,b]$，相對於權重函數 $w(x)$，的正交函數集合。令

$$f(x) = \sum_{n=0}^{\infty} c_n \, \phi_n(x) \qquad (18)$$

將(18)式乘上 $w(x) \, \phi_m(x)$ 後積分，得

$$\int_a^b f(x) \, w(x) \, \phi_m(x) \, \mathrm{d}x = \sum_{n=0}^{\infty} c_n \int_a^b w(x) \, \phi_m(x) \, \phi_n(x) \, \mathrm{d}x$$

由於 $\int_a^b w(x) \, \phi_m(x) \, \phi_n(x) \, \mathrm{d}x = 0$，$m \neq n$，所以上式變成

$$c_m \int_a^b w(x) \, \phi_m{}^2(x) \, \mathrm{d}x = \int_a^b f(x) \, w(x) \, \phi_m(x) \, \mathrm{d}x$$

或

$$c_n = \frac{\int_a^b f(x) \, w(x) \, \phi_n(x) \, \mathrm{d}x}{\int_a^b w(x) \, \phi_n{}^2(x) \, \mathrm{d}x} \qquad (19)$$

(18)式稱為**廣義傳立葉級數** (generalized Fourier series)，而其係數 c_n 可由(19)式決定之。

正交函數常出現在有邊界條件的微分方程式問題。下面的 **Sturm-Liouville 問題**，分成正規型(regular)和奇異型(singular)兩種，說明如下：

令 $p(x)$，$q(x)$，$r(x)$ 和 $r'(x)$ 為 $x \in [a,b]$ 的實函數且對於每一 $x \in [a,b]$，$r(x) > 0$ 及 $p(x) > 0$。則正規型 Sturm-Liouville 問題就

是求

$$\frac{\mathrm{d}}{\mathrm{d}x}\left[r(x)y'\right]+\left(q(x)+\lambda p(x)\right)y=0 \tag{20}$$

滿足邊界條件：

$$\alpha_1 y(\mathrm{a})+\beta_1 y'(\mathrm{a})=0 \tag{21}$$

$$\alpha_2 y(\mathrm{b})+\beta_2 y'(\mathrm{b})=0 \tag{22}$$

之解，其中 α_1，β_1，α_2 和 β_2 為與參數 λ 無關的實數，及 α_i 和 β_i 不全為零，$i=1,2$。

若 $r(\mathrm{a})=0$ 或 $r(\mathrm{b})=0$，或 $r(\mathrm{a})=r(\mathrm{b})=0$，則(20)，(21)和(22) 式稱為奇異型 Sturm-Liouville 問題。

正規型 Sturm-Liouville 問題具有下列的性質：

【定理 A(二)】（正規型 **Sturm-Liouville** 問題的性質）

1. 存在無限多個實數特徵值，依遞增順序排列

   $\lambda_1<\lambda_2<\lambda_3<\cdots<\lambda_n<\cdots$，使得 n $\to\infty$ 時，$\lambda_n\to\infty$。

2. 對於每一個特徵值而言，只有一個對應的特徵函數。

3. 對應於相異特徵值的特徵函數為線性獨立。

4. 特徵函數的集合 $\{\phi_n(x)\}$，n $=1,2,\cdots$，相對於權重函數 $p(x)$ 而言，在 $x\in[\mathrm{a},\mathrm{b}]$ 內是正交函數集合，即

   $$\int_{\mathrm{a}}^{\mathrm{b}}p(x)\phi_m(x)\phi_n(x)\,\mathrm{d}x=0 \quad,\quad \lambda_m\neq\lambda_n \tag{23}$$

【定理 A(三)】（奇異型 **Sturm-Liouville** 問題的性質）

1. 若 $r(a) = 0$，則(23)式的正交性質在 $x = a$ 沒有邊界條件的情況下(即(21)式中的 $\alpha_1 = \beta_1 = 0$)會成立。

2. 若 $r(b) = 0$，則(23)式的正交性質在 $x = b$ 沒有邊界條件的情況下(即(22)式中的 $\alpha_2 = \beta_2 = 0$)會成立。

3. 若 $r(a) = r(b) = 0$，則(23)式的正交性質在 $x = a$ 或 $x = b$ 沒有邊界條件的情況下(即 $\alpha_1 = \beta_1 = 0$ 或 $\alpha_2 = \beta_2 = 0$)會成立。

現在，考慮 $x \in [0, b]$ 的參數型 Bessel 方程式，即(16)式。當階數 v 為整數 n，$n = 0, 1, 2, \cdots$ 時，(16)式可寫成

$$x^2 y'' + xy' + (\lambda^2 x^2 - n^2) y = 0$$

其通解為 $y(x) = c_1 J_n(\lambda x) + c_2 Y_n(\lambda x)$。

將上式乘以 $\dfrac{1}{x}$ 後，可寫成

$$\frac{\mathrm{d}}{\mathrm{d}x} [xy'] + \left(\lambda^2 x - \frac{n^2}{x} \right) y = 0$$

上式與(20)式對照，可得：

$$r(x) = x \quad , \quad p(x) = x \quad , \quad q(x) = -\frac{n^2}{x}$$

和 λ 以 λ^2 取代。

由於 $r(0) = 0$，$J_n(\lambda x)$ 和 $Y_n(\lambda x)$ 中，只有 $J_n(\lambda x)$ 在 $x = 0$ 時是有限值，所以由【定理 A(三)】可知，$\{J_n(\lambda_i x)\}$，$i = 1, 2, 3, \cdots$，相

對於權重函數 $p(x) = x$ 而言，於 $x \in [0, b]$ 中為正交函數的集合，即

$$\int_0^b x J_n(\lambda_i x) J_n(\lambda_j x) \, dx = 0 \quad , \quad \lambda_i \neq \lambda_j \tag{24}$$

(24)式成立的條件是特徵值 λ_i ， $i = 1, 2, 3, \cdots$ ，滿足 $x = b$ 的邊界條件

$$\alpha_2 J_n(\lambda b) + \beta_2 \lambda J_n'(\lambda b) = 0 \tag{25}$$

其中 α_2 和 β_2 不全為零。

從(18)式和(19)式可知， $f(x)$ ， $x \in [0, b]$ 的廣義傅立葉級數，以 $\{J_n(\lambda_i x)\}$ ， $i = 1, 2, 3, \cdots$ 為正交函數集合展開，可得

$$\boxed{f(x) = \sum_{i=1}^{\infty} c_i \, J_n(\lambda_i x)} \tag{26}$$

其中

$$\boxed{c_i = \frac{\int_0^b x \, J_n(\lambda_i x) \, f(x) \, dx}{\int_0^b x \, J_n^{\,2}(\lambda_i x) \, dx}} \tag{27}$$

(26)式稱為 **Fourier-Bessel 級數**，其係數可由(27)式來決定。

附錄 8 − B：

Legendre 微分方程式與 Fourier-Legendre 級數

一. Legendre 微分方程式

Legendre 微分方程式常出現於應用數學、物理學和工程領域，其方程式為

$$(1-x^2)y'' - 2xy' + n(n+1)y = 0 \qquad (1)$$

其中參數 n 為整數。

由於 $x=0$ 為(1)式的正規點，所以假設 $y = \sum_{k=0}^{\infty} c_k x^k$ 為解的形式，並將其代入(1)式，可得

$$0 = (1-x^2) \cdot \sum_{k=0}^{\infty} c_k k(k-1)x^{k-2} - 2\sum_{k=0}^{\infty} c_k k x^k + n(n+1)\sum_{k=0}^{\infty} c_k x^k$$

$$= \sum_{k=2}^{\infty} c_k k(k-1)x^{k-2} - \sum_{k=2}^{\infty} c_k k(k-1)x^k - 2\sum_{k=1}^{\infty} c_k k x^k + n(n+1)\sum_{k=0}^{\infty} c_k x^k$$

$$= \left[n(n+1)c_0 + 2c_2 \right]x^0 + \left[n(n+1)c_1 - 2c_1 + 6c_3 \right]x + \sum_{k=4}^{\infty} c_k k(k-1)x^{k-2}$$

$$- \sum_{k=2}^{\infty} c_k k(k-1)x^k - 2\sum_{k=2}^{\infty} c_k k x^k + n(n+1)\sum_{k=2}^{\infty} c_k x^k$$

$$= \left[n(n+1)c_0 + 2c_2 \right] + \left[(n-1)(n+2)c_1 + 6c_3 \right]x$$

$$+ \sum_{j=2}^{\infty} \left[(j+2)(j+1)c_{j+2} + (n-j)(n+j+1)c_j \right]x^j$$

從上式可得

$$n(n+1)c_0 + 2c_2 = 0$$

$$(n-1)(n+2)c_1 + 6c_3 = 0$$

$$(j+2)(j+1)c_{j+2} + (n-j)(n+j+1)c_j = 0$$

或

$$c_2 = -\frac{n(n+1)}{2!}c_0$$

$$c_3 = -\frac{(n-1)(n+2)}{3!}c_1$$

$$c_{j+2} = -\frac{(n-j)(n+j+1)}{(j+2)(j+1)}c_j \ , j = 2,3,4,\cdots \qquad （2）$$

由(2)式的遞迴，可得

$$c_4 = -\frac{(n-2)(n+3)}{4 \cdot 3}c_2 = \frac{(n-2)n(n+1)(n+3)}{4!}c_0$$

$$c_5 = -\frac{(n-3)(n+4)}{5 \cdot 4}c_3 = \frac{(n-3)(n-1)(n+2)(n+4)}{5!}c_1$$

$$c_6 = -\frac{(n-4)(n+5)}{6 \cdot 5}c_4 = -\frac{(n-4)(n-2)n(n+1)(n+3)(n+5)}{6!}c_0$$

$$c_7 = -\frac{(n-5)(n+6)}{7 \cdot 6}c_5$$

$$= -\frac{(n-5)(n-3)(n-1)(n+2)(n+4)(n+6)}{7!}c_1$$

$$\vdots$$

所以，在 $|x| < 1$ 中，吾人可得兩個線性獨立的冪級數解：

$$y_1(x) = c_0\left[1 - \frac{n(n+1)}{2!}x^2 + \frac{(n-2)n(n+1)(n+3)}{4!}x^4\right.$$

$$-\frac{(n-4)(n-2)n(n+1)(n+3)(n+5)}{6!}x^6+\cdots\Bigg] \quad （3）$$

和

$$y_2(x)=c_1\Bigg[x-\frac{(n-1)(n+2)}{3!}x^3+\frac{(n-3)(n-1)(n+2)(n+4)}{5!}x^5$$

$$-\frac{(n-5)(n-3)(n-1)(n+2)(n+4)(n+6)}{7!}x^7+\cdots\Bigg] \quad （4）$$

若 n 為正偶數，則 $y_1(x)$ 變成 n 階多項式，而 $y_2(x)$ 為無限級

數。例如，若 $n=2$ ，則 $y_1(x)=c_0\Bigg[1-\frac{2\cdot3}{2!}x^2\Bigg]$。

若 n 為正奇數，則 $y_2(x)$ 變成 n 階多項式，而 $y_1(x)$ 為無限級

數。例如，若 $n=3$ ，則 $y_2(x)=c_1\Bigg[x-\frac{2\cdot5}{3!}x^3\Bigg]$。

綜合上面的討論，當 n 為非負的整數時，吾人可獲得一個 n 階

多項式做為(1)式的解。

傳統上，吾人選擇 c_0 和 c_1 如下：

$$c_0=\begin{cases}1 & ,\quad n=0\\[2mm](-1)^{\frac{n}{2}}\dfrac{1\cdot3\cdots(n-1)}{2\cdot4\cdots n} & ,\quad n=2,4,6,\cdots\end{cases}$$

和

$$c_1=\begin{cases}1 & ,\quad n=1\\[2mm](-1)^{\frac{n-1}{2}}\dfrac{1\cdot3\cdots n}{2\cdot4\cdots(n-1)} & ,\quad n=3,5,7,\cdots\end{cases}$$

則從(3)式和(4)式及上面對於 c_0 和 c_1 的選擇，吾人可得最初數

個 **Legendre** 多項式，如下：

$$P_0(x) = 1 \qquad\qquad P_1(x) = x$$

$$P_2(x) = \frac{1}{2}(3x^2 - 1) \qquad\qquad P_3(x) = \frac{1}{2}(5x^3 - 3x)$$

$$P_4(x) = \frac{1}{8}(35x^4 - 30x^2 + 3) \qquad P_5(x) = \frac{1}{8}(63x^5 - 70x^3 + 15x)$$

這些 Legendre 多項式分別是(1)式中 $n = 0$ 至 $n = 5$ 之 Legendre 微分方程式之解。

Legendre 多項式具有下列的性質：（ $-1 \le x \le 1$ ）

（ i ） $P_n(-x) = (-1)^n P_n(x)$

（ ii ） $P_n(1) = 1$

（ iii ） $P_n(-1) = (-1)^n$

（ iv ） $P_n(0) = 0$ ，n $= 1, 3, 5, \cdots$

（ v ） $P_n'(0) = 0$ ，$n = 0, 2, 4, \cdots$

二. **Fourier-Legendre 級數**

從上面的討論，吾人可知道 Legendre 多項式 $P_n(x)$ 為 Legendre 微分方程式 $(1-x^2)y'' - 2xy' + n(n+1)y = 0$ ，n=0,1,2,$\cdots$；$x \in [-1,1]$ 的解。Legendre 方程式可寫成

$$\frac{d}{dx}\Big[(1-x^2)y'\Big] + n(n+1)y = 0 \qquad\qquad （5）$$

(5)式與附錄 8-A 中的(20)式作一比較，可得

$$r(x) = 1 - x^2 \text{ , } g(x) = 0 \text{ , } P(x) = 1 \text{ , } \lambda = n(n+1)$$

由於 $r(-1) = r(1) = 0$，所以依據附錄 8-A 中【定理 A(三)】，可得

$$\int_{-1}^{1} P_m(x)P_n(x)dx = 0 \text{ , } m \neq n \tag{6}$$

此外，吾人可證明

$$\int_{-1}^{1} P_n^2(x)dx = \frac{2}{2n+1} \tag{7}$$

所以，$f(x)$，$x \in [-1,1]$ 的 Fourier-Legendre 級數定義如下：

$$\boxed{f(x) = \sum_{n=0}^{\infty} c_n P_n(x)} \tag{8}$$

其中 $\boxed{c_n} = \dfrac{\displaystyle\int_{-1}^{1} f(x)P_n(x)dx}{\displaystyle\int_{-1}^{1} P_n^2(x)dx}$

$$\boxed{= \frac{2n+1}{2} \int_{-1}^{1} f(x)P_n(x)dx} \tag{9}$$

在應用時，Fourier-Legendre 級數常以另一種形式呈現。若令 $x = \cos\theta$，則 $dx = -\sin\theta \, d\theta$。所以(8)式和(9)式變成

$$F(\theta) \triangleq f(\cos\theta) = \sum_{n=0}^{\infty} c_n P_n(\cos\theta) \tag{10}$$

和

$$c_n = \frac{2n+1}{2} \int_0^{\pi} F(\theta)P_n(\cos\theta) \cdot \sin\theta \, d\theta \tag{11}$$

第九章

複變函數分析

前言

　　在基本代數學中，曾論及到複數 (complex number) 的存在及其一些性質。在工程數學中，如微分方程式、拉普拉斯轉換、矩陣、傅立葉分析等，也曾偶而會使用到複數的運算。本章主要分析的內容是以複數爲自變數的複變函數 (complex function) 爲主要對象。複變函數分析與實變函數分析雖有許多相似之處，但仍有許多有趣和一些奇特的差異。

　　複變函數分析的內容，包括複數、基本複變函數、複變函數之極限、連續和微分、複變函數的積分、級數及餘值定理 (residual theorem) 和複數函數之等角映射 (conformal mapping)及其應用。藉由本章的內容，學習者日後在研習電磁學和流體力學等相關課程時相當有助益。

§9-1 複數

在基本代數中，解一元二次方程式 $ax^2 + bx + c = 0$ 之根時，若判別式 $b^2 - 4ac < 0$ 則沒有實數根存在。所以吾人必須擴展一維的實數域至二維的複數域，才能表示上述方程式的根。

A. 複數的定義和基本運算性質

【定義一】（複數）

具有 $z = x + iy$ 形式的數，其中 x 和 y 為實數，而 i 為使 $i^2 = -1$ 的數者，稱為複數 (complex number)。

上述的 i 稱為虛單位 (imaginary unit)；x 稱為複數 z 的實部 (real part)，以 $x = \text{Re}(z)$ 記之；y 稱為複數 z 的虛部 (imaginary part)，以 $y = \text{Im}(z)$ 記之。

【定義二】（複數相等）

設 $z_1 = x_1 + iy_1$ 和 $z_2 = x_2 + iy_2$。若 $x_1 = x_2$ 且 $y_1 = y_2$，則 z_1 和 z_2 相等，即 $z_1 = z_2$。

複數的基本運算如下：

若 $z_1 = x_1 + iy_1$ 和 $z_2 = x_2 + iy_2$，則

i、 加法：$z_1 + z_2 = (x_1 + x_2) + i(y_1 + y_2)$

ii、 減法：$z_1 - z_2 = (x_1 - x_2) + i(y_1 - y_2)$

iii、 乘法：$z_1 \cdot z_2 = x_1 x_2 - y_1 y_2 + i(y_1 x_2 + x_1 y_2)$

iv、 除法： $\dfrac{z_1}{z_2} = \dfrac{x_1 x_2 + y_1 y_2}{x_2{}^2 + y_2{}^2} + i\dfrac{y_1 x_2 - x_1 y_2}{x_2{}^2 + y_2{}^2}$

這些算術運算滿足交換律、結合律和分配律，如下：

若 z_1, z_2 和 z_3 為任意數，則

i、 交換律：$z_1 + z_2 = z_2 + z_1$

$z_1 z_2 = z_2 z_1$

ii、 結合律：$z_1 + (z_2 + z_3) = (z_1 + z_2) + z_3$

$z_1(z_2 z_3) = (z_1 z_2) z_3$

iii、 分配律：$z_1(z_2 + z_3) = z_1 z_2 + z_1 z_3$

【定義三】（共軛運算）

若 $z = x + iy$ 為一複數，則 z 的複數共軛 (complex conjugate) 為 $\bar{z} = x - iy$。

有關共軛運算，有下列性質：

i、 $\overline{z_1 + z_2} = \overline{z_1} + \overline{z_2}$

ii、 $\overline{z_1 z_2} = \overline{z_1}\,\overline{z_2}$

iii、 $\overline{\left(\dfrac{z_1}{z_2}\right)} = \dfrac{\overline{z_1}}{\overline{z_2}}$

iv、 $\text{Re}(z) = \dfrac{1}{2}(z + \overline{z})$ ； $\text{Im}(z) = \dfrac{1}{2i}(z - \overline{z})$

B. 複數的極座標形式

複數 $z = x + iy$ 在直角座標系統中，可視爲一向量，其起始點爲座標原點，而終點爲 (x, y)。圖一所示的座標平面稱爲**複平面** (complex plane)或簡稱爲 z- 平面，其中水平軸爲實軸 (real axis)，而垂直軸稱爲虛軸 (imaginary axis)。

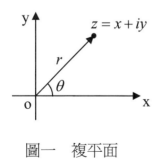

圖一　複平面

z 的**模值** (modulus)或**絕對值** (absolute value)定義爲

$|z| = \sqrt{x^2 + y^2}$ ，等於 z 向量的長度。事實上，$|z| = \sqrt{z \cdot \overline{z}}$ 。

複數也可以用極座標系統的參數 r 和 θ 來表示。由圖一可知，$x = r \cos \theta$ 和 $y = r \sin \theta$ 。所以複數 z 的極座標形式為

$$z = r(\cos \theta + i \sin \theta) \qquad (1)$$

其中 $r = |z|$ 為 z 的模值，而角度 θ 稱為 z 的 **幅角** (argument)，

記成 $\theta = \arg z$ ，為方程式 $\tan \theta = \dfrac{y}{x}$ 之根。由於幅角 θ 不唯一，

因此若 $-\pi < \theta \leq \pi$ ，則稱此幅角為 **主幅角** (principal

argument)，記成 $\operatorname{Arg} z$ 。例如 $\operatorname{Arg}(-i) = \dfrac{-\pi}{2}$ 。

【例 1】求 $z = 1 + i$ 的極座標形式。

解：$\because r = |z| = \sqrt{1^2 + 1^2} = \sqrt{2}$

$$\theta = \tan^{-1}\left(\frac{y}{x}\right) = \tan^{-1}\left(\frac{1}{1}\right) = \tan^{-1}(1) = \frac{\pi}{4}$$

$$\therefore z = r(\cos \theta + i \sin \theta)$$

$$= \sqrt{2}\left(\cos \frac{\pi}{4} + i \sin \frac{\pi}{4}\right)$$

∎

當複數以極座標方式表示時，對於乘法和除法的運算，特別方便。若 $z_1 = r_1(\cos \theta_1 + i \sin \theta_1)$ 和 $z_2 = r_2(\cos \theta_2 + i \sin \theta_2)$ ，則其乘除

運算的結果如下：

$$z_1 z_2 = r_1 r_2 \left[\cos(\theta_1 + \theta_2) + i \sin(\theta_1 + \theta_2) \right] \qquad (2)$$

$$\frac{z_1}{z_2} = \frac{r_1}{r_2} \left[\cos(\theta_1 - \theta_2) + i \sin(\theta_1 - \theta_2) \right] \qquad (3)$$

所以，從(2)和(3)式可得

$$\left| z_1 z_2 \right| = \left| z_1 \right| \left| z_2 \right| \quad , \quad \arg(z_1 z_2) = \arg z_1 + \arg z_2 \qquad (4)$$

$$\left| \frac{z_1}{z_2} \right| = \frac{\left| z_1 \right|}{\left| z_2 \right|} \quad , \quad \arg(\frac{z_1}{z_2}) = \arg z_1 - \arg z_2 \qquad (5)$$

若將(2)式延伸到 n 個複數 $z_1, z_2, \cdots, z_n$ 的乘積，則

$$z_1 \cdot z_2 \cdots z_n = r_1 r_2 \cdots r_n \left[\cos(\theta_1 + \theta_2 + \cdots + \theta_n) \right. \\ \left. + i \sin(\theta_1 + \theta_2 + \cdots + \theta_n) \right]$$

所以，當 $z_1 = z_2 = \cdots = z_n = z = r(\cos\theta + i\sin\theta)$ 時，上式可寫成

$$z^n = r^n (\cos n\theta + i \sin n\theta) \qquad (6)$$

當 $|z| = r = 1$ 時，(6)式可寫成

$$\boxed{(\cos\theta + i\sin\theta)^n = \cos n\theta + i \sin n\theta} \qquad (7)$$

(7)式稱爲 DeMoivre 公式，可以用來求複數的根。

【定義四】（複數的根）

　　若一複數 ω 滿足 $\omega^n = z$，其中 z 爲非零複數且 n 爲正整數，則 ω 稱爲複數 z 的 n 次方根 (nth root)，記成 $\omega = z^{\frac{1}{n}}$。

求 z 的 n 次方根時，可利用 DeMoivre 公式，其推導過程如下：

令 $\omega = \rho(\cos\phi + i\sin\phi)$ 為 $z = r(\cos\theta + i\sin\theta)$ 的 n 次方根。則

$$\omega^n = \rho^n(\cos n\phi + i\sin n\phi) = z = r(\cos\theta + i\sin\theta)$$

所以 $\rho^n = r$ 或 $\boxed{\rho = r^{\frac{1}{n}}}$ ；

和 $\cos n\phi = \cos\theta$, $\sin n\phi = \sin\theta$

由於正弦和餘弦函數具有週期為 2π 的性質，因此

$$n\phi = \theta + 2k\pi$$

或 $\boxed{\phi = \dfrac{\theta + 2k\pi}{n}}$ ；

其中 k 為任意整數，為了取得 n 個相異的 n 次方根，k 只需選擇為 $0, 1, 2, \cdots, n-1$。

綜合上面的討論，一個非零複數 $z = r(\cos\theta + i\sin\theta)$ 的 n 次方根 ω_k 可表示成

$$\omega_k = r^{\frac{1}{n}}\left[\cos\left(\frac{\theta + 2k\pi}{n}\right) + i\sin\left(\frac{\theta + 2k\pi}{n}\right)\right] \tag{8}$$

其中 $k = 0, 1, 2, \cdots, n-1$。ω_0 又稱為 z 的主 n 次方根 (principal nth root)，此乃因其使用 z 的主幅角 $(k = 0)$ 的緣故。

【例 2 】求 $z = i$ 的四次方根。

解：$\because z = i = \cos\dfrac{\pi}{2} + i\sin\dfrac{\pi}{2}$

$\therefore r = 1, \theta = \dfrac{\pi}{2}$

由(8)式，令 $n = 4$ ，可得

$$\omega_0 = 1^{\frac{1}{4}}\left[\cos\left(\dfrac{\pi/2}{4}\right) + i\sin\left(\dfrac{\pi/2}{4}\right)\right] = \cos\left(\dfrac{\pi}{8}\right) + i\sin\left(\dfrac{\pi}{8}\right)$$

$$\omega_1 = 1^{\frac{1}{4}}\left[\cos\left(\dfrac{\pi/2 + 2\pi}{4}\right) + i\sin\left(\dfrac{\pi/2 + 2\pi}{4}\right)\right]$$

$$= \cos\left(\dfrac{5\pi}{8}\right) + i\sin\left(\dfrac{5\pi}{8}\right)$$

$$\omega_2 = 1^{\frac{1}{4}}\left[\cos\left(\dfrac{\pi/2 + 4\pi}{4}\right) + i\sin\left(\dfrac{\pi/2 + 4\pi}{4}\right)\right]$$

$$= \cos\left(\dfrac{9\pi}{8}\right) + i\sin\left(\dfrac{9\pi}{8}\right)$$

$$\omega_3 = 1^{\frac{1}{4}}\left[\cos\left(\dfrac{\pi/2 + 6\pi}{4}\right) + i\sin\left(\dfrac{\pi/2 + 6\pi}{4}\right)\right]$$

$$= \cos\left(\dfrac{13\pi}{8}\right) + i\sin\left(\dfrac{13\pi}{8}\right)$$

C. 複數的幾何軌跡

假設 $z_0 = x_0 + iy_0$ 和 $z = x + iy$ 分別代表複平面上的兩個

點。由於 $|z - z_0| = \sqrt{(x - x_0)^2 + (y - y_0)^2}$ 代表 z 點和 z_0 點間的距

離,所以

■　$|z - z_0| = \rho$,$\rho > 0$

代表一圓,其圓心必爲 z_0 點,半徑爲 ρ 。

■　$|z - z_0| < \rho$,$\rho > 0$

代表 z_0 的**鄰域** (neighborhood) 或**開放碟** (open disk)。

■　$\rho_1 < |z - z_0| < \rho_2$,$\rho_2 > \rho_1 > 0$

表示**開放環** (open annulus)。

【例 3】求在複平面上,滿足 $|z|^2 + \text{Re}(z^2) = 2$ 之軌跡。

解:令 $z = x + iy$,則 $z^2 = x^2 + y^2 + i2xy$,

$|z^2| = x^2 + y^2$, $\text{Re}(z^2) = x^2 - y^2$

所以,方程式爲

$x^2 + y^2 + x^2 - y^2 = 2$

或 $|x| = 1$

其軌跡爲 $x=1$ 和 $x=-1$ 兩條垂直線。

■

常用的複數不等式如下：

$$|z_1 + z_2| \leq |z_1| + |z_2| \qquad\qquad （9）$$

$$|z_1 + z_2| \geq ||z_1| - |z_2|| \qquad\qquad （10）$$

習題（9－1節）

1. 求下列各式的值：

   (a) i^5 ，(b) $\dfrac{2+i}{1+i}$ ，(c) $(1+i)^3$

2. 利用 DeMoivre 公式，求

   (a) $(1+i)^9$ ，(b) $\left(\cos\dfrac{\pi}{4}+i\sin\dfrac{\pi}{4}\right)^5 \bigg/ \left[2\left(\cos\dfrac{\pi}{5}+i\sin\dfrac{\pi}{5}\right)\right]^{10}$

3. 利用 DeMoivre 公式，$(\cos\theta+i\sin\theta)^2 = \cos 2\theta + i\sin 2\theta$，推導 $\cos 2\theta$ 和 $\sin 2\theta$ 的恆等式。

4. 求下列複數之主幅角

   (a) $-i$ ，(b) $\dfrac{2}{1-i}$

5. 證明(9)式和(10)式。

6. 利用數學歸納法，證明二項式定理：

$$(z_1 + z_2)^n = \sum_{j=0}^{n} \binom{n}{j} z_1^{n-j} z_2^{j} \quad , \quad n = 1, 2, \cdots$$

7. 求下列複數的所有根：

(a) 8 的三次方根，(b) $1+i$ 的四次方根

8. 求下列方程式的軌跡：

(a) $0 \le \arg(z) \le \dfrac{\pi}{2}$ ，(b) $z^2 + \bar{z}^2 = 1$

§9-2 複數函數之極限、連續與微分

A. 複變函數

　　所謂函數 f 就是一種映射 (mapping) 規則，將定義域 (domain) 的元素於值域 (range) 中指定與其對應的單一元素。當定義域為複數 z 的集合時，吾人可稱 $f(z)$ 為 **複變函數** (complex function)。若 $\omega = f(z)$，則 ω 值會隨著 z 值變化而改變；意即 ω 的實部 u 和虛部 v 分別為 x 和 y 的函數：

$$\boxed{\omega = f(z) = u(x, y) + iv(x, y)}$$ （ 1 ）

例如， $f(z) = z^2 - \overline{z} = (x + iy)^2 - (x - iy)$

$$= (x^2 - y^2 - x) + i(y + 2xy)$$

可知， $u(x, y) = x^2 - y^2 - x$ 和 $v(x, y) = y + 2xy$ 。

基本上，吾人無法畫出(1)式的圖形，此乃因為需要四個軸

(x-,y-,u-,v- 軸)的四維座標系統之故。但是，我們可以將(1)式視為

從 z- 平面到 ω- 平面的映射轉換，如圖二所示。

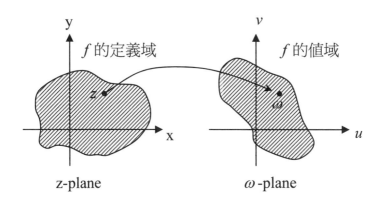

圖二

B. 極限與連續

複變函數的極限定義如下：

【定義五】（函數的極限）

　　設 $f(z)$ 定義於 z_0 的某一鄰域（ z_0 點可除外）。若對於每

一正數 $\in$ 而言，存在一正數 δ ，使得不論是在 z_0 的鄰域，

$0 < |f(z) - \omega_0| < \delta$ ，上的任一點 z ，其函數值 $f(z)$ 均在 ω_0 的

鄰域 $|f(z) - w_0| < \in$ 上，則稱 ω_0 為 $f(z)$ 在 $z \to z_0$ 之極限

(limit)，記成

$$\lim_{z \to z_0} f(z) = \omega_0 \qquad\qquad （2）$$

　　基本上，複變函數與實變函數的極限，定義不同之處在

於 z 趨近於 z_0 的方式。對於實變函數 $f(x)$ 而言， $x \to x_0$ 是在

實數線 (real line) 上由 x_0 的左方或右方趨近。當我們說

$\lim\limits_{x \to x_0} f(x)$ 存在時，係指無論 x 從這兩個方向中的任一方向趨

近 x_0 時，函數值 $f(x)$ 趨近於同一值。對於複變函數 $f(z)$ 而

言， $\lim\limits_{z \to z_0} f(z)$ 存在係指當 z 從任何方向趨近於 z_0 時，函數值

$f(z)$ 趨近於同一值。

【定理一】（極限的基本定理）

　　若 $\omega = f(z) = u(x, y) + iv(x, y)$ ， $z_0 = x_0 + iy_0$ ，

$\omega_0 = u_0 + iv_0$ ，則

$$\lim_{z \to z_0} f(z) = u_0 + iv_0$$

$$\Leftrightarrow \lim_{\substack{x \to x_0 \\ y \to y_0}} u(x, y) = u_0 \quad 且 \quad \lim_{\substack{x \to x_0 \\ y \to y_0}} v(x, y) = v_0$$

複變函數具有與實變函數相同的極限性質：

【定理二】（和、積、商的極限）

若 $\lim\limits_{z \to z_0} f(z) = \omega_1$ 和 $\lim\limits_{z \to z_0} g(z) = \omega_2$，則

(a) $\lim\limits_{z \to z_0} \left[f(z) + g(z) \right] = \omega_1 + \omega_2$

(b) $\lim\limits_{z \to z_0} f(z) g(z) = \omega_1 \omega_2$

(c) $\lim\limits_{z \to z_0} \dfrac{f(z)}{g(z)} = \dfrac{\omega_1}{\omega_2}$ ， $\omega_2 \neq 0$

【例1】利用【定理一】求 $\lim\limits_{z \to 1+i} \operatorname{Re}(z^2)$ 之值。

解：$\because \operatorname{Re}(z^2) = \operatorname{Re}\left[(x + iy)^2 \right]$

$$= \operatorname{Re}\left[(x^2 - y^2) + i2xy \right] = x^2 - y^2$$

$z \to 1 + i$ 相當於 $x \to 1$ 且 $y \to 1$

$\therefore \lim\limits_{z \to 1+i} \operatorname{Re}(z^2) = \lim\limits_{\substack{x \to 1 \\ y \to 1}} (x^2 - y^2) = 0$

【例2】利用【定理二】，求 $\lim\limits_{z \to i} \dfrac{iz^2 - 1}{z + i}$ 之值。

解：$\lim\limits_{z \to i} \dfrac{iz^2 - 1}{z + i} = \dfrac{\lim\limits_{z \to i}(iz^2 - 1)}{\lim\limits_{z \to i}(z + i)} = \dfrac{i \cdot \left(\lim\limits_{z \to i} z \right)^2 - 1}{\lim\limits_{z \to i} z + i}$

$$= \frac{i \cdot i^2 - 1}{i + i} = \frac{-i - 1}{2i} = \frac{-1}{2} + \frac{1}{2}i$$

■

【定義六】（連續）

若 $\lim\limits_{z \to z_0} f(z) = f(z_0)$，則稱 f 在 z_0 點爲連續 (continuous)。

從【定理二】可知，若兩個函數 $f(z)$ 和 $g(z)$ 在 z_0 點爲連續，則其和 $f(z) + g(z)$ 與乘積 $f(z)g(z)$ 在 z_0 點也都連續。所以，對於一 n 階多項式 $f(z) = a_0 + a_1 z + \cdots + a_n z^n$ 而言，在整個 z-平面上每一點皆爲連續。對於有理函數 (rational function) $q(z) = \dfrac{f(z)}{g(z)}$，其中 f 和 g 均爲多項式，而言，$q(z)$ 除了在使分母 $g(z)$ 爲零的點之外，在其餘點皆爲連續。

C. 複變函數的微分

複變函數 $f(z)$ 在 z_0 點的導數 (derivative) 定義如下

【定義七】（導數）

若 $\lim\limits_{\Delta z \to 0} \dfrac{f(z_0 + \Delta z) - f(z_0)}{\Delta z}$ 存在，則稱 $f(z)$ 在 z_0 點之導數

(derivative)為

$$f'(z_0) = \lim\limits_{\Delta z \to 0} \frac{f(z_0 + \Delta z) - f(z_0)}{\Delta z} \tag{3}$$

，又稱 $f(z)$ 在 z_0 點可微分 (differentiable)。

就如同實變函數的情形，若複變函數於 z_0 點可微分，則

在該點為連續。此外，下面的微分公式也成立：

【定理三】（微分性質）

若 $f(z)$ 和 $g(z)$ 在 z 點可微分，α 為複常數，則

(a) $(f+g)'(z) = f'(z) + g'(z)$

(b) $(\alpha f)'(z) = \alpha \cdot f'(z)$

(c) $(fg)'(z) = f'(z)g(z) + f(z)g'(z)$

(d) 若 $g(z) \neq 0$，則 $\left(\dfrac{f}{g}\right)'(z) = \dfrac{f'(z)g(z) - f(z)g'(z)}{g^2(z)}$

(e) (chain rule)

$$\frac{d}{dz} f(g(z)) = f'(g(z)) \cdot g'(z)$$

【例3】求 $f(z) = z^n$ 的導數，n 為正整數。

解：利用二項式定理 (binomial theorem)，

$$(z + \Delta z)^n = \sum_{j=0}^{n} \binom{n}{j} z^{n-j} \Delta z^j \text{ ，可得}$$

$$f'(z) = \lim_{\Delta z \to 0} \frac{(z + \Delta z)^n - z^n}{\Delta z}$$

$$= \lim_{\Delta z \to 0} \frac{\sum_{j=0}^{n} \binom{n}{i} z^{n-j} \Delta z^j - z^n}{\Delta z}$$

$$= \lim_{\Delta z \to 0} \frac{z^n + \binom{n}{1} z^{n-1} \Delta z + \sum_{j=2}^{n} \binom{n}{j} z^{n-j} \Delta z^j - z^n}{\Delta z}$$

$$= \lim_{\Delta z \to 0} \left[\binom{n}{1} z^{n-1} + \sum_{j=2}^{n} \binom{n}{j} z^{n-j} \Delta z^{j-1} \right]$$

$$= \binom{n}{1} z^{n-1} + \lim_{\Delta z \to 0} \sum_{j=2}^{n} \binom{n}{j} z^{n-j} \Delta z^{j-1}$$

$$= nz^{n-1} + 0$$

$$= nz^{n-1}$$

∎

【例 4】 證明 $f(z) = \overline{z}$ 在複平面上任何一點皆不可微分。

解： $f'(z) = \lim_{\Delta z \to 0} \frac{\overline{z + \Delta z} - \overline{z}}{\Delta z}$

$= \lim_{\Delta z \to 0} \frac{\overline{z} + \overline{\Delta z} - \overline{z}}{\Delta z} = \lim_{\Delta z \to 0} \frac{\overline{\Delta z}}{\Delta z}$

若 Δz 沿著 x 軸趨近於零，則 Δz 為實數。

所以，$\overline{\Delta z} = \Delta z$　導致　$\lim\limits_{\Delta z \to 0} \dfrac{\overline{\Delta z}}{\Delta z} = 1$。

若 Δz 沿著 y 軸趨近於零，則 Δz 為純虛數，即

$\Delta z = ik$　，k 為實數。

所以，$\overline{\Delta z} = -ik$ 導致　$\lim\limits_{\Delta z \to 0} \dfrac{\overline{\Delta z}}{\Delta z} = -1$

由於這兩種情形下，極限值不同，所以 $f(z) = \overline{z}$ 不可微分。

複變函數的可微分條件，比實變函數的可微分條件嚴苛許多，此乃因為極限值 $\lim\limits_{z \to z_0} \dfrac{f(z_0 + \Delta z) - f(z_0)}{\Delta z}$ 無論 z 從哪個方向趨近 z_0，其值必須相同。雖然複變函數的可微分條件比較嚴苛，但仍然存在一種類型的複變函數，稱為**解析函數** (analytic function) 其可解析條件比可微分條件更嚴苛。以下是解析的定義。

【定義八】（解析）

若一複數函數 $\omega = f(z)$ 在 z_0 點和其某一鄰域的每一點均可微分，則稱此函數於 z_0 點**解析** (analytic)。

　　根據解析的定義，於某一點解析是一個鄰域的性質。所以，於某一點解析和和於某一點可微分是有所不同的。下面以兩個例子，加以說明。

【例 5 】證明 $f(z) = |z|^2$ 於 $z = 0$ 可微分，但不可解析。

　　證：由(3)式，分成 $z = 0$ 和 $z \neq 0$ 兩種情形來討論：

(i) $z = 0$

$$
\begin{aligned}
f'(0) &= \lim_{\Delta z \to 0} \frac{|0 + \Delta z|^2 - |0|^2}{\Delta z} \\
&= \lim_{\Delta z \to 0} \frac{\Delta z \cdot \overline{\Delta z}}{\Delta z} \\
&= \lim_{\Delta z \to 0} \overline{\Delta z} \\
&= 0
\end{aligned}
$$

　　上式中，無論 Δz 從任何方向趨近於 0，其極限值均相同，為 0。所以 $f(z) = |z|^2$ 於 $z = 0$ 可微分。

(ii) $z \neq 0$

$$
\begin{aligned}
f'(z) &= \lim_{\Delta z \to 0} \frac{|z + \Delta z|^2 - |z|^2}{\Delta z} \\
&= \lim_{\Delta z \to 0} \frac{(z + \Delta z)(\overline{z} + \overline{\Delta z}) - z \cdot \overline{z}}{\Delta z}
\end{aligned}
$$

$$= \lim_{\Delta z \to 0} \frac{\Delta z \cdot \bar{z} + z \cdot \overline{\Delta z} + \Delta z \cdot \overline{\Delta z}}{\Delta z}$$

$$= \lim_{\Delta z \to 0} \left(\bar{z} + z \cdot \frac{\overline{\Delta z}}{\Delta z} + \overline{\Delta z} \right)$$

$$= \bar{z} + z \lim_{\Delta z \to 0} \left(\frac{\overline{\Delta z}}{\Delta z} \right) + 0$$

由【例 4】的結果得知，$\lim_{\Delta z \to 0} \left(\dfrac{\overline{\Delta z}}{\Delta z} \right)$ 的值，在 Δz

沿著水平軸和垂直軸曲近於 0 時，是不相同的。所

以，$f(z) = |z|^2$ 於 $z \neq 0$ 是不可微分的。

由解析的定義得知，雖然 $f(z)$ 於 $z = 0$ 可微分，

但於 $z = 0$ 的鄰域上的任何一點，均不可微分，故

$f(z)$ 於 $z = 0$ 點不可解析。

∎

【例 6】 證明 $f(z) = z^2$ 於複平面上任何一點均可微分，且可

解析。

證： 由【例 3】已證明，$f'(z) = 2z$ 是存在的，故

$f(z) = z^2$ 於複平面上任何一點均可微分。此外，由

解析的定義，可知 $f(z) = z^2$ 於複平面上任何一點均

可解析。

一函數若在複平面上每一個點均可解析，則稱此函數爲**全函數** (entire function)。由於多項式在複平面上每一點均可微分(故也可解析)，所以爲全函數。下面討論複變函數是否可微分或解析的準則。首先，說明可微分或解析的必要條件如下面定理所述：

【定理四】（可微分或解析的必要條件）

若 $f(z) = u(x, y) + iv(x, y)$ 於 $z = x + iy$ 點可微分，且在 z 點的某一鄰域爲連續，則 u 和 v 的一階偏導數於 z 點存在，且滿足 Cauchy-Riemann 方程式：

$$\frac{\partial u}{\partial x} = \frac{\partial v}{\partial y} \quad 且 \quad \frac{\partial u}{\partial y} = -\frac{\partial v}{\partial x} \tag{4}$$

證：$\because f(z)$ 於 z 點可微分

$$\therefore f'(z) = \lim_{\Delta z \to 0} \frac{f(z + \Delta z) - f(z)}{\Delta z}$$

$$= \lim_{\Delta z \to 0} \frac{u(x + \Delta x, y + \Delta y) + iv(x + \Delta x, y + \Delta y) - u(x, y) - iv(x, y)}{\Delta x + i\Delta y}$$

存在。

當 Δz 由水平方向趨近於 0 時，$\Delta z = \Delta x$ 且 $\Delta y = 0$。所以，

$$f'(z) = \lim_{\Delta z \to 0} \frac{u(x + \Delta x, y) - u(x, y)}{\Delta x} + i \lim_{\Delta z \to 0} \frac{v(x + \Delta x, y) - v(x, y)}{\Delta x}$$

$$= \frac{\partial u}{\partial x} + i \frac{\partial v}{\partial x} \qquad \qquad （5）$$

由於 $f'(z)$ 存在，所以 $\frac{\partial u}{\partial x}$ 和 $\frac{\partial v}{\partial x}$ 也存在。

當 Δz 由垂直方向趨近於 0 時，$\Delta z = i\Delta y$ 且 $\Delta x = 0$。所以，

$$f'(z) = \lim_{\Delta y \to 0} \frac{u(x, y + \Delta y) - u(x, y)}{i\Delta y} + i \lim_{\Delta y \to 0} \frac{v(x, y + \Delta y) - v(x, y)}{i\Delta y}$$

$$= -i \frac{\partial u}{\partial y} + \frac{\partial v}{\partial y} \qquad \qquad （6）$$

由於 $f'(z)$ 存在，所以 $\frac{\partial u}{\partial y}$ 和 $\frac{\partial v}{\partial y}$ 也存在。此外，從(6)式和

(5)式，可得(4)式。

〔註〕1. 【定理四】中的已知條件只論及於 z 點可微

分，而於其鄰域並沒有可微分的要求，故此定

理可視爲可微分的必要條件。然而，若將【定

理四】中的已知條件擴展到 z 點及某一鄰域可微分

(即於 z 點解析)時，(4)式必然也成立。因此，此定

理也可視爲解析的必要條件。

2. 從【定理四】得知，若複變函數不滿足 Cauchy-

Riemann 方程式，則此函數不可微分，也必然不可

解析。

3. 由於(5)式和(6)式是在 $f(z)$ 於 z 點可微分的條件下

得到的，因此微分公式可寫成

$$f'(z) = \frac{\partial u}{\partial x} + i\frac{\partial v}{\partial x} = \frac{\partial v}{\partial y} - i\frac{\partial u}{\partial y}$$ 。

【例 7】證明 $f(z) = z \cdot \text{Re}(z)$ 於 $z \neq 0$ 時，不可微分，但於 $z = 0$

時可微分。此外，於複平面上任何一點均不可解析。

證：$\because f(z) = (x + iy) \cdot \text{Re}(x + iy)$

$\qquad = (x + iy)x$

$\qquad = x^2 + ixy$

$\therefore u = x^2$, $v = xy$

$\therefore \dfrac{\partial u}{\partial x} = 2x$, $\dfrac{\partial v}{\partial y} = x$

且 $\dfrac{\partial u}{\partial y} = 0$, $\dfrac{\partial v}{\partial x} = y$

　　由上面結果得知，只在 $x = 0$ 且 $y = 0$ 時才會滿足

Cauchy-Riemann 方程式，所以由【定理四】可說明

$f(z) = z \cdot \text{Re}(z)$ 於 $z \neq 0$ 時不可微分，當然也不可解

析。

　　此函數於 $z = 0$ 時可微分，證明如下：

　　由於

$$f'(0) = \lim_{\Delta z \to 0} \frac{f(0 + \Delta z) - f(0)}{\Delta z}$$

$$= \lim_{\triangle z \to 0} \frac{\triangle z \cdot \text{Re}(\triangle z) - 0}{\triangle z}$$

$$= \lim_{\triangle z \to 0} \text{Re}(\triangle z) = 0$$

存在，故 $f(z)$ 於 $z = 0$ 點可微分，但於其鄰域任何一點均不可微分，因此，於 $z = 0$ 不可解析。綜合上面的討論，此函數於複平面上任何一點均不可解析。

【例 8】證明 $f(z) = x^2 - x + y + i(y^2 - 5y - x)$ 於任何一點均不可解析。

證：$\because u(x, y) = x^2 - x + y$

$\qquad v(x, y) = y^2 - 5y - x$

$\therefore \dfrac{\partial u}{\partial x} = 2x - 1$, $\dfrac{\partial v}{\partial y} = 2y - 5$

且 $\dfrac{\partial u}{\partial y} = 1$, $\dfrac{\partial v}{\partial x} = -1$

所以，$\dfrac{\partial u}{\partial y} = 1 = -\dfrac{\partial v}{\partial x}$ ，但 $\dfrac{\partial u}{\partial x} = \dfrac{\partial v}{\partial y}$ 成立的條件需在 $y = x + 2$ 的直線上才成立。因此，$f(z)$ 在此直線外的任一點均不可微分。然而，在此直線上的任何一點，均沒有任何鄰域，使 $f(z)$ 可微分，所以，總結來說，f 於任何一點均不可解析。

　　從【定理四】的證明中得知，僅考慮 Δz 於水平和垂直方向趨近於零時，可得到 Cauchy-Riemann 方程式。所以，滿足 Cauchy-Riemann 方程式尚不足以構成可解析的充分條件。然而若加入 u, v 和其四個一階偏導數爲連續的條件，則 Cauchy-Riemann 方程式的成立可構成解析的充分條件。由於其證明相當冗長，故予以省略。

　　以下說明可解析的充分條件 (判定可解析的準則) 之定理：

【定理五】（可解析的充分條件）

　　設實函數 $u(x, y)$ 和 $v(x, y)$ 於一開放連結的集合(domain) D 爲連續，且其四個一階偏導數於 D 內均連續。若 u 和 v 在 D 內所有點均滿足 Cauchy-Riemann 方程式，則複變函數 $f(x, y) = u(x, y) + iv(x, y)$ 於 D 內爲可解析。

　　有關可微分的充分條件(判定可微分的準則)之定理與【定理五】類似，說明如下：

【定理六】（可微分的充分條件）

　　設實函數 $u(x, y)$ 和 $v(x, y)$ 於 z 點的某一鄰域爲連續，且其四個一階偏導數於此鄰域內均連續。若 u 和 v 在 z 點滿足

Cauchy-Riemann 方程式，則複變函數

$f(x, y) = u(x, y) + iv(x, y)$ 在 z 點可微分且其導數為

$$f'(z) = \frac{\partial u}{\partial x} + i\frac{\partial v}{\partial x} = \frac{\partial v}{\partial y} - i\frac{\partial u}{\partial y} \tag{7}$$

【例 9】證明多項式 $f(z) = az^2 + bz + c$，其中 a, b, c 為常數於

複平面上為可解析函數(全函數)。

證：$f(z) = a(x + iy)^2 + b(x + iy) + c$

$\qquad = ax^2 - ay^2 + bx + c + i(2axy + by)$

$\therefore u = ax^2 - ay^2 + bx + c$ ， $v = 2axy + by$

$\dfrac{\partial u}{\partial x} = 2ax + b$ ， $\dfrac{\partial v}{\partial y} = 2ax + b$

$\dfrac{\partial u}{\partial y} = -2ay$ ， $\dfrac{\partial v}{\partial x} = 2ay$

由於 $u, v, \dfrac{\partial u}{\partial x}, \dfrac{\partial v}{\partial y}, \dfrac{\partial u}{\partial y}, \dfrac{\partial v}{\partial x}$ 於複平面上皆為連續，

而且 $\dfrac{\partial u}{\partial x} = \dfrac{\partial v}{\partial y}$ 和 $\dfrac{\partial u}{\partial y} = -\dfrac{\partial v}{\partial x}$，所以由【定理五】可知，

$f(z)$ 為全函數。 ■

【例 10】證明【例 8】的複變函數於 $y = x + 2$ 直線上可微

分。

證：從【例 8】的推導過程得知，在 $y = x+2$ 直線上

的點滿足 Cauchy-Riemann 方程式。此外，

$u, v, \dfrac{\partial u}{\partial x}, \dfrac{\partial v}{\partial y}, \dfrac{\partial u}{\partial y}$ 和 $\dfrac{\partial v}{\partial x}$ 在此直線上每一點的鄰域皆

爲連續，故由【定理六】得知，

$f(z) = x^2 - x + y + i(y^2 - 5y - x)$ 於 $y = x+2$ 直線上

可微分。

解析函數和第八章的拉普拉斯(Laplace)方程式有非常密

切的關係。也就因爲有此關係，使得複變函數分析對於應用

數學更加重要。在說明解析函數和 Laplace 方程式的關係之

前，先定義調諧 (harmonic function) 函數如下：

【定義】（調諧函數）

　　若一實變函數 $\phi(x, y)$ 於開放連結集合 D 內有連續的二階

偏導數，且滿足 Laplace 方程式，$\dfrac{\partial^2 \phi}{\partial x^2} + \dfrac{\partial^2 \phi}{\partial y^2} = 0$，則稱 ϕ 於 D

內爲調諧函數。

【定理七】

　　若複變函數 $f(z) = u(x, y) + iv(x, y)$ 於開放連結集合 D 內

爲解析，則 $u(x, y)$ 和 $v(x, y)$ 均爲調諧函數。

證：在此證明內，我們將假設 u 和 v 有連續的二階偏導數。

由於 f 為解析函數，所以 Cauchy-Riemann 方程式成立：

$$\frac{\partial u}{\partial x} = \frac{\partial v}{\partial y} \quad 且 \quad \frac{\partial u}{\partial y} = -\frac{\partial v}{\partial x} \text{ 。}$$

將 $\frac{\partial u}{\partial x} = \frac{\partial v}{\partial y}$ 兩邊對 x 偏微分，得

$$\frac{\partial^2 u}{\partial x^2} = \frac{\partial^2 v}{\partial x \partial y}$$

將 $\frac{\partial u}{\partial y} = -\frac{\partial v}{\partial x}$ 兩邊，對 y 偏微分，得

$$\frac{\partial^2 u}{\partial y^2} = -\frac{\partial^2 v}{\partial x \partial y}$$

所以，$\frac{\partial^2 u}{\partial x^2} + \frac{\partial^2 u}{\partial y^2} = \frac{\partial^2 v}{\partial x \partial y} - \frac{\partial^2 v}{\partial x \partial y} = 0$ ，故 u 為調諧函數。

同理可以證明 v 也為調諧函數。

■

從【定理七】得知，若 $f(z) = u(x, y) + iv(x, y)$ 為解析函數，則 u 和 v 為調諧函數。現在，假設調諧函數 u 為已知，吾人欲找到另一調諧函數 v，使得 $u + iv$ 為解析函數。此函數 v 稱為 u 的共軛調諧函數 (conjugate harmonic function)。

【例11】(a)證明 $u(x, y) = y(x-1)$ 於複平面上為調諧函數。

(b)求 u 的共軛調諧函數。

證：(a) $\because \frac{\partial u}{\partial x} = y$ ， $\frac{\partial u}{\partial y} = x-1$

$$\therefore \frac{\partial^2 u}{\partial x^2} + \frac{\partial^2 u}{\partial y^2} = \frac{\partial}{\partial x}(y) + \frac{\partial}{\partial y}(x-1) = 0 + 0 = 0$$

且 $\dfrac{\partial^2 u}{\partial x^2} = 0$ 和 $\dfrac{\partial^2 u}{\partial y^2} = 0$ 均為連續，

故 u 於複平面上為調諧函數。

(b)欲求 u 的共軛調諧函數 v，則 v 必須滿足

Cauchy-Riemann 方程式，即

$$\frac{\partial v}{\partial y} = \frac{\partial u}{\partial x} = y$$

且 $\quad \dfrac{\partial v}{\partial x} = -\dfrac{\partial u}{\partial y} = -(x-1) = 1-x$

將 $\dfrac{\partial v}{\partial y} = y$ 兩邊對 y 積分，得

$$v = \frac{1}{2}y^2 + k(x)$$

將上式，對 x 偏為分，得

$$\frac{\partial v}{\partial x} = k'(x)$$

$$\therefore k'(x) = 1-x$$

$$\therefore k(x) = x - \frac{1}{2}x^2 + c$$

$$\therefore v = \frac{1}{2}y^2 - \frac{1}{2}x^2 + x + c \text{，} c \text{ 為任意常數。}$$

習題（9－2節）

1. 將下列複變函數表示成 $f(z) = u + iv$ 的形式：

   (a) $\dfrac{z}{z+1}$ ，(b) $|z|^2 + i\bar{z}$

2. 求下列函數的極限值：

   (a) $\lim\limits_{z \to i} \dfrac{z^2+1}{z-i}$ ，(b) $\lim\limits_{z \to 1+i} z^5$

3. 求下列函數的微分 $f'(z)$：

   (a) $f(z) = \left(z^2 + i\right)^3$ ，(b) $f(z) = \dfrac{z+1}{3z+i}$

4. 證明下列函數在任何點均不可解析：

   (a) $f(z) = \mathrm{Re}(z)$ ，(b) $f(z) = \dfrac{1}{|z|^2}$

5. 利用【定理五】，證明下列函數於某一開放連續集合為解析：

   (a) $f(z) = e^x \cos y + i e^x \sin y$ ，(b) $f(z) = \dfrac{x}{x^2+y^2} - i\dfrac{y}{x^2+y^2}$

6. 利用(7)式，求 $f(z) = e^x \cos y + i e^x \sin y$ 的導數。

7. 驗證下列函數為調諧函數，並求其共軛調諧函數：

   (a) $u(x, y) = x$ ，(b) $u(x, y) = \ln(x^2 + y^2)$

8. 下列函數中，指出不可解析的點：

   (a) $f(z) = \dfrac{z}{z-i}$ ，(b) $f(z) = \dfrac{3z+2}{z^2+4}$

§9-3 基本複變數函數

本節將介紹以複數 z 為自變數的指數 (exponential)、對數 (logarithmic)、三角 (trigonometric)和雙曲線 (hyperbolic)函數。雖然這些函數的定義是沿襲對應的實變函數，但有些複變函數的性質，卻會令人意想不到。

A. 指數函數

以實數為變數的指數函數 $f(x) = e^x$ 係以 Maclaurin 級數來定義：

$$e^x = \sum_{n=0}^{\infty} \frac{x^n}{n!}$$

所以，若將上式中的 x 改成複數 z，則可得指數函數的定義：

【定義十】（指數函數）

$$e^z = \sum_{n=0}^{\infty} \frac{x^z}{n!} \tag{1}$$

如此一來當 $z = x + iy$ 為實數 x $(y = 0)$ 時，e^z 變成 e^x，保有原來實數指數函數的性質。以下說明指數函數的性質。

性質一：（尤拉公式）$e^{iy} = \cos y + i \sin y$，$y$ 為任何實數（2）

證：當 $z = iy$ 為純虛數時，(1)式變成

$$e^{iy} = \sum_{n=0}^{\infty} \frac{(iy)^n}{n!}$$

$$= 1 + iy + \frac{(iy)^2}{2!} + \frac{(iy)^3}{3!} + \frac{(iy)^4}{4!} + \cdots$$

$$= \left(1 - \frac{y^2}{2!} + \frac{y^4}{4!} - \cdots\right) + i\left(y - \frac{y^3}{3!} + \frac{y^5}{5!} - \cdots\right)$$

$$= \cos y + i \sin y$$

■

性質二：$\dfrac{d}{dz}\left(e^z\right) = e^z$　，z 為任何複數 　　　　（3）

證：若將(1)式兩邊，對 z 微分可得

$$\frac{d}{dz}\left(e^z\right) = \sum_{n=1}^{\infty} \frac{1}{n!} n z^{n-1} = \sum_{n=1}^{\infty} \frac{1}{(n-1)!} z^{n-1} = \sum_{n=0}^{\infty} \frac{z^n}{n!} = e^z$$

■

性質三：$e^{z+\omega} = e^z \cdot e^\omega$　，z 和 ω 為任何複數 　　　（4）

證：對於所有複數 z 而言，定義 $g(z) = e^z \cdot e^{u-z}$，其中 u 為任

一固定的複數。則由鏈結法則 (chain rule) 和(3)式，可

得

$$g'(z) = e^z \cdot e^{u-z} - e^z \cdot e^{u-z} = 0$$

所以，$g(z)$ 爲常數 K。故 $g(0) = e^0 \cdot e^{u-0} = K$ 或 $K = e^u$。

這也說明 $e^z \cdot e^{u-z} = e^u$。

■

性質四：$e^z = e^x(\cos y + i \sin y)$　　　　　　　　　（5）

證：由性質一和三，可得

$$e^z = e^{x+iy} = e^x \cdot e^{iy} = e^x(\cos y + i \sin y)。$$

■

性質五：e^z 爲全函數。

證：由(5)式得，e^z 的實部爲 $u(x, y) = e^x \cos y$，虛部爲

$v(x, y) = e^x \sin y$。所以，u 和 v 及其一階偏導數在複平面

上的所有點均爲連續。此外，

$$\frac{\partial u}{\partial x} = e^x \cos y = \frac{\partial v}{\partial y} \quad 且 \quad \frac{\partial u}{\partial y} = -e^x \sin y = -\frac{\partial v}{\partial x}$$

故 e^z 滿足 Cauchy-Riemann 方程式。所以，由【定理五】

得知，$f(z) = e^z$ 於整個複平面爲解析，換言之，爲全函

數。

■

性質六：e^z 爲週期函數，其週期爲 $2\pi i$。

證：由於 $e^{2\pi i} = \cos 2\pi + i \sin 2\pi = 1$，所以由(4)式可得，

$$e^{z+2\pi i} = e^z \cdot e^{2\pi i} = e^z$$

故得證。

■

> 性質七：複數 z 的極座標形式可表示成
>
> $$z = re^{i\theta} \tag{6}$$

證：已知複數 z 的極座標形式爲 $z = r(\cos\theta + i\sin\theta)$。利用尤拉公式 $e^{i\theta} = \cos\theta + i\sin\theta$，可得 $z = re^{i\theta}$。

B. 對數函數

一複數 $z = x + iy \ (z \neq 0)$ 的對數 (logarithm) ω 爲滿足 $z = e^{\omega}$ 的根。

令 $z = re^{i\theta}$ 和 $\omega = u + iv$。則

$$re^{i\theta} = e^{u+iv} = e^u \cdot e^{iv}$$

所以， $r = e^u \ \Rightarrow \ u = \ln r = \ln|z|$

且 $iv = i\theta + n(2\pi i)$， n 爲任意整數，此乃因 e^z 爲週期 $2\pi i$ 的週期函數之故。解之，得 $v = \theta + 2n\pi = \arg(z)$。

總結上面的討論，吾人可以定義對數函數如下：

> ## 【定義十一】（對數函數）
>
> 若 z 爲非零的複數，則對數函數爲
>
> $$\ln z = \ln|z| + i\arg(z) \tag{7}$$

由(7)式可知，$\ln z$ 爲多值數，此乃因 z 的幅角 $\arg(z)$ 爲多值之故。此外，負值的對數也存在。

【例1】求 $\ln(-1)$ 之值。

解： $\because z = -1$

$\therefore |z| = 1$ 且 $\arg(z) = \pi + 2n\pi$ ， n 爲任意整數。

由(7)式可得，

$\ln(-1) = \ln 1 + i(\pi + 2n\pi)$

$\qquad = i(2n+1)\pi \qquad$ ， n 爲任意整數。

■

【例2】求滿足 $e^z = 1 + 2i$ 的所有 z 值。

解：此題相當於求 $z = \ln(1+2i)$ 。

$\because |1+2i| = \sqrt{5}$

$\arg(1+2i) = \tan^{-1}(z) + 2n\pi$ ， n 爲任意整數

$\therefore$ 由(7)式可得， $z = \ln(1+2i) = \sqrt{5} + i(\tan^{-1}(2) + 2n\pi)$

■

若於(7)式中，選擇 $\arg(z)$ 爲在 $(-\pi, \pi]$ 內的主幅角，則對數函數變成單值函數。爲了區別單值或多值函數起見，單值

的對數函數稱為**主對數函數** (principal logarithmic

function)，以 Ln z 記之，為

$$\text{Ln } z = \ln|z| + i\text{Arg}(z) \qquad\qquad (8)$$

其中 $\text{Arg}(z)$ 為單值。例如，$\text{Ln}(-1) = i\pi$。

對數函數的性質如下：

性質一： $\ln(z_1 z_2) = \ln z_1 + \ln z_2$

$$\ln\left(\frac{z_1}{z_2}\right) = \ln z_1 - \ln z_2$$

〔註〕此性質不適用於單值得 Ln 函數。

性質二： Ln z 對於非正實數軸 (nonpositive real axis) 除外

之複平面上為解析函數，且 $\dfrac{d}{dz}\text{Ln } z = \dfrac{1}{z}$。

證：由於 $\text{Ln}(0)$ 沒有定義，所以 $\text{Ln}(z)$ 於 $z = 0$ 時不連續。

此外，$\text{Ln}(z) = \ln|z| + i\theta$ ， $-\pi < \theta \leq \pi$

於 $\theta = -\pi$（即負實數軸）上的每一點皆不連續；其理由

如下：

設 x_0 為負實數軸的任一點。若 z 從上半平面趨近於

x_0 時，$\theta \to \pi$；反之，若 z 從下半平面趨近於 x_0 時，

$\theta \to -\pi$。

綜合上面的討論，Ln z 於非正實數軸不連續，故不

可解析。然而，除了非正實數軸之外，其餘複平面上的點（稱此集合為 D）是可解析的，理由如下：

$$\because \mathrm{Ln}(z) = \ln|z| + i\mathrm{Arg}\, z$$

$$\therefore u(x, y) = \ln|z| = \ln\sqrt{x^2 + y^2}$$

$$v(x, y) = \mathrm{Arg}\, z = \tan^{-1}\left(\frac{y}{x}\right)$$

$$\therefore \frac{\partial u}{\partial x} = \frac{1}{\sqrt{x^2 + y^2}} \cdot \frac{\partial}{\partial x}\sqrt{x^2 + y^2} = \frac{x}{x^2 + y^2}$$

$$\frac{\partial v}{\partial y} = \frac{\partial}{\partial y}\tan^{-1}\left(\frac{y}{x}\right) = \frac{1}{1 + \left(\frac{y}{x}\right)^2}\frac{\partial}{\partial y}\left(\frac{y}{x}\right) = \frac{x}{x^2 + y^2}$$

$$\frac{\partial u}{\partial y} = \frac{1}{\sqrt{x^2 + y^2}} \cdot \frac{\partial}{\partial y}\sqrt{x^2 + y^2} = \frac{y}{x^2 + y^2}$$

$$\frac{\partial v}{\partial x} = \frac{\partial}{\partial x}\tan^{-1}\left(\frac{y}{x}\right) = \frac{1}{1 + \left(\frac{y}{x}\right)^2}\frac{\partial}{\partial x}\left(\frac{y}{x}\right)$$

$$= \frac{\dfrac{-y}{x^2}}{1 + \left(\dfrac{y}{x}\right)^2} = \frac{-y}{x^2 + y^2}$$

$$\therefore \frac{\partial u}{\partial x} = \frac{\partial v}{\partial y} \quad \text{且} \quad \frac{\partial u}{\partial y} = -\frac{\partial v}{\partial x}$$

即 Ln z 滿足 Cauchy-Riemann 方程式。此外，u, v 及其四個偏導數在 D 內皆為連續。所以由【定理五】可得，

Ln z 在 D 內可解析。此外，由 9-2 節(7)式可得，

$$\frac{d}{dz} \text{Ln } z = \frac{\partial u}{\partial x} + i \frac{\partial v}{\partial x} = \frac{x}{x^2 + y^2} + i \frac{-y}{x^2 + y^2} = \frac{1}{z}$$

■

當 x 和 a 爲實數時，$x^a = e^{a \ln x}$ 是成立的。以此爲動機，吾人可以定義複數 α 冪次方(complex α th power)爲

$$z^\alpha = e^{\alpha \ln z} \quad , \quad z \neq 0 \tag{9}$$

由於 $\ln z$ 爲多值，因此 z^α 也爲多值。然而，當 α 爲整數 n 時，z^n 爲單值；理由如下：

$$e^{n \ln z} = e^{n(\ln|z| + i \arg z)} = e^{n \ln|z|} e^{in \cdot \arg(z)}$$

$$= |z|^n \cdot \left(e^{i \arg z} \right)^n = \left(|z| e^{i \arg z} \right)^n = z^n \text{ 爲單值。}$$

若我們使用 Ln z 來取代(9)式中的 $\ln z$，則 $z^\alpha = e^{\alpha \text{Ln} z}$ 爲單值，表示 z^α 的主值 (principal value)。

【例 3 】求 $(1+i)^{2i}$ 之值。

解： $\because z = 1 + i$, $\alpha = 2i$

$\therefore \arg z = \dfrac{\pi}{4} + 2n\pi$, n 爲任意整數

且 $|z| = \sqrt{2}$

$\therefore \ln z = \ln \sqrt{2} + i(\dfrac{\pi}{4} + 2n\pi)$

由(9)式得，

$$(1+i)^{2i} = e^{2i\left[\ln\sqrt{2}+i\left(\frac{\pi}{4}+2n\pi\right)\right]}$$

$$= e^{-\left(\frac{\pi}{2}+4n\pi\right)} \cdot e^{i\ln 2}$$

$$= e^{-\left(\frac{\pi}{2}+4n\pi\right)} \cdot \left[\cos(\ln 2) + i\sin(\ln 2)\right]$$

$$， n = 0, \pm 1, \pm 2, \cdots 。$$

C. 三角函數

對於實數 x 而言，尤拉公式為

$$e^{ix} = \cos x + i\sin x$$

和

$$e^{-ix} = \cos x - i\sin x$$

由上面兩式，可得

$$\sin x = \frac{e^{ix} - e^{-ix}}{2i} \quad 和 \quad \cos x = \frac{e^{ix} + e^{-ix}}{2} \quad （10）$$

所以我們可以用(10)式來定義複數的正弦和餘弦函數，

如下：

【定義十二】（正弦和餘弦函數）

對於複數 $z = x + iy$ 而言，

$$\sin z = \frac{e^{iz} - e^{-iz}}{2i} \ , \ \cos z = \frac{e^{iz} + e^{-iz}}{2} \tag{11}$$

其他的三角函數可用 $\sin z$ 和 $\cos z$ 來表示，如下：

$$\tan z = \frac{\sin z}{\cos z}, \ \cot z = \frac{\cos z}{\sin z}, \ \sec z = \frac{1}{\cos z}, \ \csc x = \frac{1}{\sin z}$$

三角函數有下列性質：

性質一： $\sin z$ 和 $\cos z$ 為全函數。

$\tan z$ 和 $\sec z$，除了在 $z = \dfrac{(2n+1)\pi}{2}$ 點 （n 為整數） 之

外為解析；$\cot z$ 和 $\csc z$ 除了在 $z = n\pi$ 點 （n 為整數）

之外，為解析。

證： $\sin z$ 和 $\cos z$ 為全函數，此乃因 e^{iz} 和 e^{-iz} 皆為全函數之

故。 $\tan z$ 和 $\sec z$ 是因 $\cos z$ 為分母，因此將使 $\cos z = 0$ 之

點除外，才可解析。同理，$\cot z$ 和 $\csc z$ 是因 $\sin z$ 為分母，

因此將使 $\sin z = 0$ 之點除外，才可解析。 (有關使

$\cos z = 0$ 和 $\sin z = 0$ 之 z 值，留待後面說明)。

性質二：$(\sin z)' = \cos z$ ， $(\cos z)' = -\sin z$

$(\tan z)' = \sec^2 z$ ， $(\cos t)' = -\csc^2 z$

$(\sec z)' = \sec z \cdot \tan z$ ， $(\csc z)' = -\csc z \cdot \cot z$

（這些微分性質與實函數相同）

性質三：恆等式 (identities) 與實函數相同，即

$\sin(-z) = -\sin z$ ， $\cos(-z) = \cos z$

$\cos^2 z + \sin^2 z = 1$

$\sin(z_1 \pm z_2) = \sin z_1 \cos z_2 \pm \cos z_1 \sin z_2$

$\cos(z_1 \pm z_2) = \cos z_1 \cos z_2 \mp \sin z_1 \sin z_2$

$\sin 2z = 2 \sin z \cdot \cos z$ ， $\cos 2z = \cos^2 z - \sin^2 z$

性質四：$\sin z = \sin x \cdot \cosh y + i \cos x \cdot \sinh y$ （１２）

$\cos z = \cos x \cdot \cosh y - i \sin x \cdot \sinh y$ （１３）

證：從微積分中得知，若 y 為實數，則雙曲正弦 (hyperbolic sine)和雙曲餘弦 (hyperbolic cosine) 定義為：

$$\sinh y = \frac{e^y - e^{-y}}{2} \text{ 和} \cosh y = \frac{e^y + e^{-y}}{2} \qquad （１４）$$

由(11)式和尤拉公式經化簡後，可得(12)和(13)式。

■

使得函數為零的根稱為**零點** (zero)。下面是 $\cos z$ 和 $\sin z$ 的零點性質：

性質五：$\sin z$ 的零點為 $z = n\pi$ ，$\cos z$ 的零點為 $\dfrac{(2n+1)\pi}{2}$ ，

n 為所有整數。

證：由(12)和(13)式，可得

$$\left|\sin z\right|^2 = \sin x^2 \cdot \cosh^2 y + \cos^2 x \sinh^2 y$$

$$\left|\cos z\right|^2 = \cos x^2 \cdot \cosh^2 y + \sin^2 x \sinh^2 y$$

$\because \cosh^2 y = 1 + \sinh^2 y$

$\therefore \left|\sin z\right|^2 = \sin^2 x + \sinh^2 y$

$$\left|\cos z\right|^2 = \cos^2 x + \sinh^2 y$$

$\because$ 對於任一複數 z 而言

$$z = 0 \iff \left|z\right|^2 = 0$$

$\therefore$ 若 $\sin z = 0$ ，則 $\left|\sin z\right|^2 = 0 = \sin^2 x + \sinh^2 y$

$\therefore \sin x = 0$ 且 $\sinh y = 0$

$\therefore x = n\pi$ ，n 為所有整數，且 $y = 0$ 為 $\sin z$ 的零點。

此外，若 $\cos z = 0$ ，則 $|cosz|^2 = 0 = \cos^2 x + \sinh^2 y$

$\therefore \cos x = 0$ 且 $\sinh y = 0$

$\therefore x = \dfrac{(2n+1)\pi}{2}$ ，n 為所有整數且 $y = 0$ 為 $\cos z$ 的零點。

■

性質六：$\sin z$ 和 $\cos z$ 為週期函數，其週期為 2π 。

（性質六的證明留給讀者練習）

在實函數中，吾人熟知的 $\sin x$ 和 $\cos x$ 之值域介於 -1 和 1 之間。但在複函數時，從(12)式和(13)式可知，$\sin z$ 和 $\cos z$ 的值域，無論是實部或虛部，皆可擴展到 $-\infty$ 和 ∞ 之間。

【例 4 】求 $\cos z = i$ 之根。

解：由(11)式可得，

$$e^{iz} + e^{-iz} = 2i$$

所以，上式兩邊乘上 e^{iz} 後可寫成

$$\left(e^{iz}\right)^2 - 2ie^{iz} + 1 = 0$$

解之，得

$$e^{iz} = \frac{2i \pm \sqrt{(-2i)^2 - 4}}{2} = i \pm \sqrt{2}i = (1 \pm \sqrt{2})i$$

$$\therefore iz = \ln\left[\left(1 \pm \sqrt{2}\right)i\right]$$

或

$$z = -i\left[\ln(1\pm\sqrt{2})i\right] \qquad （15）$$

(1) 當(15)式取正號時，

$$\ln\left[\left(1+\sqrt{2}\right)i\right] = \ln\left(1+\sqrt{2}\right) + i\left(\frac{\pi}{2}+2n\pi\right)$$

$$\therefore z = \frac{\pi}{2} + 2n\pi + i\ln(-1+\sqrt{2})，n \text{ 為所有整數。}$$

(2) 當(15)式取負號時，

$$\ln\left[\left(1-\sqrt{2}\right)i\right] = \ln\left(\sqrt{2}-1\right) + i\left(\frac{-\pi}{2}+2n\pi\right)$$

$$\therefore z = \frac{-\pi}{2} + 2n\pi - i\ln(-1+\sqrt{2})$$

$$= \frac{-\pi}{2} + 2n\pi + i\ln(1+\sqrt{2})，n \text{ 為所有整數。}$$

$$\therefore z = \frac{2n+1}{2}\pi + i\ln\left[(-1)^{n+1}+\sqrt{2}\right]，n \text{ 為所有整數。}$$

D. 雙曲函數

　　如同在實數時(14)式所定義的雙曲正弦和餘弦函數，複數的雙曲正弦和餘弦函數可定義如下：

【定義十三】（雙曲正弦和餘弦函數）

對於複數 $z = x + iy$ 而言，

$$\sinh z = \frac{e^z - e^{-z}}{2} \;,\; \cosh z = \frac{e^z + e^{-z}}{2} \qquad (16)$$

其餘的雙曲函數可定義為

$$\tanh z = \frac{\sinh z}{\cosh z} \;,\; \coth z = \frac{\cosh z}{\sinh z}$$

$$\operatorname{sech} z = \frac{1}{\cosh z} \;,\; \operatorname{csch} z = \frac{1}{\sinh z}$$

雙曲函數有下列性質：

性質一：雙曲正弦和餘弦函數為全函數，而其餘的雙曲函數

除了分母的零點之外，為解析函數。

性質二：$(\sinh z)' = \cosh z$，$(\cosh z)' = \sinh z$

性質三：$\sin z = -i \sinh(iz)$，$\cos z = \cosh(iz)$

$\sinh z = -i \sin(iz)$，$\cosh z = \cos(iz)$

性質四：$\sinh z = \sinh x \cos y + i \cosh x \sin y$ $\qquad (17)$

$\cosh z = \cosh x \cos y + i \sinh x \sin y$ $\qquad (18)$

性質五：$\sinh z$ 和 $\cosh z$ 的零點 (zero) 分別為 $z = n\pi i$ 和

$$z = (2n+1)\frac{\pi i}{2}，n 為所有整數。$$

性質六：$\sinh z$ 和 $\cosh z$ 為週期函數，其週期為 $2\pi i$。

習題（9－3節）

1. 證明 $f(z) = e^{z^2}$ 為全函數。

2. 證明 $f(z) = e^{\bar{z}}$ 在複平面上所有點皆不可解析。

3. 將下列的 z 值，求其 e^z，並將結果表示成 $a + ib$ 的形式：

   (a) $z = \dfrac{\pi}{3} i$，(b) $z = 1 - i$

4. 下列各題中，求滿足方程式的所有 z 值解：

   (a) $e^z = -1$，(b) $e^{2z} - e^z + 1 = 0$，(c) $\cos z = 2$，(d) $\sin z = -i$

5. 下列各題中，求其值：

   (a) $(1-i)^{1-i}$，(b) $2^{i/\pi}$，(c) $\sin(\dfrac{\pi}{2} + i)$，(d) $\cos(1+i)$，(e) $\cosh(i)$，

   (f) $\sinh(\dfrac{\pi}{2} i)$

6. 證明，對於所有複數 α 和 β 而言，下列公式會成立：

   $$z^{\alpha} z^{\beta} = z^{\alpha+\beta}$$

   $$z^{\alpha} / z^{\beta} = z^{\alpha-\beta}$$

7. 證明(17)式和(18)式。

8. 證明 $\tan z$ 為週期函數，其週期為 π。

9. 證明 $\tanh z$ 為週期函數，其週期為 πi。

§9-4 複變函數之積分及 Cauchy 定理

複變函數之積分，係指複變函數在複平面上沿著某一路徑 (contour) 的積分。有關複變函數積分的定義、性質、與方法和 6-6 節的實函數在平面上的線積分相當類似。

A. 路徑積分 (contour integral)

在複平面上，路徑 (contour 或 path) 指的就是分段平滑 (piecewise smooth) 曲線，可用複數函數 $z(t) = x(t) + iy(t)$ 來表示，其中參數 t 為實數。有關平滑、分段平滑、封閉和單一封閉曲線的定義，可參見第六章。

【定義十四】（路徑積分）

假設 $f(z)$ 為定義於一平滑曲線 C 的連續函數，而 C 的參數表示式為 $z(t) = x(t) + iy(t)$，$a \le t \le b$，則 f 沿著 C 的路徑積分或線積分 (line integral) 為

$$\int_C f(z)dz = \int_a^b f(z(t))z'(t)dt \qquad (1)$$

【例 1】 求 $\displaystyle\int_C \frac{1}{z}dz$ 之值，$C: z(t) = \cos t + i\sin t$，$0 \le t \le \pi$。

解：$\because z(t) = e^{it}$

$\therefore z'(t) = ie^{it}$

$$\therefore \int_C \frac{1}{z}\,dz = \int_0^\pi e^{-it}\cdot ie^{it}\,dt$$

$$= i\int_0^\pi dt$$

$$= i\pi$$

■

【例2】求 $\therefore \int_C i\,\overline{z}\,dz$ 之值，C 為從 0 到 $4+i$ 的線段。

解：$\because$ C 可寫成 $z(t) = 4t + it$ ， $0 \le t \le 1$

$$\therefore \int_C i\,\overline{z}\,dz = i\int_0^1 (4t - it)\cdot(4+i)\,dt$$

$$= i(4+i)(4-i)\int_0^1 t\,dt$$

$$= i(4+i)(4-i)\frac{1}{2}$$

$$= \frac{17i}{2}$$

■

若 $f(z) = u(x,y) + iv(x,y)$ ，則(1)式變成

$$\int_C f(z)\,dz = \int_a^b \big[u\big(x(t),y(t)\big) + iv\big(x(t),y(t)\big) \big]\big[x'(t) + iy'(t) \big]\,dt$$

$$= \int_a^b \big[u\big(x(t),y(t)\big)x'(t) - v\big(x(t),y(t)\big)y'(t) \big]\,dt$$

$$+ i\int_a^b \big[v\big(x(t),y(t)\big)x'(t) + u\big(x(t),y(t)\big)y'(t) \big]\,dt$$

所以，複函數的線積分可表示成實函數的線積分：

$$\int_C f(z)dz = \int_C udx - vdy + i\int_C vdx + udy \qquad （2）$$

【例3】求 $\int_C z^2 dz$ 之值，其中 $C = C_1 \cup C_2 \cup C_3 \cup C_4$ ，如下圖所

示：

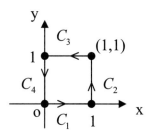

解：$\because C_1 : x:0 \to 1, y = 0 \ (dy = 0)$

$C_2 : x = 1, y:0 \to 1 \ (dx = 0)$

$C_3 : x:1 \to 0, y = 1 \ (dy = 0)$

$C_4 : x = 0, y:1 \to 0 \ (dx = 0)$

$\therefore z^2 = (x+iy)^2 = (x^2 - y^2) + i2xy$

由(2)式可得，

$$\int_{C_1} z^2 dz = \int_{C_1} (x^2 - y^2)dx - 2xydy + i\int_{C_1} 2xydx + (x^2 - y^2)dy$$

$$= \int_0^1 x^2 dx - 0 + i\int_0^1 2x \cdot 0 dx + 0$$

$$= \frac{1}{3}$$

$$\int_{C_2} z^2 dz = \int_{C_2} (x^2 - y^2)dx - 2xy dy + i\int_{C_2} 2xy dx + (x^2 - y^2)dy$$

$$= \int_0^1 -2 \cdot (1) y \, dy + i\left(0 + \int_0^1 \left(1^2 - y^2\right) dy\right)$$

$$= -1 + i(1 - \frac{1}{3}) = -1 + \frac{2}{3}i$$

$$\int_{C_3} z^2 dz = \int_{C_3} (x^2 - y^2)dx - 2xy dy + i\int_{C_3} 2xy dx + (x^2 - y^2)dy$$

$$= \int_1^0 (x^2 - 1)dx + i\int_1^0 2x \cdot 1 dx$$

$$= \frac{-1}{3} - (-1) + i(0 - 1^2) = \frac{2}{3} - i$$

$$\int_{C_4} z^2 dz = \int_{C_4} (x^2 - y^2)dx - 2xy dy + i\int_{C_4} 2xy dx + (x^2 - y^2)dy$$

$$= \int_1^0 -2 \cdot 0 \, y \, dy + i\int_1^0 (0^2 - y^2)dy$$

$$= 0 - i\frac{y^3}{3}\Big|_1^0$$

$$= \frac{i}{3}$$

∴由下面陳述的聯集性質(性質三)，可得

$$\int_C z^2 dz = \frac{1}{3} + (-1 + \frac{2}{3}i) + (\frac{2}{3} - i) + \frac{i}{3}$$

$$= 0$$

複變函數的線積分，有下列性質：

性質一：（線性）

$$\int_C [\alpha f(z) + \beta g(z)] dz = \alpha \int_C f(z) dz + \beta \int_C g(z) dz$$

其中 α 和 β 為常數。

性質二：（反向）

設 $-C$ 為 C 的反向 (reversed) 曲線，則

$$\int_{-C} f(z) dz = - \int_C f(z) dz$$

性質一：（聯集）

設 C 為平滑曲線 C_1 和 C_2 的聯集 (union)，則

$$\int_C f(z) dz = \int_{C_1} f(z) dz + \int_{C_2} f(z) dz$$

性質一：（上限）

若對於在曲線 C 上的所有 z 值而言，$|f(z)| \le M$，則

$$\left| \int_C f(z) dz \right| \le ML \text{，其中 } L \text{ 為 } C \text{ 的長度。}$$

【例 4】求 $\displaystyle \oint_C \frac{e^{\text{Re}(z)}}{z+1} dz$ 之絕對值的上限 (upper bound)，其中 C

為 $|z| = 2$ 的圓。

解：由於 $|z| = 2$，所以由 9-1 節的(10)式，可得

$$|z+1| \geq ||z|-1| = 2-1 = 1 \quad \text{或} \quad \frac{1}{|z+1|} \leq 1$$

由於 C 為 $z(t) = 2\cos t + i2\sin t, 0 \leq t \leq 2\pi$

所以，C 長度 L 為 4π，且

$$\left| \frac{e^{\text{Re}(z)}}{z+1} \right| \leq \frac{\left| e^{\text{Re}(z)} \right|}{1} = e^{2\cos t} \leq e^2 = M$$

由性質四可知

$$\left| \int_C \frac{e^{\text{Re}(z)}}{z+1} dz \right| \leq 4\pi e^2$$

B. Cauchy-Goursat 定理

　　若在一區域 D 內的任一單封閉曲線的內部均包含於 D 內者，則稱 D 為單連域 (simply connected domain)。換句話說，一個單連域不能有"空洞"在其內。例如，整個複平面為單連域。若區域 D 不為單連域，則稱 D 為多連域 (multiply connected domain)。多連域會有空洞在其內。

　　法國數學家 L.A. Cauchy 於西元 1825 年發現複變函數 (以下簡稱複函) 積分的一個核心定理，如下所述：

【定理八】（單連域 Cauchy 定理）

　　若 $f(z)$ 於一單連域 D 內為解析，而且 $f'(z)$ 於 D 內為連續，則對於 D 內任一單封閉曲線 C 而言，$\oint_C f(z)dz = 0$。

證：此定理的證明可由格林 (Green) 定理和 Cauchy-Riemann 方程式的推導而得。由於 $f'(z)$ 於單連域 D 內為連續，所以 $f(z) = u + iv$ 的 u 和 v 及其偏導數 $\dfrac{\partial u}{\partial x}, \dfrac{\partial u}{\partial y}, \dfrac{\partial v}{\partial x}$ 和 $\dfrac{\partial v}{\partial y}$ 均為連續。由(2)式和格林定理可得，

$$\oint_C f(z)dz = \oint_C u(x,y)dx - v(x,y)dy + i\oint_C v(x,y)dx + u(x,y)dy$$

$$= \iint_D \left(-\frac{\partial v}{\partial x} - \frac{\partial u}{\partial y}\right)dA + i\iint_D \left(\frac{\partial u}{\partial x} - \frac{\partial v}{\partial y}\right)dA \qquad （3）$$

由於 $f(z)$ 於 D 內為解析，所以 $f(z)$ 滿足

Cauchy-Riemann 方程式：

$$\frac{\partial u}{\partial x} = \frac{\partial v}{\partial y} \text{ 和 } \frac{\partial u}{\partial y} = -\frac{\partial v}{\partial x}$$

因此，(3)式變成 $\oint_C f(z)dz = 0$

■

　　另一方面，於西元 1883 年由另一位法國數學家 E.Goursat 證明，在沒有 " $f'(z)$ 為連續"，之假設條件下，Cauchy 定理仍可以成立。因此，【定理八】可簡化成：

【定理九】（單連域的 **Cauchy-Goursat** 定理）

若 $f(z)$ 於一單連域 D 內為解析，則對於 D 內任一單封閉曲線 C 而言，$\oint_C f(z)dz = 0$

因為單封閉曲線 C 所包圍的內部為單連域，所以，

Cauchy-Goursat 定理可改寫成：

若 $f(z)$ 於一單封閉曲線 C 上和其內部的所有點為解析，則 $\oint_C f(z)dz = 0$。

【例5】求 $\oint_C \cos z\, dz$ 之值，其中 C 為任一單封閉曲線。

解：由於 $\cos z$ 為全函數，所以由【定理九】可知

$$\oint_C \cos z\, dz = 0$$

■

【例6】求 $\oint_C \dfrac{dz}{z}$ 之值，其中 C: $|z + 3i| = 2$。

解：有理式 $f(z) = \dfrac{1}{z}$ 除了在 $z = 0$ 外，其餘點皆可解析。

因為 $z = 0$ 不在曲線 C 上及其內部，所以，由【定理九】得知，　$\oint_C \dfrac{dz}{z} = 0$

當 $f(z)$ 於一多連域 D 內為解析時,【定理九】不會成立。

首先,我們從最簡單的雙連域 (doubly connected domain) 來

討論。圖三所示的陰影區域 D 為一雙連域,其邊界是由兩條

單封閉曲線 γ 和 Γ 所組成。若在 D 內引入一切割線(cut) $\overline{AB}$,

則由 $\Gamma, \overline{AB}, -\gamma$ 和 $\overline{BA}$ 的聯集所組成的曲線 C 所包圍的區域為

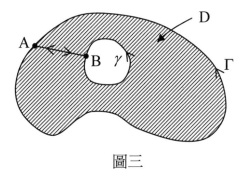

圖三

一單連域。若 $f(z)$ 於 γ 和 Γ 上及 D 內為解析,則 $f(z)$ 於 C 上

及其所包圍的單連域內為解析。根據【定理九】,下式成立:

$$0 = \oint_C f(z)dz = \oint_\Gamma f(z)dz + \int_{\overline{AB}} f(z)dz + \oint_{-\gamma} f(z)dz + \int_{\overline{BA}} f(z)dz$$

（4）

由於 $\displaystyle\int_{\overline{AB}} f(z)dz = -\oint_{\overline{BA}} f(z)dz$ 所以(4)式可簡化成

$$\boxed{\oint_\Gamma f(z)dz = \oint_\gamma f(z)dz}$$

（5）

(5)式又稱**路徑變形原理** (principle of deformation of contours)。從實際的應用來說，對於一複雜的單封閉曲線的複函積分，可選擇一簡單的單封閉曲線(如圓)取代原來複雜的曲線。

【例7】求 $\oint_C \dfrac{dz}{z-1}$ 之值，其中 C 如圖四所式。

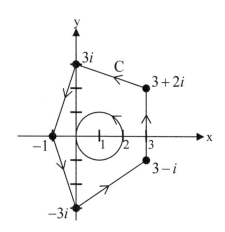

圖四

解：由圖四可知，單封閉曲線 C 所包圍的內部含有 $z=1$ 的點，而 $f(z)=\dfrac{1}{z-1}$ 除了 $z=1$ 之外，其餘點可解析，所以【定理九】不能適用。但是，我們可以用路徑變形原理，以 $z=1$ 為圓心，作一半徑為 1 的圓 K，則 K 的方程式可表示成 $z-1=e^{it}$, $0 \le t \le 2\pi$。所以，

$$\oint_C \frac{dz}{z-1} = \oint_K \frac{dz}{z-1} = \int_0^{2\pi} \frac{ie^{it}}{e^{it}} \, dt = i \int_0^{2\pi} dt = 2\pi i$$

■

【例8】求 $\oint_C \dfrac{2z+1}{z^2+3z-4} \, dz$ 之值，其中 C 為 $|z-1|=2$ 之圓。

解： $f(z) = \dfrac{2z+1}{z^2+3z-4} = \dfrac{2z+1}{(z+4)(z-1)}$ 於 $z=1$ 和 -4 兩點不

可解析。在這兩點中，只有 $z=1$ 在 C 的內部。利用

部份分式展開 (partial fraction expansion) 法，可將

$f(z)$ 化簡成

$$\frac{2z+1}{z^2+3z-4} = \frac{7/5}{z+4} + \frac{3/5}{z-1}$$

所以，

$$\oint_C \frac{2z+1}{z^2+3z-4} \, dz = \frac{7}{5} \oint_C \frac{dz}{z+4} + \frac{3}{5} \oint_C \frac{dz}{z-1} \qquad （6）$$

由於 $\dfrac{1}{z+4}$ 於 C 上及其內部均可解析，所以由單

連域 Cauchy-Goursat 定理，可知 $\oint_C \dfrac{dz}{z+4} = 0$。

由於 $\dfrac{1}{z-1}$ 在 C 內部的 $z=1$ 點不可解析，所以作

一圓 K（其圓心為 $z=1$，半徑為 1）使得 K 在 C 內，

則由路徑變形原理得知，

$$\oint_C \frac{dz}{z-1} = \oint_K \frac{dz}{z-1} = \int_0^{2\pi} \frac{ie^{it}}{e^{it}} dt = 2\pi i$$

最後，(6)式可寫成 $\oint_C \dfrac{2z+1}{z^2+3z-4} dz = \dfrac{6\pi}{5} i$

■

吾人可進一步將雙連域的 Cauchy-Goursat 定理（路徑變形原理），擴展到多連域（內含 n 個空洞；$n \geq 1$），如下：

【定理十】（多連域的 **Cauchy-Goursat** 定理）

若 $C, C_1, \cdots, C_n$ 為正向序、單封閉曲線，而 $C_1, \cdots, C_n$ 在 C 內部，且 $C_1, \cdots, C_n$ 的內部彼此沒有公共點。若 $f(z)$ 於上述的每一曲線上及 C 內部和 C_k，$k=1,2,\cdots,n$ 外部之交集區域的每一點皆為解析，則

$$\oint_C f(z)dz = \sum_{k=1}^{n} \oint_{C_k} f(z)dz \ 。$$

【例9】求 $\oint_C \dfrac{1}{z^2-1} dz$ 之值，C 為包圍 $z=1$ 和 -1 兩點的任一正向序、單封閉曲線。

解：作兩圓 K_1 和 K_2，使其在 C 的內部：

$$K_1 : z(t) = 1 + r_1 e^{it} \ , \ 0 \leq t \leq 2\pi$$
$$K_2 : z(t) = -1 + r_2 e^{it} \ , \ 0 \leq t \leq 2\pi$$

則由【定理十】得知，

$$\oint_C \frac{1}{z^2-1}dz = \oint_{K_1} \frac{1}{z^2-1}dz + \oint_{K_2} \frac{1}{z^2-1}dz$$

$$\because \oint_{K_1} \frac{1}{z^2-1}dz = \oint_{K_1} \left(\frac{1/2}{z-1} + \frac{-1/2}{z+1}\right)dz$$

$$= \frac{1}{2}\oint_{K_1} \frac{dz}{z-1} - \frac{1}{2}\oint_{K_1} \frac{dz}{z+1}$$

由單連域 Cauchy-Goursat 定理可得上式的第二個積分為零。

$$\therefore \oint_{K_1} \frac{1}{z^2-1}dz = \frac{1}{2}\int_0^{2\pi} \frac{r_1 i e^{it}}{r_1 e^{it}}dt = \pi i$$

$$\because \oint_{K_2} \frac{1}{z^2-1}dz = \oint_{K_2} \left(\frac{1/2}{z-1} + \frac{-1/2}{z+1}\right)dz$$

$$= \frac{1}{2}\oint_{K_2} \frac{dz}{z-1} - \frac{1}{2}\oint_{K_2} \frac{dz}{z+1}$$

由單連域 Cauchy-Goursat 定理可得上式的第一個積分為零。

$$\therefore \oint_{K_2} \frac{1}{z^2-1}dz = -\frac{1}{2}\oint_{K_2} \frac{dz}{z+1}dz$$

$$= -\frac{1}{2}\int_0^{2\pi}\frac{r_2ie^{it}}{r_2e^{it}}\,dt = -\pi i$$

$$\therefore \quad \oint_C \frac{1}{z^2-1}\,dz = \pi i + (-\pi i) = 0$$

■

上述的討論中，我們假設 C 為單封閉曲線，意即 C 本身除了起點和終點為同一點外，其餘點均不會重疊。事實上，單連域 Cauchy-Goursat 定理即使在封閉 (但不單一) 曲線 (如圖五) 的情形下，仍會成立。

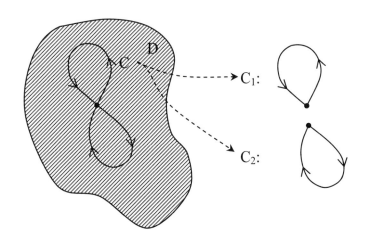

圖五

理由如下：將圖五的非單封閉曲線 C 表示成兩個單封閉曲線 C_1 和 C_2 的聯集 (union)。所以

$$\oint_C f(z)dz = \oint_{C_1} f(z)dz + \oint_{C_2} f(z)dz$$

由於 $f(z)$ 在 C 上及其內部可解析，所以在 C_1 和其內部及 C_2 和其內部均可解析。由單連域 Cauchy-Goursat 定理得知上式等號右邊的兩個積分均為零。

C. 與路徑無關的複函積分

在實變函數（簡稱**實函**）積分中，吾人熟知的微積分基本定理 (fundamental theorem of calculus) 有如下的敘述：

若一實函數 $f(x)$ 有反**導數** (antiderivative) F，則

$$\int_a^b f(x)dx = F(b) - F(a) \qquad\qquad （7）$$

此外，在線積分的基本定理（見 6-6 節【定理十二】）中論及，若向量場為某一潛位函數的梯度場（即守恆場），則其線積分與路徑無關。

那麼在複函積分時，具有哪些特質的複變函數，其積分與路徑無關？是否存在和(7)式對應的基本定理？這些問題就是本節討論的重點。

在 B 小節結束前，我們曾提及單連域的 Cauchy-Goursat 定理對於任何封閉曲線也成立。現在考慮圖六的單連域 D 內之兩條路徑 C_1 和 C_2。

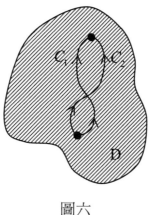

圖六

由於 C_1 和 $-C_2$ 形成封閉曲線，所以由單連域的

Cauchy-Goursat 定理得知，

$$\int_{C_1} f(z)dz + \int_{-C_2} f(z)dz = 0$$

或

$$\int_{C_1} f(z)dz = \int_{C_2} f(z)dz \tag{8}$$

因此，下面的定理會成立。

【定理十一】若 $f(z)$ 於一單連域 D 內解析，則 $\int_{C} f(z)dz$ 與路

徑無關。

接下來，我們定義複函的反導數 (antiderivative)。

【定義十五】（反導數）

假設 $f(z)$ 於區域 D 內為連續。若對於 D 內的每一 z 值，

存在一複函 F 使得 $F'(z) = f(z)$ ，則稱 F 為 f 的反導數。

舉例而言，$F(z) = \sin z$ 爲 $f(z) = \cos z$ 的反導數，此乃因 $(\sin z)' = \cos z$ 之故。若一複函有反導數，則求此複函的積分就會容易許多。這可由下面的定理來說明。

【定理十二】（路徑積分的基本定理）

若 f 於一區域 D 爲連續且 F 爲 f 在 D 內的反導數，則對於 D 內的任一路徑 C，其起點爲 z_0 和終點爲 z_1 而言，

$$\int_C f(z)dz = F(z_1) - F(z_0) \qquad (9)$$

證：設 C 爲 $z(t)$，$a \le t \le b$，則 $z_0 = z(a)$，$z_1 = z(b)$ 且

$$\int_C f(z)dz = \int_a^b f(z(t)) z'(t)dt$$

$$= \int_a^b F'(z(t)) z'(t)dt$$

$$= \int_a^b \frac{d}{dt} F(z(t)) dt$$

$$= F(z(t)) \Big|_a^b$$

$$= F(z(b)) - F(z(a))$$

$$= F(z_1) - F(z_0)$$

$\blacksquare$

【定理十二】說明有反導數的複變函數爲複函積分與路徑無關的充分條件。

【例１０】求 $\displaystyle\int_C \cos(2z)dz$ ， $C: z(t) = 1 + e^{it}$ ， $0 \le t \le \pi$ 。

解：$\because f(z) = \cos(2z)$ 的反導數為 $F(z) = \dfrac{1}{2}\sin(2z)$ 且起

點為 $z_0 = z(0) = 2$ ，終點為 $z_1 = z(\pi) = 1 + e^{i\pi} = 0$

$\therefore$ 由(9)式得

$$\int_C \cos(2z)dz = F(z_1) - F(z_0)$$

$$= F(0) - F(2)$$

$$= \frac{1}{2}\sin(0) - \frac{1}{2}\sin(4)$$

$$= -\frac{1}{2}\sin(4)$$

■

至於在何種條件下，反導數會存在呢？下面的定理說明

反導數存在的充分條件。

【定理十三】（反導數存在）

若 $f(z)$ 於單連域 D 為解析，則 f 於 D 內有反導數。

在使用【定理十三】時，必須注意到函數可解析的區域

必須是單連域，才能確保其反導數存在。舉例而言，$f(z) = \dfrac{1}{z}$ 可解析的區域為複連域 D，即 $z = 0$ 除外之複平面，因為 Ln z 在 D 內不能解析，所以 Ln z 不是 $\dfrac{1}{z}$ 在 D 內的反導數。事實上，吾人已於 9-3 節中證明，Ln z 可解析的區域為 $\widetilde{D}$，即非正實數軸除外的複平面，且在 $\widetilde{D}$ 內，$(\text{Ln } z)' = \dfrac{1}{z}$。換句話說，Ln z 是 $\dfrac{1}{z}$ 在複連域 $\widetilde{D}$ 的反導數。

【例 11】求 $\displaystyle\int_{C} \dfrac{1}{z} \, dz$ 之值，其中 C 是位於第一象限

$$D = \{(x, y) \mid x > 0, y > 0\} \text{ 內，從 } z = 1 \text{ 到 } z = i \text{ 的任一}$$

路徑。

解：因為 D 為單連域，且 Ln z 是 $\dfrac{1}{z}$ 在 D 內的反導數，所以，(9)式可寫成

$$\int_{C} \dfrac{1}{z} \, dz = \text{Ln}(i) - \text{Ln}(1)$$

$$\because \text{Ln}(i) = \ln 1 + \dfrac{\pi}{2} i = \dfrac{\pi}{2} i \quad , \text{且 Ln}(1) = 0$$

$$\therefore \int_{C} \dfrac{1}{z} \, dz = \dfrac{\pi}{2} i$$

■

D. Cauchy 積分公式

本小節將討論由單連域 Cauchy-Goursat 定理所推導而得之重要結論：

1. 解析函數在單連域內的任一 z_0 點，可由一複函的路徑積分來表示。(Cauchy 積分公式)

2. 在單連域內的解析函數具有所有階數的導數。(導數的 Cauchy 積分公式)

【定理十四】（**Cauchy 積分公式**）

若 $f(z)$ 於一單連域 D 解析，而 C 為 D 內的某一單封閉曲線，z_0 為 C 內部的任何一點，則

$$f(z_0) = \frac{1}{2\pi i} \oint_C \frac{f(z)}{z - z_0} dz \qquad (10)$$

證：以 z_0 為圓心，做一圓 K 使其在 C 的內部。由路徑變形原理得，

$$\oint_C \frac{f(z)}{z - z_0} dz = \oint_K \frac{f(z)}{z - z_0} dz$$

$$\oint_C \frac{f(z)}{z - z_0} dz = \oint_K \frac{f(z_0) - f(z_0) + f(z)}{z - z_0} dz$$

$$= f(z_0) \oint_C \frac{dz}{z - z_0} + \oint_K \frac{f(z) - f(z_0)}{z - z_0} dz$$

$$= 2\pi i \cdot f(z_0) + \oint_K \frac{f(z) - f(z_0)}{z - z_0} dz$$

由於 f 在 z_0 點為連續，所以對於任意小的正數 ε，存在

一正數 δ，使得當 $|z - z_0| < \delta$ 時，$|f(z) - f(z_0)| < \varepsilon$。所以，

圓 K 的半徑可以選擇為 $\dfrac{\delta}{2}$，則由複函積分的上限性質可

得：

$$\left| \oint_K \frac{f(z) - f(z_0)}{z - z_0} dz \right| \leq \frac{\varepsilon}{\delta/2} \cdot 2\pi \left(\frac{\delta}{2} \right) = 2\pi\varepsilon$$

換句話說，$\oint_K \dfrac{f(z) - f(z_0)}{z - z_0} dz$ 必定為 0 ，故得證。

Cauchy 積分公式也可用來求複函積分，此乃因(10)式可

改寫成

$$\boxed{\oint_C \frac{f(z)}{z - z_0} dz = 2\pi i \cdot f(z_0)} \qquad （１１）$$

之故。

【例１２】求 $\oint_C \dfrac{z^2 + 1}{z^2 - 1} dz$ ，$C : |z| = 2$

解：$\oint_C \dfrac{z^2+1}{z^2-1}dz = \oint_C \dfrac{\left(z^2+1\right)/z+1}{z-1}dz$

$\because f(z) = \dfrac{z^2+1}{z+1}$ 於 C 上及其內部所有點均可解

析，而 $z_0 = 1$ 在 C 的內部

$\therefore$ 由 Cauchy 積分公式（(11)式）可得，

$\oint_C \dfrac{f(z)}{z-1}dz = 2\pi i \cdot f(1) = 2\pi i$

$\therefore \quad \oint_C \dfrac{z^2+1}{z^2-1}dz = \oint_C \dfrac{f(z)}{z-1}dz = 2\pi i$

■

【例１３】求 $\oint_C \dfrac{1}{z(z-1)}dz$ ， $C:|z|=2$

解：$\oint_C \dfrac{1}{z(z-1)}dz = \oint_C \left(\dfrac{-1}{z}+\dfrac{1}{z-1}\right)dz$

$\qquad\qquad = -\oint_C \dfrac{dz}{z} + \oint_C \dfrac{dz}{z-1}$

利用(11)式，求 $\oint_C \dfrac{dz}{z}$ ：

$\because$ 常數函數 $f(z)=1$ 在 C 上及其內部所有點可解

析，且 $z_0 = 0$ 在 C 內部

$\therefore \oint_C \dfrac{dz}{z} = 2\pi i \cdot f(0) = 2\pi i$

$\because$ 常數函數 $f(z)=1$ 在 C 上及其內部所有點可解

析，且 $z_0 = 1$ 在 C 內部

$$\therefore \oint_C \frac{dz}{z-1} = 2\pi i \cdot f(1) = 2\pi i$$

$$\therefore \oint_C \frac{dz}{z(z-1)} = -2\pi i + 2\pi i = 0$$

■

【定理十五】（導數的 Cauchy 積分公式）

若 $f(z)$ 於一單連域 D 內解析，C 為 D 內的某一單封閉曲線，且 z_0 為 C 內部的任何一點，則

$$f^{(n)}(z_0) = \frac{n!}{2\pi i} \oint_C \frac{f(z)}{(z-z_0)^{n+1}} dz \qquad (12)$$

證：本定理可用數學歸納法來證明；在此，只證明 $n=1$ 的情形。

由微分定義，得

$$f'(z_0) = \lim_{\Delta z \to 0} \frac{f(z_0 + \Delta z) - f(z_0)}{\Delta z}$$

利用(10)式，可將上式寫成

$$f'(z) = \lim_{\Delta z \to 0} \frac{1}{2\pi i \cdot \Delta z} \left[\oint_C \frac{f(z)}{z-(z_0+\Delta z)} dz - \oint_C \frac{f(z)}{z-z_0} dz \right]$$

$$= \lim_{\Delta z \to 0} \frac{1}{2\pi i} \left[\oint_C \frac{f(z)}{(z-z_0-\Delta z)(z-z_0)} dz \right]$$

因為 $f(z)$ 在 C 上為連續，所以 $|f(z)| \leq M$ 為有限值。此外，假設 C 的長度為 L，C 上的點離 z_0 最短距離為 δ，則對於 C 上的所有點 z 而言，

$$|z - z_0| \geq \delta \quad \text{或} \quad \frac{1}{|z - z_0|^2} \leq \frac{1}{\delta^2}$$

若選擇 $|\Delta z| \leq \dfrac{\delta}{2}$，則由 9-1 節的(10)式可得，

$$|z - z_0 - \Delta z| \geq \left| |z - z_0| - |\Delta z| \right| \geq \delta - |\Delta z| \geq \frac{\delta}{2}$$

或 $\dfrac{1}{|z - z_0 - \Delta z|} \leq \dfrac{2}{\delta}$

現在，

$$\left| \oint_C \frac{f(z)}{(z - z_0)^2} dz - \oint_C \frac{f(z)}{(z - z_0 - \Delta z)(z - z_0)} dz \right|$$

$$= \left| \oint_C \frac{-\Delta z \cdot f(z)}{(z - z_0)^2 (z - z_0 - \Delta z)} dz \right| \qquad （13）$$

由於

$$\left| \frac{-\Delta z \cdot f(z)}{(z - z_0)^2 (z - z_0 - \Delta z)} \right|$$

$$= \frac{|\Delta z| |f(z)|}{|(z - z_0)^2| |(z - z_0 - \Delta z)|} \leq \frac{|\Delta z| M \left(\dfrac{2}{\delta} \right)}{\delta^2} = \frac{2M |\Delta z|}{\delta^3}$$

所以，由複函積分之上限性質可得，(13)式的上限為

$\dfrac{2ML|\Delta z|}{\delta^3}$。當 $\Delta z \to 0$ 時，此上限趨近於 0。換句話說，

$$\oint_C \frac{f(z)}{(z-z_0)^2}\,dz = \lim_{\Delta z \to 0} \oint_C \frac{f(z)}{(z-z_0-\Delta z)(z-z_0)}\,dz = 2\pi i f'(z_0)$$

故得證。

【例１４】求 $\displaystyle\oint_C \frac{z^2+1}{z(z-1)^2}\,dz$，其中 C 爲圖七所示的路徑。

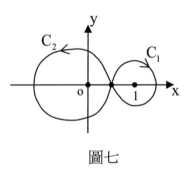

圖七

解：隨然 C 不是單封閉曲線，但可將 C 視爲兩條單封

閉曲線 C_1 和 C_2 的聯集，其中 C_1 爲負向序(順時針

方向)，而 C_2 爲正向序(逆時針方向)，即

$$\oint_C \frac{z^2+1}{z(z-1)^2}\,dz = \oint_{C_1} \frac{z^2+1}{z(z-1)^2}\,dz + \oint_{C_2} \frac{z^2+1}{z(z-1)^2}\,dz$$

$$= -\oint_{-C_1} \frac{(z^2+1)/z}{(z-1)^2}\,dz + \oint_{C_2} \frac{(z^2+1)/(z-1)^2}{z}\,dz$$

（i）求 $\oint_{-C_1} \dfrac{(z^2+1)/z}{(z-1)^2} dz$ ：

令 $f(z) = \dfrac{z^2+1}{z}$ ， $z_0 = 1$ ，則由(12)式可得

$$\oint_{-C_1} \dfrac{(z^2+1)/z}{(z-1)^2} dz = 2\pi i \cdot f'(1)$$

$\because f'(z) = \dfrac{2z \cdot z - (z^2+1)}{z^2} = \dfrac{z^2-1}{z^2}$

$\therefore f'(1) = 0$ ，即 $\oint_{-C_1} \dfrac{(z^2+1)/z}{(z-1)^2} dz = 0$

（ii）求 $\oint_{C_2} \dfrac{(z^2+1)/(z-1)^2}{z} dz$ ：

令 $f(z) = \dfrac{z^2+1}{(z-1)^2}$ ， $z_0 = 0$ ，則由(11)式可得

其值為 $2\pi i \cdot f(0) = 2\pi i$ 。

綜合上面的結果可得， $\oint_C \dfrac{z^2+1}{z(z-1)^2} dz = 2\pi i$

習題（9－4節）

1. 於下列各小題中，利用(1)式或(2)式求 $\int_C f(z)dz$ 之值。所有封閉曲線均違逆時繞向（正向序）。

   (a) $f(z) = \text{Re}(z)$, C：從 1 到 i 的線段

   (b) $f(z) = \dfrac{1}{z}$, C：從 i 到 $-i$ 的半圓，圓心為 $(0,0)$，半徑為 1。

   (c) $f(z) = \text{Re}(z)$, C：$|z| = 1$

2. 於下列各小題中，利用【定理八】或【定理九】，求 $\oint_C f(z)dz$ 之值。

   (a) $f(z) = \dfrac{1}{(z - z_0)^n}$ ，為 n 正整數，z_0 為任一單封閉曲線 C 內部的任何一點。

   (b) $f(z) = z + \dfrac{1}{z}$, C：$|z| = 2$

   (c) $f(z) = \dfrac{z - 1}{z(z - i)(z - 3i)}$, C：$|z - i| = \dfrac{1}{2}$

3. 於下列各小題中，利用(9)式，求複函積分值。

   (a) $\displaystyle\int_{\pi i}^{2\pi i} \cosh z\, dz$

   (b) $\displaystyle\int_{i}^{1+i} z e^z\, dz$

   (c) $\displaystyle\int_{\pi}^{i} e^z \cos z\, dz$

4. 於下列各小題中,利用(11)式或(12)式,求 $\oint_C f(z)dz$ 之值

(a) $f(z) = \dfrac{e^z}{z-\pi i}$; $C:|z|=4$

(b) $f(z) = \dfrac{2z^3}{(z-2)^2}$; C:四個頂點為 $4\pm i$ 和 $-4\pm i$ 的矩形

(c) $f(z) = \dfrac{\cos z - \sin z}{(z+i)^4}$; $C:|z|=7$

§9-5 複變級數： Taylor 級數與 Laurent 級數

在 9-4 節中，吾人可以從【定理十五】（導數的 Cauchy 積分公式）得知，若一複函數 $f(z)$ 於 z_0 點解析，則 $f(z)$ 在 z_0 點具有所有階數的導數。以 z_0 點為中心，對 $f(z)$ 展開的冪級數，稱為 Taylor 級數。另一方面，若 $f(z)$ 於 z_0 點不可解析，則我們仍然可以 z_0 為中心，對 $f(z)$ 展開成另一不同種類的級數，稱為 Laurent 級數。Laurent 級數將會導致**餘值** (residue) 的觀念，使得對於複函積分提出一種有效的求值方法。

本章節將先對複數的序列與級數的基本觀念作一介紹，然後才討論本章節的重點：Taylor 級數與 Laurent 級數。

A. 複數序列與級數的基本觀念

複數**序列**(sequence)和**級數**(series)與微積分中的實數序列和級數類似。

一複數序列 $\{z_n\}$ 的定義域為 $n = 1, 2, 3, \cdots$，而值域為複平面的某一集合。例如 $\{1 - i^n\}$ 為 $1 - i, 2, 1 + i, 0, \cdots$。若 $\lim_{n \to \infty} z_n = \mathrm{P} < \infty$，則稱序列 $\{z_n\}$ 收斂。上面所述的序列為發散，此乃因為此序列前四個值一直重複，在 $n \to \infty$ 時，沒有一個固定的極限值。

複數序列有下列性質：

> 序列 $\{z_n\}$ 收斂於複數 P
>
> $\Leftrightarrow \operatorname{Re}(z_n)$ 收斂於 $\operatorname{Re}(P)$ 且 $\operatorname{Im}(z_n)$ 收斂於 $\operatorname{Im}(P)$

【例 1】 序列 $\left\{\dfrac{ni}{n-i}\right\}$ 是否為收斂？若收斂，求其收斂值。

解：$\because z_n = \dfrac{ni}{n-i} = \dfrac{ni(n+i)}{n^2+1} = \dfrac{-n}{n^2+1} + i\dfrac{n^2}{n^2+1}$

$\therefore \lim_{n\to\infty} \operatorname{Re}(z_n) = \lim_{n\to\infty} \dfrac{-n}{n^2+1} = \lim_{n\to\infty} \dfrac{-1}{n+\dfrac{1}{n}} = 0$

且 $\lim_{n\to\infty} \operatorname{Im}(z_n) = \lim_{n\to\infty} \dfrac{n^2}{n^2+1} = \lim_{n\to\infty} \dfrac{1}{1+\dfrac{1}{n^2}} = 1$

$\therefore \lim_{n\to\infty} z_n = 0 + i \cdot 1 = i$

表示 $\left\{\dfrac{ni}{n-i}\right\}$ 為收斂，其收斂值為 i。

茲定義**部份和** (partial sums) 序列 $\{S_n\}$ 為

$S_n = z_1 + z_2 + \cdots + z_n$。若序列 $\{S_n\}$ 收斂，則無窮級數 $\displaystyle\sum_{k=1}^{\infty} z_k$ 收

斂。此外，若 $\lim_{n\to\infty} S_n = P$，則 $\displaystyle\sum_{k=1}^{\infty} z_k = P$。

幾何級數(geometric series)是非常實用的無窮級數，其定義如下：

$$\sum_{k=1}^{\infty} az^{k-1} = a + az + az^2 + \cdots \tag{1}$$

此級數的部份和序列 $\{S_n\}$ 為

$$S_n = a + az + \cdots + az^{n-1} \tag{2}$$

則　　$S_n - zS_n = a - az^n$

解之得，$S_n = \dfrac{a(1-z^n)}{1-z}$。

當 $|z| < 1$ 時，$\displaystyle\lim_{n\to\infty} S_n = \dfrac{a}{1-z}$，故 $\displaystyle\sum_{k=1}^{\infty} az^{k-1} = \dfrac{a}{1-z}$，

當 $|z| \geq 1$ 時，$\displaystyle\lim_{n\to\infty} S_n$ 不存在，故 $\displaystyle\sum_{k=1}^{\infty} az^{k-1}$ 發散。

【例2】$\displaystyle\sum_{k=1}^{\infty} \dfrac{(1+i)^k}{2^k}$ 是否為收斂？若為收斂的話，求其收斂值。

解：此級數為幾何級數，其公比值 (common ratio)

$$z = \dfrac{i+1}{2}，而 a = 1。$$

$$\because |z| = \dfrac{\sqrt{2}}{2} = \dfrac{1}{\sqrt{2}} < 1$$

$$\therefore 此級數收斂，其值為 \dfrac{a}{1-z} = \dfrac{1}{1 - \dfrac{1+i}{2}} = 1 + i$$

■

無窮級數有下列性質：

性質一： 若 $\sum\limits_{k=1}^{\infty} z_k$ 收斂，則 $\lim\limits_{n \to \infty} z_n = 0$。

性質二： 若 $\lim\limits_{n \to \infty} z_n \neq 0$，則 $\sum\limits_{k=1}^{\infty} z_k$ 發散。

性質三： 若 $\sum\limits_{k=1}^{\infty} |z_k|$ 收斂，則 $\sum\limits_{k=1}^{\infty} z_k$ 收斂。

下面介紹常用來測試無窮級數是否收斂及其收斂範圍的兩個定理：

【定理十六】（比值試驗法）

假設 $\sum\limits_{k=1}^{\infty} z_k$ 為非零複數的級數，滿足

$$\lim_{n \to \infty} \left| \frac{z_{n+1}}{z_n} \right| = L \qquad\qquad （3）$$

(a)若 L<1，則級數 $\sum\limits_{k=1}^{\infty} z_k$ 和 $\sum\limits_{k=1}^{\infty} |z_k|$ 均收斂；

(b)若 L>1 或 L=∞，則 $\sum\limits_{k=1}^{\infty} z_k$ 發散；

(c)若 L=1，則無法判斷 $\sum\limits_{k=1}^{\infty} z_k$ 是否收斂或發散。

【定理十七】（根植試驗法）

假設 $\sum\limits_{k=1}^{\infty} z_k$ 為複數級數，滿足

$$\lim_{n \to \infty} \sqrt[n]{|z_n|} = L \qquad\qquad (4)$$

(a)若 L<1，則級數 $\sum\limits_{k=1}^{\infty} z_k$ 和 $\sum\limits_{k=1}^{\infty} |z_k|$ 均收斂；

(b)若 L>1 或 L=∞，則 $\sum\limits_{k=1}^{\infty} z_k$ 發散；

(c)若 L=1，則無法判斷 $\sum\limits_{k=1}^{\infty} z_k$ 是否收斂或發散。

冪級數 (power series) 在函數分析中扮演相當重要的角色。具有下列形式的無窮級數

$$\sum_{k=1}^{\infty} a_k (z - z_0)^k = a_0 + a_1 (z - z_0) + a_2 (z - z_0)^2 + \cdots \qquad (5)$$

稱為以 $z - z_0$ 表示的冪級數，其中 z_0 稱為級數的**中心** (center)，而 a_k 稱為係數。

每一冪級數都有**收斂半徑** (radius of convergence) R 其對應的**收斂圓** (circle of convergence) $|z - z_0| = R$。若 $|z - z_0| < R$，則級數收斂；反之，若 $|z - z_0| > R$，則級數發散。

收斂半徑 R 可能為下列三種情形中的一種：

(a) 0，表示級數只在 $z = z_0$ 點收斂；

(b) 有限值，代表級數只在 $|z - z_0| = R$ 內部所有點收斂；

(c) 無限大，代表級數在整個複平面上所有點收斂。

至於在收斂圓上的點，級數可能在某一些點，全部點或沒有任何點收斂。

利用比值試驗法於冪級數(5)式，可得收斂半徑 R 是由

$\lim\limits_{n \to \infty} \left| \dfrac{a_{n+1}}{a_n} \right|$ 來決定，如下：

(a) 若 $\lim\limits_{n \to \infty} \left| \dfrac{a_{n+1}}{a_n} \right| = 0$，則 $R = \infty$；

(b) 若 $\lim\limits_{n \to \infty} \left| \dfrac{a_{n+1}}{a_n} \right| = L \neq 0$，則 $R = \dfrac{1}{L}$；

(c) 若 $\lim\limits_{n \to \infty} \left| \dfrac{a_{n+1}}{a_n} \right| = \infty$，則 $R = 0$。

利用根值試驗法於冪級數(5)式，可得收斂半徑 R 是由

$\lim\limits_{n \to \infty} \sqrt[n]{|a_n|}$ 來決定，如下：

(a) 若 $\lim\limits_{n \to \infty} \sqrt[n]{|a_n|} = 0$，則 $R = \infty$；

(b) 若 $\lim\limits_{n \to \infty} \sqrt[n]{|a_n|} = L \neq 0$，則 $R = \dfrac{1}{L}$；

(c) 若 $\lim\limits_{n \to \infty} \sqrt[n]{|a_n|} = \infty$，則 $R = 0$。

冪級數 $\sum\limits_{k=0}^{\infty} a_k (z - z_0)^k$ 在其收斂圓 $|z - z_0| = R$，$R \neq 0$ 的內部，具有下列性質：

1. 代表一連續函數 $f(z)$。

2. 逐項作 n 次微分的結果，代表 n 階導數 $f^{(n)}(z)$。

【例 3】利用比值試驗，求 $\sum\limits_{k=1}^{\infty} \dfrac{(z-i)^k}{k2^k}$ 的收斂半徑。

解：$\because \lim\limits_{n \to \infty} \left| \dfrac{a_{n+1}}{a_n} \right| = \lim\limits_{n \to \infty} \dfrac{\left| \dfrac{1}{(n+1)2^{n+1}} \right|}{\left| \dfrac{1}{n2^n} \right|} = \lim\limits_{n \to \infty} \dfrac{1}{2} \dfrac{n}{n+1} = \dfrac{1}{2}$

$\therefore$ 由此比值試驗得，此級數收斂半徑為 2。 ■

【例 4】利用根值試驗，求 $\sum\limits_{k=1}^{\infty} (1+3i)^k (z-i)^k$ 的收斂半徑。

解：$\because \lim\limits_{n \to \infty} \sqrt[n]{|a_n|} = \lim\limits_{n \to \infty} \sqrt[n]{|1+3i|^n} = |1+3i| = \sqrt{10}$

$\therefore$ 由此根值試驗得知，此級數收斂的半徑為 $\dfrac{1}{\sqrt{10}}$。 ■

B. Taylor 級數

假設有一冪級數在 $|z - z_0| < R$，$R \neq 0$ 內代表一複函數

$f(z)$，即

$$f(z) = \sum_{k=0}^{\infty} a_k (z - z_0)^k = a_0 + a_1 (z - z_0) + a_2 (z - z_0)^2 + \cdots \quad （6）$$

從冪級數的逐項微分性質，可得

$$f'(z) = \sum_{k=1}^{\infty} k a_k (z - z_0)^{k-1} \quad （7）$$

$$f^{(2)}(z) = \sum_{k=2}^{\infty} k(k-1) a_k (z - z_0)^{k-2} \quad （8）$$

$\vdots$

上面每一個微分後的冪級數，由比值試驗可得，每一級數的收斂半徑，皆與原級數之收斂半徑相同。此外原級數(6)代表在收斂圓內部的可微分函數。所以，我們可以得到下面的結論：**當 R ≠ 0 時，冪級數在其收斂圓的內部，代表一解析函數。**

接下來，吾人討論係數 a_k 和 $f(z)$ 的導數之間的關係。將 $z = z_0$ 代入(6),(7)和(8)式可得：

$$f(z_0) = a_0 \ , \ f'(z_0) = 1 \cdot a_1 \ , \ f^{(2)}(z_0) = 2! a_2 \ , \cdots$$

以此類推，可得

$$f^{(n)}(z_0) = n! a_n$$

或　　$a_n = \dfrac{f^{(n)}(z_0)}{n!}$, $n \geq 0$　　　　　　　　　（9）

將(9)式代入(6)式可得 Taylor(泰勒)級數如下：

$$f(z) = \sum_{k=0}^{\infty} \frac{f^{(k)}(z_0)}{k!}(z-z_0)^k$$　　　　　　（10）

當中心 $z_0 = 0$ 時，(10)式變成

$$f(z) = \sum_{k=0}^{\infty} \frac{f^{(k)}(0)}{k!}z^k$$　　　　　　　　（11）

(11)式稱爲 Maclaurin(馬克洛林)級數，是 Taylor 級數的中心爲零的特別情形。

　　另一方面，若已知一複變函數 $f(z)$ 在某一區域 D 內爲解析，是否我們可以用(10)式或(11)式的級數來代表 $f(z)$？此問題的答案是肯定的，其理由可從下面定理得知：

【定理十八】（**Taylor 級數**）

　　若 $f(z)$ 於某一區域 D 內解析，且 z_0 爲 D 內的一點，則 f 可用下列的冪級數表示

$$f(z) = \sum_{k=0}^{\infty} \frac{f^{(k)}(z_0)}{k!}(z-z_0)^k$$　　　　　　（12）

此級數的收斂圓 C 是以 z_0 爲圓心，半徑爲 R 而能使 C 完全位於 D 內之最大圓。

證：如圖八所示，令 z 爲圓 C 內的固定點，ω 爲圓 C 上的積

分變數，而 C 可表示成 $|\omega - z_0| = R$ 。

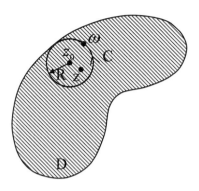

圖八

由 Cauchy 積分公式可得，$f(z)$ 值為

$$f(z) = \frac{1}{2\pi i} \oint_C \frac{f(\omega)}{\omega - z} d\omega$$

$$= \frac{1}{2\pi i} \oint_C \frac{f(\omega)}{(\omega - z_0) - (z - z_0)} d\omega$$

$$= \frac{1}{2\pi i} \oint_C \frac{f(\omega)}{\omega - z_0} \frac{1}{1 - (z - z_0)/(\omega - z_0)} d\omega$$

由於 $\left| \dfrac{z - z_0}{\omega - z_0} \right| < 1$ ，所以上式可寫成

$$f(z) = \frac{1}{2\pi i} \oint_C \frac{f(\omega)}{\omega - z_0} \cdot \sum_{n=0}^{\infty} \left(\frac{z - z_0}{\omega - z_0} \right)^n d\omega$$

$$= \sum_{n=0}^{\infty} \left(\frac{1}{2\pi i} \oint_C \frac{f(\omega)}{(\omega - z_0)^{n+1}} \cdot d\omega \right) (z - z_0)^n$$

由導數的 Cauchy 積分公式，上式可簡化成

$$f(z) = \sum_{n=0}^{\infty} \frac{f^{(n)}(z_0)}{n!}(z - z_0)^n$$

■

由於 Taylor 級數為冪級數，所以吾人可用比值或根值試驗來求其收斂半徑。然而，有一種更便捷的方法來求收斂半徑，意即從級數的中心 z_0 到函數 $f(z)$ 最靠近 z_0 的**孤立奇異點** (isolated singularity)之距離。所謂孤立奇異點是指 $f(z)$ 在該點不可解析，但在該點的某一鄰域之所有點可解析之點。例如，$f(z) = \dfrac{1}{z - i}$ 的孤立奇異點為 $z = i$。

【例5】求 $f(z) = e^z$ 的 Maclaurin 級數。

解：$\because f^{(k)}(z) = e^z$, $k \geq 0$

$\therefore f^{(k)}(0) = 1$, $k \geq 0$

$\therefore$ 由(11)式可得

$$f(z) = \sum_{R=1}^{\infty} \frac{1}{k!}x^k$$

■

另一種求 Taylor 級數的方法，可利用常見已知的級數，如幾何級數，來推導更為方便。

【例6】求 $f(z) = \dfrac{2i}{4+iz}$ 的 Taylor 級數，其中心 $z_0 = -3i$。

解：
$$f(z) = \frac{2i}{4+i(z+3i)+3}$$

$$= \frac{2i}{7+i(z+3i)}$$

$$= \frac{2i}{7} \cdot \frac{1}{1+(\frac{i}{7})(z+3i)}$$

利用幾何級數：

$$\frac{1}{1+t} = \frac{1}{1-(-t)} = \sum_{n=0}^{\infty}(-t)^n, \ |t| < 1$$

則 $f(z) = \dfrac{2i}{7}\sum_{n=0}^{\infty}\left[\dfrac{-i}{7}(z+3i)\right]^n$

$$= \sum_{n=0}^{\infty}2\cdot\frac{(-1)^n i^{n+1}}{7^{n+1}}(z+3i)^n$$

為 Taylor 級數，其中心為 $z_0 = -3i$。

由於 $f(z)$ 的孤立奇異點為使其分母為零的點，即

$4i$，所以收斂半徑 $R = |z_0 - 4i| = |-3i-4i| = 7$

C. Laurent 級數

在討論 Laurent 級數之前，先定義下面的專有名詞：

1. 正規點 (ordinary point)

若複函數 $f(z)$ 在 $z = z_0$ 點解析，則稱 z_0 為 $f(z)$ 的正規點。

2. 奇異點 (singular point)

若複函數 $f(z)$ 在 $z = z_0$ 點不可解析，則稱 z_0 為 $f(z)$ 的奇異點。

3. 孤立奇異點 (isolated singularity)

若複函數 $f(z)$ 在 $z = z_0$ 點不可解析，但在 z_0 的某一鄰域可解析，則稱 z_0 為 $f(z)$ 的孤立奇異點

4. 非孤立奇異點 (nonisolated singularity)

若複函數 $f(z)$ 在 $z = z_0$ 點不可解析，但在 z_0 的每一鄰域，至少有一點使 $f(z)$ 不可解析，則稱 z_0 點為 $f(z)$ 的非孤立奇異點。

以 $f(z) = \dfrac{z^2}{(z-1)(z+i)}$ 為例，$z = 1$ 和 $z = -i$ 為孤立奇異點，此乃因 $f(z)$ 在 $z = 1$ 和 $z = -i$ 沒有定義，故不可解析，且於 $z = 1$ 的鄰域 $0 < |z-1| < 1$ 和 $z = -i$ 的鄰域 $0 < |z+i| < 1$ 均不可解析之故。

以 $f(z) = \text{Ln } z$ 為例，$z = 0$ 和任意負實數均為非孤立奇異

點,此乃因為 Ln z 於這些點均不可解析,且在這些點的每一

鄰域,至少有一點會在負實數軸上之故。

若 $f(z)$ 在 $z = z_0$ 點不可解析,則 $f(z)$ 不能以 z_0 為中心的

Taylor 級數來表示。然而,對於一個孤立奇異點 $z = z_0$ 而言,

將 $f(z)$ 以一種新的級數,包含 $z - z_0$ 的負整數及非負整數冪

次方來表示;即

$$f(z) = \cdots + \frac{a_{-2}}{(z-z_0)^2} + \frac{a_{-1}}{z-z_0} + a_0 + a_1(z-z_0) + a_2(z-z_0)^2 + \cdots$$

是有可能的。上式可改寫成

$$f(z) = \sum_{k=1}^{\infty} \frac{a_{-k}}{(z-z_0)^k} + \sum_{k=0}^{\infty} a_k(z-z_0)^k \qquad (13)$$

(13)式中的第一個級數會於 $\frac{1}{|z-z_0|} < r^*$(或 $|z-z_0| > \frac{1}{r^*} = r$)

內收斂。(13)式中的第二個級數會於 $|z-z_0| < R$ 內收斂。所

以,此兩個級數之和將會於**環形**(annular)域,$r < |z-z_0| < R$ 內

收斂。當然(13)式可寫成

$$f(z) = \sum_{k=-\infty}^{\infty} a_k(z-z_0)^k$$

，稱為 $f(z)$ 之以 z_0 為中心的 Laurent 級數。

【定理十九】（**Laurent 級數**）

若 $f(z)$ 於一環形域 $D: r < |z - z_0| < R$ 解析，則 $f(z)$ 可用

Laurent 級數

$$f(z) = \sum_{k=-\infty}^{\infty} a_k (z - z_0)^k \qquad (14)$$

（收斂於 D 內）來表示。係數 a_k 為

$$a_k = \frac{1}{2\pi i} \oint_C \frac{f(\omega)}{(\omega - z_0)^{k+1}} d\omega \qquad (15)$$

，k 為所有整數；其中 C 為 D 內的某一單封閉曲線，而 z_0 在 C 內部（如圖九所示）。

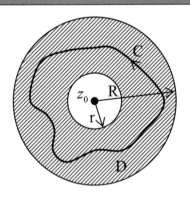

圖九

證：如圖十所示，設 C_1 和 C_2 為 D(陰影區域)內，以 z_0 為圓心 的兩個同心圓，而 z 是 D 內某一固定點，介於 C_1 的內部 和 C_2 之外部區域。

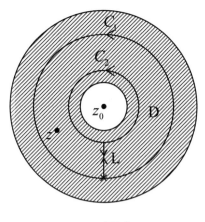

圖十

作一線段 L，可得一封閉逆時向的曲線

$C = C_1 \cup L \cup \{-C_2\} \cup \{-L\}$，其所包圍的區域內任一點 z

而言，$f(z)$ 可解析。

依據 Cauchy 積分公式得知，

$$f(z) = \frac{1}{2\pi i} \oint_C \frac{f(\omega)}{\omega - z} d\omega \qquad （16）$$

因為 $\displaystyle\oint_L \frac{f(\omega)}{\omega - z} d\omega + \oint_{-L} \frac{f(\omega)}{\omega - z} d\omega = 0$

所以(16)式可簡化成：

$$f(z) = \frac{1}{2\pi i} \oint_{C_1} \frac{f(\omega)}{\omega - z} d\omega - \frac{1}{2\pi i} \oint_{C_2} \frac{f(\omega)}{\omega - z} d\omega \qquad （17）$$

(a)若 ω 在 C_1 上，則 $|\omega - z_0| > |z - z_0|$

所以，$\displaystyle\frac{1}{\omega - z} = \frac{1}{\omega - z_0 + z_0 - z} = \frac{1}{\omega - z_0 - (z - z_0)}$

$$= \frac{1}{\omega - z_0} \cdot \frac{1}{1 - (z - z_0)/\omega - z_0}$$

$$= \frac{1}{\omega - z_0} \cdot \sum_{n=0}^{\infty} \left(\frac{z - z_0}{\omega - z_0} \right)^n$$

$$= \sum_{n=0}^{\infty} \frac{1}{(\omega - z_0)^{n+1}} (z - z_0)^n$$

(b)若 ω 在 C_2 上，則 $|z - z_0| > |\omega - z_0|$

所以， $\dfrac{1}{\omega - z} = \dfrac{1}{\omega - z_0 - (z - z_0)} = \dfrac{1}{z - z_0} \cdot \dfrac{1}{\dfrac{\omega - z_0}{z - z_0} - 1}$

$$= \frac{-1}{z - z_0} \cdot \frac{1}{1 - \dfrac{\omega - z_0}{z - z_0}}$$

$$= \frac{-1}{z - z_0} \cdot \sum_{n=0}^{\infty} \left(\frac{\omega - z_0}{z - z_0} \right)^n$$

$$= -\sum_{n=0}^{\infty} (\omega - z_0)^n \frac{1}{(z - z_0)^{n+1}}$$

所以，(17)式可表成：

$$f(z) = \sum_{n=0}^{\infty} \left[\frac{1}{2\pi i} \oint_{C_1} \frac{f(\omega)}{(\omega - z_0)^{n+1}} d\omega \right] (z - z_0)^n$$

$$+ \sum_{n=0}^{\infty} \left[\frac{1}{2\pi i} \oint_{C_2} f(\omega)(\omega - z_0)^n d\omega \right] \frac{1}{(z - z_0)^{n+1}} \quad （1 8）$$

(18)式的第二項中，令 $n = -(m+1)$ ，則此項可寫成：

$$\sum_{m=-1}^{-\infty} \left[\frac{1}{2\pi i} \oint_{C_2} \frac{f(\omega)}{(\omega - z_0)^{m+1}} d\omega \right] (z - z_0)^m$$

或 $\displaystyle\sum_{n=-\infty}^{-1}\left[\frac{1}{2\pi i}\oint_{C_2}\frac{f(\omega)}{(\omega-z_0)^{n+1}}d\omega\right](z-z_0)^n$

利用路徑變形原理，令 γ 為 D 內的任一單封閉逆繞

向曲線，則

$$\oint_{C_1}\frac{f(\omega)}{(\omega-z_0)^{n+1}}d\omega=\oint_{\gamma}\frac{f(\omega)}{(\omega-z_0)^{n+1}}d\omega$$

$$\oint_{C_2}\frac{f(\omega)}{(\omega-z_0)^{n+1}}d\omega=\oint_{\gamma}\frac{f(\omega)}{(\omega-z_0)^{n+1}}d\omega$$

故(18)式可表成：

$$f(z)=\sum_{n=-\infty}^{\infty}\left[\frac{1}{2\pi i}\oint_{\gamma}\frac{f(\omega)}{(\omega-z_0)^{n+1}}d\omega\right](z-z_0)^n$$

■

〔註〕1. 當 $a_k=0$, $k=-1,-2,\cdots$ 時，Laurent 級數為 Taylor 級數。

所以 Laurent 級數可稱為 Taylor 級數的延伸。

2. Laurent 級數收斂區域 $r<|z-z_0|<R$ 的形狀不一定是環

形 (ring or annulus)。其他可能的區域有：

(a) $0<|z-z_0|<R$ ：圓 $|z-z_0|=R$ 的內部 (z_0 除外)

(b) $r<|z-z_0|<\infty$ ：圓 $|z-z_0|=r$ 的外部

(c) $0<|z-z_0|<\infty$ ：整個複平面 (z_0 點除外)

3. 在實際求複函數的 Laurent 級數時，我們很少使用(15)式直接求係數 a_k。但無可諱言的是，(15)式在複函分析的理論推導上十分重要。

在實際求 Laurent 級數時，通常使用已知級數，如幾何級數等，來推導，如下面的一些例子所示。

【例7】求 $f(z) = e^{\frac{1}{z}}$ 以 $z = 0$ 為中心的 Laurent 級數。

解：因為 $f(z) = e^{\frac{1}{z}}$ 於 $z = 0$ 不能解析，所以無法用 Maclaurin 級數來表示。但是 e^z 為全函數，其 Maclaurin 函數為 $e^z = \sum_{n=0}^{\infty} \frac{z^n}{n!}$

所以，$e^{\frac{1}{z}} = \sum_{n=0}^{\infty} \frac{1}{n!} \frac{1}{z^n} = 1 + \frac{1}{z} + \frac{1}{2z^2} + \cdots$

為所求。 ■

【例8】求 $f(z) = \frac{\cos z}{z^2}$ 以 $z = 0$ 為中心的 Laurent 級數。

解：因為 $f(z)$ 於 $z = 0$ 不能解析，所以無法用 Maclaurin 級數來表示。但是 $\cos z$ 為全函數，其 Maclaurin 函數為 $\cos z = \sum_{n=0}^{\infty} \frac{(-1)^n}{(2n)!} z^{2n}$

所以，$f(z) = \sum_{n=0}^{\infty} \frac{(-1)^n}{(2n)!} z^{2n-2}$

$$= \frac{1}{z^2} - \frac{1}{2} + \frac{1}{24} z^2 + \cdots$$

爲所求。

■

【例9】分別於 (a) $0 < |z| < 1$， (b) $|z| > 1$，(c) $0 < |z-i| < 1$

和 (d) $|z-i| > 1$ 四個收斂區域，求 $f(z) = \dfrac{1}{z(z-i)}$

的 Laurent 級數。

解：於(a)和(b)時，Laurent 級數的中心需爲 $z = 0$，於(c)

和(d)時，Laurent 級數的中心需爲 $z = i$。

(a) 爲了使級數收斂於 $|z| < 1$，吾人可將 $f(z)$ 寫成

$$f(z) = \frac{1}{-iz} \cdot \frac{1}{(1+iz)}$$

由幾何公式：

$$\frac{1}{1-t} = 1 + t + t^2 + \cdots, \quad |t| < 1$$

可得，$\dfrac{1}{1+iz} = 1 - iz + (-iz)^2 + \cdots$

$$= 1 - iz - z^2 + iz^3 - \cdots$$

所以，$f(z) = \dfrac{1}{-iz}(1 - iz - z^2 + iz^3 - \cdots)$

$$= \frac{i}{z} + 1 - iz - z^2 - \cdots$$

上式中小括號內的級數，收斂於 $|-iz| < 1$（或

$|z| < 1$）。乘上 $\dfrac{1}{-iz}$ 後的級數仍收斂於 $0 < |z| < 1$。

(b)　為了使級數收斂於 $|z| > 1$，吾人可先建構一幾何

級數使其收斂於 $\left|\dfrac{1}{z}\right| < 1$。所以，將 $f(z)$ 寫成

$$f(z) = \frac{1}{z^2} \cdot \frac{1}{1 - \dfrac{i}{z}}$$

$$= \frac{1}{z^2}\left[1 + \frac{i}{z} + \left(\frac{i}{z}\right)^2 + \cdots\right]$$

$$= \frac{1}{z^2} + \frac{i}{z^3} - \frac{1}{z^4} + \cdots$$

上式中的中括號內的級數，收斂於 $\left|\dfrac{i}{z}\right| < 1$（或

$|z| > 1$）。所以，乘上 $\dfrac{1}{z^2}$ 後的級數仍收斂於 $|z| > 1$

(c)　為了使級數收斂於 $0 < |z - i| < 1$，吾人可以先建構

一幾何級數，使其收斂於 $|z - i| < 1$。所以，將 $f(z)$

寫成

$$f(z) = \frac{1}{z - i} \cdot \frac{1}{z - i + i}$$

$$= \frac{1}{i} \cdot \frac{1}{z-i} \cdot \frac{1}{1+\frac{z-i}{i}}$$

$$= \frac{-i}{z-i}\left[1+\left(\frac{z-i}{-i}\right)+\left(\frac{z-i}{-i}\right)^2+\cdots\right]$$

$$= \frac{-i}{z-i}+1+i(z-i)+\cdots$$

上式的中括號內的級數收斂於 $\left|\dfrac{z-i}{i}\right|<1$（或

$|z-i|<1$）內。乘上 $\dfrac{-i}{z-i}$ 後的級數仍收斂於

$0<|z-i|<1$。

(d)為了使級數收斂於 $|z-i|>1$，吾人可以先建構

一幾何級數，使其收斂於 $\left|\dfrac{1}{z-i}\right|<1$。所以，將 $f(z)$

寫成

$$f(z) = \frac{1}{z-i} \cdot \frac{1}{z-i+i}$$

$$= \frac{1}{z-i} \cdot \frac{1}{(z-i)\left(1+\frac{i}{z-i}\right)}$$

$$= \frac{1}{(z-i)^2} \cdot \frac{1}{1+\frac{i}{z-i}}$$

$$= \frac{1}{(z-i)^2} \cdot \left[1+\left(\frac{-i}{z-i}\right)+\left(\frac{-i}{z-i}\right)^2+\cdots\right]$$

$$= \frac{1}{(z-i)^2} - \frac{i}{(z-i)^3} + \frac{-1}{(z-i)^4} + \cdots$$

上式中的中括號內的級數收斂於 $\left|\dfrac{-i}{z-i}\right| < 1$（或

$|z-i| > 1$）內。乘上 $\dfrac{1}{(z-i)^2}$ 後的級數仍收斂於

$|z-i| > 1$。

■

【例１０】於 $2 < |z+2| < 3$ 的收斂區域，求 $f(z) = \dfrac{1}{z(z-1)}$ 的

Laurent 級數。

解：因為收斂區域為 $2 < |z+2| < 3$，所以我們的目的就

是要找出兩個以 $z+2$ 的整數密次方來表示自然

級數，其中一個級數的收斂區域為 $|z+2| < 3$，另

一個級數的收斂區間為 $|z+2| > 2$。

利用部份分式法，將 $f(z)$ 寫成

$$f(z) = \frac{-1}{z} + \frac{1}{z-1}$$

$$\frac{-1}{z} = \frac{-1}{-2+(z+2)}$$

$$= \frac{-1}{z+2} \cdot \frac{1}{1-\frac{2}{z+2}}$$

$$= \frac{-1}{z+2} \left[1 + \frac{2}{z+2} + \frac{2^2}{(z+2)^2} + \cdots \right]$$

$$= \frac{-1}{z+2} + \frac{-2}{(z+2)^2} + \frac{-2^2}{(z+2)^3} + \cdots$$

上面的級數收斂於 $\left| \frac{2}{z+2} \right| < 1$，即 $|z+2| > 2$。此外

$$\frac{1}{z-1} = \frac{1}{-3+(z+2)}$$

$$= \frac{1}{-3} \cdot \frac{1}{1-\frac{z+2}{3}}$$

$$= \frac{1}{-3} \cdot \left[1 + \frac{z+2}{3} + \frac{(z+2)^2}{3^2} + \cdots \right]$$

$$= \frac{1}{-3} - \frac{z+2}{3^2} - \frac{(z+2)^3}{3^3} + \cdots$$

上面的級數收斂於 $\left| \frac{z+2}{3} \right| < 1$，即 $|z+2| < 3$。

綜合上述的結論，$f(z)$ 的 Laurent 級數，在

$2 < |z+2| < 3$ 的收斂區間，可表示成。

$$f(z) = \cdots - \frac{2^2}{(z+2)^3} - \frac{2}{(z+2)^2} - \frac{1}{z+2} - \frac{1}{3}$$

$$- \frac{z+2}{3^2} - \frac{(z+2)^3}{3^3} + \cdots$$

習題（9－5）

1. 下列的序列，何者為收斂，何者為發散？

(a) $\left\{\dfrac{ni+5^n}{ni+2^n}\right\}$ ， (b) $\left\{\dfrac{1+i^n}{\sqrt{n}}\right\}$ ，(c) $\left\{\dfrac{n(1+i^n)}{n+1}\right\}$ 。

2. 下列的幾何級數中，決定是否為收斂或發散。若為收斂，求其值。

(a) $\displaystyle\sum_{k=0}^{\infty}(1+i)^k$ ， (b) $\displaystyle\sum_{k=1}^{\infty}(\dfrac{i}{2})^k$ ，(c) $\displaystyle\sum_{k=2}^{\infty}\dfrac{1}{(1+i)^{k-1}}$ 。

3. 下列的冪級數，求其收斂半徑及圓。

(a) $\displaystyle\sum_{k=1}^{\infty}\dfrac{(-1)^k}{k2^k}(z-1)^k$ ， (b) $\displaystyle\sum_{k=0}^{\infty}\dfrac{1}{k^2(1+i)^k}(z+i)^k$ 。

4. 求下列函數的 Maclaurin 級數和其收斂半徑。

(a) $f(z)=\dfrac{1}{(1+z)^2}$ ， (b) $f(z)=\cos^2 z$ ，

(c) $f(z)=\dfrac{1}{(z-i)(z+1)}$ 。

5. 求下列函數的 Taylor 級數及其收斂區間。

(a) $f(z)=\dfrac{1}{z+i}$, $z_0=1$

(b) $f(z)=\dfrac{z}{1+z^2}$, $z_0=1+i$

6. (a) 假設主對數函數 Ln z 以 $z_0=-1+i$ 為中心展開其 Taylor 級數。請說明 R $=1$ 為以 z_0 為中心的最大圓之半徑，使得在

此圓內 Ln z 為解析。

(b) 証明，在圓 $|z-(-1+i)|=1$ 之內部，Ln z 的 Taylor 級數為

$$\text{Ln } z = \frac{1}{2}\ln 2 + \frac{3\pi}{4}i - \sum_{k=1}^{\infty}\frac{1}{k}\left(\frac{1+i}{2}\right)^{k}(z+1-i)^{k}$$

(c) 證明(b)小題內的 Taylor 級數之收斂半徑為 $R = \sqrt{2}$。請說

明此結果為何與(a)的結果不會互相牴觸？

7. 求於下列的收斂區域內，代表 $f(z) = \dfrac{1}{z(z-3)}$ 的 Laurent 級

數：（請列出最少四項）

(a) $0 < |z| < 3$，(b) $0 < |z-3| < 3$，(c) $1 < |z-4| < 4$。

§9-6 零點與極點

假設 $z = z_0$ 為複變函數 $f(z)$ 的孤立奇異點。由 9-5 節可知，

$f(z)$ 於收斂區域 $0 < |z - z_0| < R$ 內，可用 Laurent 級數來表示如下：

$$f(z) = \sum_{k=1}^{\infty} \frac{a_{-k}}{(z - z_0)^k} + \sum_{k=0}^{\infty} a_k (z - z_0)^k \qquad （1）$$

(1)式中的第一個級數稱為 $f(z)$ 在 $z = z_0$ 點的**主部份**(principal

part)。依照主部份所包含非零項的數目是否為零、有限或無限，

孤立奇異點 z_0 可分成下面三類：

a. **可移除奇異點** (removable singularity)

主部分為零，即 $a_{-k} = 0$，k 為所有正整數。(1)式為

$$\boxed{f(z) = a_0 + a_1(z - z_0) + a_2(z - z_0)^2 + \cdots}$$

b. **n 階極點** (pole of order n)

若主部份包含有限個非零項，則稱 z_0 為極點 (pole)。此

外，若主部份中的 a_{-n} 是最後的非零係數，則稱極點 z_0 為 n

階。階數 $n = 1$ 的極點簡稱為**單極點** (simple pole)。若 z_0 為 n 階

極點時，(1)式為

$$\boxed{f(z) = \frac{a_{-n}}{(z - z_0)^n} + \cdots + \frac{a_{-1}}{z - z_0} + a_0 + a_1(z - z_0) + \cdots}$$

c. **本質奇異點** (essential singularity)

主部份包含無限個非零項。(1)式為

$$f(z) = \cdots + \frac{a_{-2}}{(z-z_0)^2} + \frac{a_{-1}}{z-z_0} + a_0 + a_1(z-z_0) + \cdots$$

請讀者注意，作奇異點分類時，**Laurent 級數的收斂區域必須是** $0 < |z-z_0| < R$ 的形式 **(R 可為無限大)**。

【例 1】證明 $Z = 0$ 為 $f(z) = \dfrac{1-\cos z}{z}$ 的可移除奇異點。

解：$\because \cos z$ 的 Maclaurin 級數為

$$\cos z = \sum_{n=0}^{\infty} \frac{(-1)^n}{(2n)!} z^{2n}$$

$$\therefore f(z) = \frac{1-\cos z}{z} = \frac{1}{z} - \sum_{n=0}^{\infty} \frac{(-1)^n}{(2n)!} z^{2n-1}$$

$$= \frac{1}{z} - \left(\frac{1}{z} - \frac{1}{2}z + \frac{1}{12}z^3 - \cdots \right)$$

$$= \frac{1}{2}z - \frac{1}{12}z^3 + \cdots$$

由於上面的 Luarent 級數的主部份為零，且其收斂區域為 $0 < |z| < \infty$，所以 $z = 0$ 為 $f(z)$ 的可疑除奇異點。

【例2】證明 $z = -1$ 為 $f(z) = \dfrac{1}{z+1}$ 的單極點。

解：$\because f(z) = \dfrac{1}{z+1}$ 為僅有一項的 Laurent 級數，其收斂區域為

$0 < |z+1| < \infty$ 且主部份的 $a_{-1} = 1 \neq 0$

$\therefore z = -1$ 為 $f(z)$ 的單極點。

■

【例3】於 9-5 節的【例9】中，吾人已證明 $f(z) = \dfrac{1}{z(z-i)}$ 在收

斂區域 $|z| > 1$ 內的 Laurent 級數為

$$f(z) = \frac{1}{z^2} + \frac{i}{z^3} - \frac{1}{z^4} + \cdots$$

這是否說明 $z = 0$ 為 $f(z)$ 的本質奇異點？答案是否定

的，因為(1)式的收斂範圍必須式 $0 < |z| < R$（R 可為 ∞）。

事實上，吾人也已經證明 $f(z) = \dfrac{1}{z(z-i)}$ 在收斂區域

$0 < |z| < 1$ 內的 Laurent 級數為

$$f(z) = \frac{i}{z} + 1 - iz - z^2 - \cdots$$

由於主部份僅有一項為 $\dfrac{i}{z}$，所以 $z = 0$ 為 $f(z)$ 的單極點。

同理，$z = i$ 也爲 $f(z)$ 的單極點。(請參考 9-5 節[例9]中

(c) 小題的 Laurent 級數)

■

【例 4】證明 $z = 0$ 爲 $f(z) = e^{\frac{1}{z}}$ 的本質奇異點。

解：吾人已於 9-5 節【例 7】中，證明在 $0 < |z| < \infty$ 內，

$f(z) = e^{\frac{1}{z}}$ 的 Laurent 級數爲

$$f(z) = 1 + \frac{1}{z} + \frac{1}{2z^2} + \cdots$$

由於主部份含有無限個非零項，所以 $z = 0$ 爲 $f(z)$ 的本質

奇異點。

■

從應用的觀點來看，極點是三種奇異點中最常見到的。此外，

由於**零點**(zero)與極點的關係非常密切，因此，吾人先對零點說明

其定義和性質。

若複函數 $f(z)$ 於 $z = z_0$ 點之值爲零，即 $f(z_0) = 0$，則 z_0 稱爲 f

的**零點**。若一解析函數 $f(z)$ 滿足 $f(z_0) = f'(z_0) = \cdots = f^{(n-1)}(z_0) = 0$

，且 $f^{(n)}(z_0) \neq 0$，則稱 z_0 爲 f 的 **n 階零點** (zero of order n)。

一階零點又稱為**單零點** (simple zreo)。

【例5】求 $f(z) = z\cos z$ 的零點及其階數。

解：$\because f(0) = 0$

$f'(z) = \cos z - z\sin z \implies f'(0) = 1 \neq 0$

$\therefore z = 0$ 為 $f(z)$ 的單零點。

■

若解析函數 $f(z)$ 有一 n 階零點 z_0，則以 z_0 為中心的 Taylor 級數必為下列形式：

$$f(z) = a_n(z - z_0)^n + a_{n+1}(z - z_0)^{n+1} + \cdots$$

$$= (z - z_0)^n \left[a_n + a_{n+1}(z - z_0) + \cdots \right] \qquad （2）$$

其中 $a_n \neq 0$。

下面的一些定理，是關極點的性質。

【定理二十】(n 階極點的充要條件)

若 $f(z)$ 於 $0 < |z - z_0| < R$ 為解析，則 $f(z)$ 有 n 階極點

$z_0 \Leftrightarrow \lim_{z \to z_0}(z - z_0)^n f(z)$ 為非零的有限值。

【例6】利用【定理二十】，求 $f(z) = \dfrac{z+1}{(z-1)(z-2)^3}$ 所有的極點及

其階數。

解：$\because f(z)$ 於 $0 < |z-1| < 1$ 為解析，且

$$\lim_{z \to 1}(z-1)f(z) = \lim_{z \to 1}\frac{z+1}{(z-2)^3} = -2 \neq 0$$

$\therefore f(z)$ 有單極點 1。

$\because f(z)$ 於 $0 < |z-2| < 1$ 為解析，且

$$\lim_{z \to 2}(z-2)^3 f(z) = \lim_{z \to 2}\frac{z+1}{z-1} = 3 \neq 0$$

$\therefore f(z)$ 有三階極點 2。

■

【定理二十一】

　　若 $f(z)$ 和 $g(z)$ 於 $z = z_0$ 解析，f 有 n 階零點 z_0，且 $g(z_0) \neq 0$，

則函數 $\dfrac{g(z)}{f(z)}$ 有 n 階極點 z_0。

【例7】利用【定理二十一】證明 $z = 0$ 為 $\dfrac{1+2z}{\sin^2(z)}$ 的二階極點。

證：令 $g(z) = 1 + 2z$，$f(z) = \sin^2(z)$。由於 $f(0) = 0$，

$f'(0) = 0$，且 $f^{(2)}(0) \neq 0$，所以 0 為 $f(z)$ 的二階零點。

此外，$g(0) = 1 \neq 0$，所以 $\dfrac{g(z)}{f(z)}$ 有二階極點 0。

■

【定理二十二】

若 $f(z)$ 和 $g(z)$ 於 $z = z_0$ 解析，f 有 m 階零點 z_0 且 g 有 k $(< m)$ 階零點 z_0，則 $\dfrac{g(z)}{f(z)}$ 有 $m - k$ 階極點 z_0。

【例 8】利用【定理二十二】證明 $z = \dfrac{\pi}{2}$ 為 $\dfrac{\left(z - \dfrac{\pi}{2}\right)^2}{\cos^4 z}$ 之二階極點。

證：令 $g(z) = \left(z - \dfrac{\pi}{2}\right)^2$ 且 $f(z) = cox^4 z$。由於 $g(z)$ 有二階零點 $\dfrac{\pi}{2}$ 且 $f(z)$ 有四階零點 $\dfrac{\pi}{2}$（請讀著自行證明），所以 $\dfrac{g(z)}{f(z)}$ 有 2 階極點 $\dfrac{\pi}{2}$。

■

習題（9－6）

1. 證明【定理二十】。

2. 證明【定理二十一】。

3. 證明【定理二十二】。

4. 求下列函數的零點和其階數。

    (a) $f(z) = (z+i)^2$

    (b) $f(z) = \sin^2 z$

    (c) $f(z) = e^{2z} - e^z$

5. 求下列函數的極點與其階數。

    (a) $f(z) = \tan z$

    (b) $f(z) = \dfrac{z+1}{(z-1)(z^3+1)}$

    (c) $f(z) = \dfrac{e^z}{e^3}$

§9-7 餘值定理及其應用

A. 餘值的定義與公式

於 9-5 節中，曾論及若 $f(z)$ 於 $z = z_0$ 點為孤立奇異點，

則於 $0 < |z - z_0| < R$ 內，有一 Laurent 級數

$$f(z) = \cdots + \frac{a_{-2}}{(z - z_0)^2} + \frac{a_{-1}}{z - z_0} + a_0 + a_1(z - z_0) + \cdots$$

來表示 $f(z)$。$\dfrac{1}{z - z_0}$ 的係數 a_{-1} 稱為 f 在 z_0 點的餘值

(residue)，以 $\text{Res}(f, z_0)$ 記之。

【例 1】求 $\text{Res}(f, 0)$，其中 $f(z) = \dfrac{\sin z}{z^3}$。

解：$f(z) = \dfrac{1}{z^3}\left(z - \dfrac{z^3}{3!} + \dfrac{z^5}{5!} - \cdots \right)$

$\qquad\quad = \dfrac{1}{z^2} - \dfrac{1}{6} + \dfrac{1}{5!}z^2 - \cdots$

為以 $z = 0$ 為中心的 Laurent 級數，其收斂區域為

$0 < |z| < \infty$。

由於 $\dfrac{1}{z}$ 的係數 $a_{-1} = 0$，所以 $\text{Res}(f, 0) = a_{-1} = 0$。

當 z_0 為 $f(z)$ 的極點時，吾人可以利用下面有關極點的餘值公式來求餘值，而不需要對 $f(z)$ 以 z_0 為中心展開而得 Laurent 級數後，再從係數 a_{-1} 來決定。

【定理二十三】（單極點的餘值公式）

　　若 $f(z)$ 有單極點 z_0，則 $\text{Res}(f, z_0) = \lim_{z \to z_0}(z - z_0) f(z)$。

證：$\because f(z)$ 有單極點 z_0，$\therefore$ 其 Laurent 級數為

$$f(z) = \frac{a_{-1}}{z - z_0} + \sum_{n=0}^{\infty} a_n (z - z_0)^n$$

$$\therefore (z - z_0) f(z) = a_{-1} + \sum_{n=0}^{\infty} a_n (z - z_0)^{n+1}$$

$$\therefore \lim_{z \to z_0}(z - z_0) f(z) = a_{-1} = \text{Res}(f, z_0) \text{。}$$

■

【例 2】 求 $\text{Res}(f, 0)$ 和 $\text{Res}(f, 1)$，其中 $f(z) = \dfrac{1}{z(1-z)}$。

　　解：$\because f(z) = \dfrac{1}{z(1-z)}$ 有單極點 $z = 0$ 和 $z = 1$

$$\therefore \text{Res}(f, 0) = \lim_{z \to 0} z \cdot f(z)$$

$$= \lim_{z \to 0} \frac{1}{1 - z} = 1$$

$$\therefore \text{Res}(f,1) = \lim_{z \to 1}(z-1)f(z)$$

$$= \lim_{z \to 1}\frac{-1}{z} = -1 \ \circ$$

■

【系理(corollary)二十三】

設 $f(z) = \dfrac{h(z)}{g(z)}$ ，其中 $h(z)$ 在 z_0 點為解析，且 $h(z_0) \neq 0$ 。

若 $g(z)$ 於 z_0 點可解析且有單極點 z_0 ，則 $f(z)$ 有單極點 z_0 且

$\text{Res}(f,z_0) = \dfrac{h(z_0)}{g'(z_0)}$ 。

證：由【定理二十一】可知，$f(z)$ 有單極點 z_0 。由【定理二

十三】可得，

$$\text{Res}(f,z_0) = \lim_{z \to z_0}(z-z_0)\frac{h(z)}{g(z)}$$

$$= \lim_{z \to z_0}\frac{h(z)}{\big(g(z)-g(z_0)\big)/(z-z_0)}$$

$$= \frac{\displaystyle\lim_{z \to z_0} h(z)}{\displaystyle\lim_{z \to z_0}\frac{\big(g(z)-g(z_0)\big)}{z-z_0}} = \frac{h(z_0)}{g'(z_0)} \ \circ$$

■

【例 3】求 $f(z) = \dfrac{iz-1}{\sin(z)}$ 於 $z = \pi$ 的餘值。

解：令 $h(z) = iz - 1$ 且 $g(z) = \sin z$ ，則 $h(z)$ 在 $z = \pi$ 爲解

析，且 $h(\pi) \neq 0$ 。

由於 $g'(\pi) = \cos \pi = -1 \neq 0$ ，且 $g(\pi) = 0$ ，所以 $z = \pi$

爲 g 的單零點。由[系理二十三]得知，π 爲 $f(z)$ 的

單極點，且 $\mathrm{Res}(f, \pi) = \dfrac{h(\pi)}{g'(\pi)} = \dfrac{i\pi - 1}{-1} = 1 - i\pi$ 。

■

【定理二十四】（ n 階極點的餘值公式）

若 $f(z)$ 有 n 階極點 z_0 ，則

$$\mathrm{Res}(f, z_0) = \frac{1}{(n-1)!} \lim_{z \to z_0} \frac{d^{n-1}}{dz^{n-1}} \left[(z - z_0)^n f(z) \right]$$

證：$\because f(z)$ 於 z_0 點爲 n 階極點，故其 Laurent 級數爲

$$f(z) = \frac{a_{-n}}{(z - z_0)^n} + \cdots + \frac{a_{-1}}{z - z_0} + \sum_{k=0}^{\infty} a_k (z - z_0)^k$$

$$\therefore (z - z_0)^n f(z) = a_{-n} + \cdots + a_{-1}(z - z_0)^{n-1} + \sum_{k=0}^{\infty} a_k (z - z_0)^{k+n}$$

$$\therefore \frac{d^{n-1}}{dz^{n-1}} \left[(z - z_0)^n f(z) \right]$$

$$= (n-1)! a_{-1} + \sum_{k=0}^{\infty} (k+n) \cdots (k+1) a_k (z - z_0)^{k+1}$$

由於上式在 $z \to z_0$ 的情形下，級數趨近於零，所以

$$a_{-1} = \frac{1}{(n-1)!} \lim_{z \to z_0} \frac{d^{n-1}}{dz^{n-1}} \left[(z - z_0)^n f(z) \right] \text{ 。}$$

【例4】求 $f(z) = \dfrac{\sin z}{(z+i)^3}$ 於 $z = -i$ 的餘值。

解：$\because f(z)$ 有三階極點 $-i$，

$$\therefore \operatorname{Res}(f,-i) = \frac{1}{2!}\lim_{z \to -i} \frac{d^2}{dz^2}\left[(z+i)^3 \frac{\sin z}{(z+i)^3}\right]$$

$$= \frac{1}{2}\lim_{z \to -i} \frac{d^2}{dz^2}(\sin z)$$

$$= \frac{-1}{2}\sin(-i)$$

B. Cauchy 餘值定理

【定理二十五】（**Cauchy 餘值定理**）

設 C 為位於單連域 D 內之任一單封閉曲線。若複函數 $f(z)$ 在 C 上及其內部，除了有 $z_1, \cdots, z_n$ 奇異點外，其餘所有點皆可解析，則 $\displaystyle\oint_C f(z)dz = 2\pi i \cdot \sum_{j=1}^{n} \operatorname{Res}(f, z_j)$。

證：假設 $C_1, \cdots, C_n$ 分別為以 $z_1, \cdots, z_n$ 為圓心的圓，均在 C 的內部，如圖十一所示。 則由多連域 Cauchy-Goursat 定

理，得知

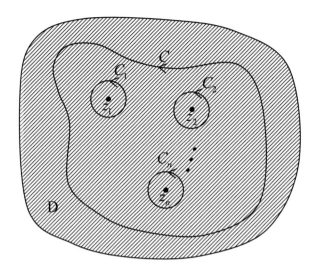

圖十一

$$\oint_C f(z)dz = \oint_{C_1} f(z)dz + \cdots + \oint_{C_n} f(z)dz$$

由 9-5 節的【定理十九】得知，Laurent 級數的係數

$a_{-1} = \dfrac{1}{2\pi i}\oint f(z)dz$。所以，上式可寫成

$$\oint f(z)dz = 2\pi i \cdot \text{Res}(f, z_1) + \cdots + 2\pi i \cdot \text{Res}(f, z_n)$$

∎

【例 5】求 $\oint_C \dfrac{\sin z}{z^2(z^2-4)}dz$，其中 C 為包圍 $0, 2$ 和 -2 的封閉曲

線。

解：令 $f(z) = \dfrac{\sin z}{z^2(z^2-4)}$

則 $f(z)$ 有單極點 0，此乃因為 $\sin z$ 有單零點 0，而 $z^2(z^2-4)$ 有雙零點 0 之故。此外，$f(z)$ 有單極點 2 和 -2。由於這三個極點均被包圍於 C 內，故由 Cauchy 餘值定理得知：

$$\oint_C f(z)dz = 2\pi i\left[\operatorname{Res}(f,0)+\operatorname{Res}(f,2)+\operatorname{Res}(f,-2)\right]$$

$$\because \operatorname{Res}(f,0)=\lim_{z\to 0} z\cdot f(z)=\lim_{z\to 0}\frac{\frac{\sin z}{z}}{z^2-4}=\frac{\lim_{z\to 0}\frac{\sin z}{z}}{-4}$$

$$=\frac{\overset{\cos(0)}{1}}{-4}=\frac{-1}{4}$$

（上式的運算中使用了 L'hopital 法則）

$$\operatorname{Res}(f,2)=\lim_{z\to 2}(z-2)f(z)=\lim_{z\to 2}\frac{\sin z}{z^2(z+2)}=\frac{\sin(2)}{(2)^2(4)}$$

$$=\frac{1}{16}\sin(2)$$

$$\operatorname{Res}(f,-2)=\lim_{z\to -2}(z+2)f(z)=\lim_{z\to -2}\frac{\sin z}{z^2(z-2)}=\frac{\sin(-2)}{(-2)^2(-4)}$$

$$=\frac{1}{16}\sin(2)$$

$$\therefore \oint_C f(z)dz = 2\pi i\left[\frac{-1}{4}+\frac{1}{16}\sin(2)+\frac{1}{16}\sin(2)\right]$$

$$=2\pi i\left(\frac{-1}{4}+\frac{1}{8}\sin 2\right)$$

■

【例6】求 $\oint_C \cot z\, dz$ ，其中 C：$|z|=4$ 。

解：$\because f(z) = \cot z = \dfrac{\cos z}{\sin z}$ 有單極點 $z = n\pi$ ，$n = 0, \pm 1, \pm 2, \cdots$

，且只有 $\pi, 0, -\pi$ 三個極點位在 $|z| = 4$ 的圓內。

$$\therefore \oint_C \cot z\, dz = 2\pi i \left[\operatorname{Res}(f, \pi) + \operatorname{Res}(f, 0) + \operatorname{Res}(f, -\pi) \right]$$

令 $g(z) = \sin z$ 和 $h(z) = \cos z$ ，則 $g(z)$ 和 $h(z)$ 在 $\pi, 0$

和 $-\pi$ 皆可解析，$g(z)$ 有單零點 $\pi, 0$ 和 $-\pi$ ，且 $h(z)$ 於

這些點的值均不為零。由【系理二十三】可知，

$$\operatorname{Res}(f, \pi) = \frac{h(\pi)}{g'(\pi)} = \frac{\cos \pi}{\cos \pi} = 1$$

$$\operatorname{Res}(f, 0) = \frac{h(0)}{g'(0)} = \frac{\cos 0}{\cos 0} = 1$$

$$\operatorname{Res}(f, -\pi) = \frac{h(-\pi)}{g'(-\pi)} = \frac{\cos(-\pi)}{\cos(-\pi)} = 1$$

$$\therefore \oint_C \cot z\, dz = 2\pi i (1 + 1 + 1) = 6\pi i$$

【例7】求 $\oint_C e^{\frac{1}{z}}\, dz$ ，其中 C：$|z| = 1$ 。

解：$\because e^z = \displaystyle\sum_{n=0}^{\infty} \frac{z^n}{n!}$

$$\therefore e^{\frac{1}{z}} = \sum_{n=0}^{\infty} \frac{1}{n!} \frac{1}{z^n} = 1 + \frac{1}{z} + \frac{\frac{1}{2}}{z^2} + \cdots$$

為 Laurent 級數，其收斂區域為 $0 < |z| < \infty$，有本質

奇異點 $z = 0$，在 $|z| = 1$ 內部。

$\because a_{-1} = \text{Res}(f, 0) = 1$

$\therefore$ 由餘式定理得，$\oint_C e^{\frac{1}{z}} dz = 2\pi i \cdot \text{Res}(f, 0) = 2\pi i$。

■

C. 特殊類型的實函積分

在微積分中，使用標準的積分方法求特殊類型的實函積分，常無法得其解。Cauchy 餘值定理的應用除了可以求複函積分外，也可以用於求特殊類型的實函積分之值。這些方法常可以得到封閉形式 (closed-form) 的解。以下分別對不同類型的實函積分加以說明。

■ 類型 I：$\displaystyle\int_0^{2\pi} R(\cos\theta, \sin\theta) d\theta$ （1）

$R(\cos\theta, \sin\theta)$ 為 $\cos\theta$ 和 $\sin\theta$ 的**實有理函數**(real rational function)，$0 \leq \theta \leq 2\pi$。於此區間內，有理函數 R 的分母不為零。

利用變數代換，令 $z = e^{i\theta}$，$0 \le \theta \le 2\pi$，**則實變數 θ 變成**

複變數 z，積分路徑由區間 $0 \le \theta \le 2\pi$ 變成 $|z| = 1$ 單位圓 C。

由於 $dz = ie^{i\theta}d\theta$，$\cos\theta = \dfrac{e^{i\theta} + e^{-i\theta}}{2}$ 和 $\sin\theta = \dfrac{e^{i\theta} - e^{-i\theta}}{2i}$，所以

$$d\theta = \frac{dz}{iz}$$

$$\cos\theta = \frac{1}{2}(z + z^{-1})$$

$$\sin\theta = \frac{1}{2i}(z - z^{-1})\text{。}$$

將上面三式帶入(1)式，得

$$\boxed{\int_0^{2\pi} \mathrm{R}(\cos\theta, \sin\theta)d\theta = \oint_C R\left(\frac{1}{2}(z + z^{-1}), \frac{1}{2i}(z - z^{-1})\right)\frac{dz}{iz}} \qquad (2)$$

，其中 C 為 $|z| = 1$。

【例8】求 $\displaystyle\int_0^{2\pi} \frac{\sin\theta}{2 + \cos\theta}d\theta$。

解：令 $z = e^{i\theta}$，$0 \le \theta \le 2\pi$。則由(2)式可得

$$\int_0^{2\pi} \frac{\sin\theta}{2 + \cos\theta}d\theta$$

$$= \oint_C \frac{\frac{1}{2i}(z - z^{-1})}{2 + \frac{1}{2}(z + z^{-1})} \cdot \frac{1}{iz}dz$$

$$= \oint_C \frac{-z^2+1}{z(z^2+4z+1)} \, dz$$

令 $f(z) = \dfrac{-z^2+1}{z(z^2+4z+1)}$

則 $f(z)$ 有單極點 $0, -2+\sqrt{3}$ 和 $-2-\sqrt{3}$，其中只有 0

和 $-2+\sqrt{3}$ 在單位圓 C 內部。 由 Cauchy 餘值定理，

$$\oint_C f(z)dz = 2\pi i \left[\text{Res}(f,0) + \text{Res}(f,-2+\sqrt{3}) \right]$$

其中

$$\text{Res}(f,0) = \lim_{z \to 0} z \cdot f(z) = \lim_{z \to 0} \frac{-z^2+1}{z^2+4z+1} = 1$$

$$\text{Res}(f,-2+\sqrt{3}) = \lim_{z \to -2+\sqrt{3}} (z+2-\sqrt{3})f(z)$$

$$= \lim_{z \to -2+\sqrt{3}} \frac{-z^2+1}{z(z+2+\sqrt{3})} = -1$$

$$\therefore \int_0^{2\pi} \frac{\sin\theta}{2+\cos\theta} \, d\theta = 2\pi i [1+(-1)] = 0$$

∎

■ 類型 II： $\displaystyle\int_{-\infty}^{\infty} f(x)dx$

式中，$f(x) = \dfrac{P(x)}{Q(x)}$ 為實有理函數，其中多項式 $Q(x)$ 的

階數 m 比多項式 $P(x)$ 的階數 n 至少大 2（即 $m \geq n+2$），

$Q(x) \neq 0$，$-\infty < x < \infty$，且與 $P(x)$ 沒有公因式。

在滿足上述的條件下，吾人可建構一單封閉曲線 C，包括在 x 軸上的 $[-R, R]$ 區間和上半圓 $C_R : z = R e^{i\theta}$ ， $0 \le \theta \le \pi$ ，使得 C 的內部包含 $f(z)$ 在上半平面內所有的極點 $z_1, \cdots, z_k$ ，如圖十二所示。

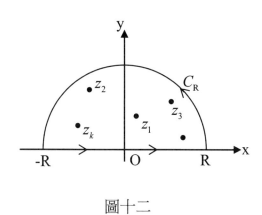

圖十二

由於 $Q(z)$ 的所有係數為實數，所以 Q 的零點具有**共軛對** (conjugate pair) 之性質。此外，由於 $Q(x) \ne 0$ ， $-\infty < x < \infty$ ，所以，所有零點皆分佈在上半平面和下半平面內，即 $z_1, \cdots, z_k$ 在上半平面 $\text{Im}\, z > 0$ 內以及 $\overline{z_1}, \cdots, \overline{z_k}$ 在下半平面 $\text{Im}\, z < 0$ 內，且 $k = \dfrac{m}{2}$ ， m 為偶數。由 Cauchy 餘值定理，得：

$$\oint_C f(z)dz = 2\pi i \sum_{j=1}^{k} \text{Res}(f, z_j) \text{。}$$

由於

$$\oint_C f(z)dz = \int_{-R}^{R} f(x)dx + \int_{C_R} f(z)dz$$

所以， $\int_{-R}^{R} f(x)dx + \int_{C_R} f(z)dz = 2\pi i \cdot \sum_{j=1}^{k} \text{Res}(f, z_j)$ （3）

因為 $Q(z)$ 的階數超過 $P(z)$ 的階數至少有 2 階，所以 $Q(z)$ 的階數不小於 $z^2 P(z)$ 的階數，意即對於某一足夠大的 R 值而言，當 $|z| \geq R$ 時，會存在某一正值 M，使得

$$\left| \frac{z^2 P(z)}{Q(z)} \right| \leq M$$

或 $\left| \frac{P(z)}{Q(z)} \right| \leq \frac{M}{|z|^2} \leq \frac{M}{R^2}$

所以， $\left| \int_{C_R} \frac{P(z)}{Q(z)} dz \right| \leq \frac{M}{R^2} \cdot (C_R \text{的長度})$

$$= \frac{M}{R^2} (\pi R) = \frac{\pi M}{R}$$

當 $R \to \infty$ 時，上式的上限 $\frac{\pi M}{R} \to 0$ ，意即 $\int_{C_R} f(z)dz \to 0$ 。

所以，(3)式可寫成

$$\boxed{\int_{-\infty}^{\infty} f(x)dx = 2\pi i \cdot \sum_{j=1}^{k} \text{Res}\left(f(z), z_j \right)}$$ （4）

【例9】求 $\int_{-\infty}^{\infty} \dfrac{1}{x^6+1} dx$ 之值。

解：此例中，$P(z)=1$ 且 $Q(z)=z^6+1$。由於 $Q(z)$ 的零點

為 $e^{i(\pi+2n\pi)/6}$，$n=0,1,\cdots,5$，其中在上半平面的零點只

有三個，分別為 $z_1=e^{\pi i/6}$，$z_2=e^{\pi i/2}$，$z_3=e^{5\pi i/6}$，所

以吾人只需要求 $f(z)=\dfrac{1}{z^6+1}$ 在這三個單極點 z_1,z_2

和 z_3 的餘值即可。由【系理二十三】可得，

$$\text{Res}(f,z_1)=\frac{1}{6z_1^{\,5}}=\frac{1}{6}e^{-5\pi i/6}$$

$$\text{Res}(f,z_2)=\frac{1}{6z_2^{\,5}}=\frac{1}{6}e^{-5\pi i/2}$$

$$\text{Res}(f,z_3)=\frac{1}{6z_3^{\,5}}=\frac{1}{6}e^{-25\pi i/6}$$

所以，由(4)式可得

$$\int_{-\infty}^{\infty}\frac{1}{x^6+1}dx=2\pi i\left(\frac{1}{6}e^{-5\pi i/6}+\frac{1}{6}e^{-5\pi i/2}+\frac{1}{6}e^{-25\pi i/6}\right)=\frac{2\pi}{3}$$

∎

■ 類型Ⅲ：$\int_{-\infty}^{\infty} f(x)\cos\alpha x\,dx$ 或 $\int_{-\infty}^{\infty} f(x)\sin\alpha x\,dx$ (5)

其中 $f(x)$ 與類型Ⅱ所述相同，α 為正實數。

由 Euler 公式，可得

$$\int_{-\infty}^{\infty} f(x)e^{i\alpha x}dx = \int_{-\infty}^{\infty} f(x)\cos\alpha x dx + i\int_{-\infty}^{\infty} f(x)\sin\alpha x dx$$

所以，欲求(5)式之解，只需考慮求 $\int_{-\infty}^{\infty} f(x)e^{i\alpha x}dx$ 即可。

如同類型 II 中的討論，考慮圖十二中的單封閉曲線 C，

其內部包含 $f(z)e^{i\alpha x}$ 在上半平面內的所有極點 $z_1, \cdots, z_k$。

則 $\displaystyle\oint_{C} f(z)e^{i\alpha x}dz = \int_{C_R} f(z)e^{i\alpha z}dz + \int_{-R}^{R} f(x)e^{i\alpha x}dx$。

吾人可證明，當 $R \to \infty$ 時， $\displaystyle\int_{C_R} f(z)e^{i\alpha z}dz \to 0$。所以，

$$\boxed{\int_{-\infty}^{\infty} f(x)e^{i\alpha x}dx = 2\pi i\sum_{j=1}^{k}\text{Res}(f(z)e^{i\alpha z}, z_j)} \qquad (6)$$

【例１０】求 $\displaystyle\int_{-\infty}^{\infty}\frac{\sin x}{x^2+1}dx$ 及 $\displaystyle\int_{-\infty}^{\infty}\frac{\cos x}{x^2+1}dx$ 之值。

解：先求 $f(z) = \dfrac{1}{z^2+1}$ 的極點及其餘值。$f(z)$ 的單極

點為 $z_1 = i$ 及 $\overline{z_1} = -i$，其中僅 $z_1 = i$ 在上半平面內，

其餘值為 $\text{Res}(f, i) = \dfrac{1}{2i}$。所以，由(6)式可得

$$\int_{-\infty}^{\infty} f(x)e^{ix}dx = 2\pi i \cdot \text{Res}(f, i) = \pi \text{。故}$$

$$\int_{-\infty}^{\infty}\frac{\sin x}{x^2+1}dx = \text{Im}\left\{\int_{-\infty}^{\infty} f(x)e^{ix}dx\right\} = 0$$

$$\int_{-\infty}^{\infty}\frac{\sin x}{x^2+1}dx = \text{Re}\left\{\int_{-\infty}^{\infty} f(x)e^{ix}dx\right\} = \pi$$

上面所述求類型 Ⅱ 和類型 Ⅲ 的**瑕積分**(improper integral)
方法是在 $f(x)$ 於 $x \in [-\infty, \infty]$ 皆為連續的條件下發展而成的。
換句話說，複函數 $f(z) = \dfrac{P(z)}{Q(z)}$ 在實軸上沒有極點。如果 f 在
實軸上有極點 x_0 存在，則必須對上面所提及的方法作一修
正。此時，圖十二中的單封閉曲線 C 需修正為圖十三所示的
單封閉曲線 $C = \overline{AB} \cup \{-C_r\} \cup \overline{CD} \cup C_R$，其中 C_r 為以 x_0 為圓心

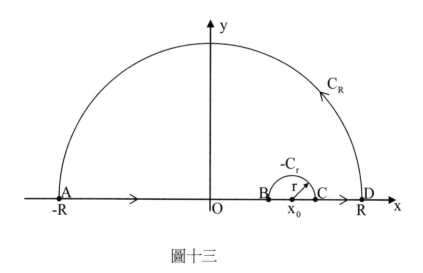

圖十三

，半徑為 r 的上半圓，其繞向為逆時針方向。則下面的定理
會成立：

【定理二十五】

假設 $f(z)$ 於實軸上有一單極點 $z = x_0$。若 C_r 為上半圓

$z = x_0 + re^{i\theta}$，$0 \le \theta \le \pi$，則

$$\lim_{r \to 0} \int_{C_r} f(z)dz = \pi i \cdot \text{Res}(f, x_0) \text{。}$$

證：$\because f$ 有一單極點 x_0（x_0 為實數）

$\therefore f(z)$ 的 Laurent 級數可表示成

$$f(z) = \frac{a_{-1}}{z - x_0} + g(z)$$

其中 $a_{-1} = \text{Res}(f, x_0)$ 且 $g(z)$ 於 x_0 點可解析。

$$\therefore \int_{C_r} f(z)dz = a_{-1} \int_0^\pi \frac{ire^{i\theta}}{re^{i\theta}} d\theta + \int_0^\pi g(x_0 + re^{i\theta}) \cdot ire^{i\theta} d\theta$$

$$= \pi i \cdot a_{-1} + ir \int_0^\pi g(x_0 + re^{i\theta})e^{i\theta} d\theta$$

由於 g 於 x_0 點可解析，所以 g 於 x_0 點為連續，且存在一

正數 M，使 $\left| g(x_0 + re^{i\theta}) \right| \le M$。故

$$\left| ir \int_0^\pi g(x_0 + re^{i\theta})e^{i\theta} d\theta \right| = r \left| \int_0^\pi g(x_0 + re^{i\theta})e^{i\theta} d\theta \right|$$

$$\le r \cdot \int_0^\pi \left| g(x_0 + re^{i\theta})e^{i\theta} \right| d\theta \le r \cdot \int_0^\pi M d\theta = \pi r M \text{。}$$

當 $r \to 0$ 時，上式的極限 $\pi r M \to 0$，故

$$\left| ir \int_0^\pi g(x_0 + re^{i\theta}) e^{i\theta} d\theta \right| \to 0 \text{ 。}$$

所以， $\displaystyle \lim_{r \to 0} \int_{C_r} f(z) dz = \pi i \cdot \text{Res}(f, x_0)$

■

【例１１】求 $\displaystyle \int_{-\infty}^{\infty} \frac{\sin x}{x(x^2 - 2x + 2)} dx$ 之值。

解：由於積分函數屬於類型Ⅲ，所以考慮複函積分

$$\oint_C \frac{e^{iz}}{z(z^2 - 2z + 2)} dz \text{，其中 C 說明如下：}$$

因為 $f(z) = \dfrac{1}{z(z^2 - 2z + 2)}$ 有單極點 $z = 0$ 在實軸上

及單極點 $z = 1 + i$ 在上半平面上，所以考慮單封閉

曲線 C，如圖十四所示：

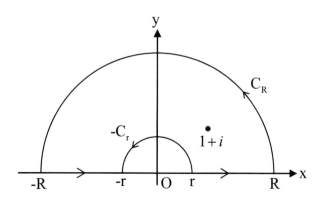

圖十四

所以，$\displaystyle\oint_C = \int_{C_R} + \int_{-R}^{-r} + \int_{-C_r} + \int_r^R$

$$= 2\pi i \cdot \text{Res}\left(f(z)e^{iz}, 1+i\right) \qquad (7)$$

其中 $\displaystyle\int_{-C_r} = -\int_{-C_r}$ 。

當 $R \to \infty$ 時，吾人已證明

$$\int_{C_R} f(z)e^{iz}\,dz \to 0 \qquad (8)$$

當 $r \to 0$ 時，由【定理二十五】得

$$\int_{C_r} f(z)e^{iz}\,dz \to \pi i \cdot \text{Res}\left(f(z)e^{iz}, 0\right) \qquad (9)$$

所以，當 $R \to \infty$ 且 $r \to 0$ 時，(7)式變成

$$\int_{-\infty}^{\infty} \frac{e^{ix}}{x(x^2 - 2x + 2)}\,dx$$

$$= \pi i \cdot \text{Res}\left(f(z)e^{iz}, 0\right) + 2\pi i \cdot \text{Res}\left(f(z)e^{iz}, 1+i\right)$$

現在，求

$$\text{Res}\left(f(z)e^{iz}, 0\right) = \lim_{z \to 0} z \cdot f(z)e^{iz}$$

$$= \lim_{z \to 0} \frac{e^{iz}}{z^2 - 2z + 2} = \frac{1}{2}$$

$$\text{Res}\left(f(z)e^{iz}, 1+i\right) = \lim_{z \to 1+i} (z - 1 - i) \cdot f(z)e^{iz}$$

$$= \lim_{z \to 1+i} \frac{e^{iz}}{z(z - 1 + i)} = -\frac{e^{-1+i}}{4}(1+i)$$

所以，$\displaystyle\int_{-\infty}^{\infty} \frac{e^{ix}}{x(x^2 - 2x + 2)}\,dx = \frac{\pi i}{2} - 2\pi i(1+i)\frac{e^{-1+i}}{4}$ 。

$$\therefore \int_{-\infty}^{\infty} \frac{\sin x}{x(x^2 - 2x + 2)} dx = \mathrm{Im}\left\{\frac{\pi i}{2} - 2\pi i(1+i)\frac{e^{-1+i}}{4}\right\}$$

$$= \frac{\pi}{2}\left\{1 + e^{-1}(\sin 1 - \cos 1)\right\} \circ$$

■

習題（9－7節）

1. 下列各小題中，求 $f(z)$ 在每一極點的餘值。

(a) $f(z) = \dfrac{2z+6}{z^2+4}$

(b) $f(z) = \dfrac{1}{(z-1)^2(z-3)}$

(c) $f(z) = \dfrac{\cos z}{z^2(z-\pi)^3}$

2. 利用 Cauchy 餘值定理，求下列各小題的積分值。

(a) $\displaystyle\oint_C \tan z\, dz$，$C : |z| = 2$

(b) $\displaystyle\oint_C \frac{ze^z}{z^2 - 1} dz$，$C : |z| = 2$

(c) $\displaystyle\oint_C z^3 e^{-\frac{1}{z^2}}\,dz$, $C:|z|=5$

3. 利用 Cauchy 餘值定理，求下列各小題的實函積分值。

   (a) $\displaystyle\int_0^\pi \frac{1}{2-\cos\theta}\,d\theta$

   (b) $\displaystyle\int_0^{2\pi} \frac{\cos 2\theta}{5-4\cos\theta}\,d\theta$

   (c) $\displaystyle\int_{-\infty}^\infty \frac{2x^2-1}{x^4+5x^2+4}\,dx$

   (d) $\displaystyle\int_0^\infty \frac{\cos 3x}{(x^2+1)^2}\,dx$

   (e) $\displaystyle\int_0^\pi \frac{d\theta}{(a+\cos\theta)^2}$, $a>1$

   (f) $\displaystyle\int_0^{2\pi} \frac{\sin^2\theta}{a+b\cos\theta}\,d\theta$, $a>b>0$

§9-8 等角映射及應用

等角映射 (conformal mapping) 是解析函數從 z-平面的某一區域映射到 ω-平面的另一區域時，保有曲線夾角不變 (angle-preserving) 的性質。在本章節中，吾人將討論一些基本函數的映射與等角映射，和**線性分式轉換** (linear fractional transformation) 在 Laplace 方程式之 Dirichlet 問題上之應用。

A. 複變函數的映射

如前面已述，複變函數 $\omega = f(z)$ 可視為將 z-平面上的點 $z = x + iy$ 映射到 ω-平面上的點（或像）$\omega = u(x, y) + iv(x, y)$ 的平面轉換 (planar transformation)。常用且基本的複函轉換如下：

1. 平移 (translation)：

   $f(z) = z + z_0$，z_0 為某一複數值。

2. 旋轉 (rotation)

   $f(z) = e^{i\theta_0} \cdot z$，$\theta_0$ 為某一實數角。

【例1】求一複函數，使其可將圖十五(a)中的矩形區域映射到(b)中的矩形區域。

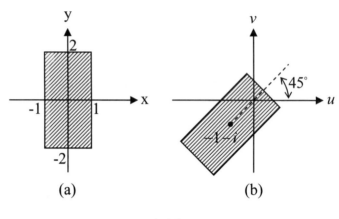

(a)　　　　　　　(b)

圖十五

解：由於(a)圖中的矩形區域經由順時針旋轉 $45°$ 度及原

點平移至 $z_0 = -1 - i$ 點，可得(b)圖中的矩行區域，所

以 $f(z) = e^{-i\frac{\pi}{4}} z - 1 - i$ 為所求的函數。∎

3. 長度改變

$f(z) = \alpha z$ ， α 為正實數。

可使 z 的長度改變為原來長度的 α 倍。

4. 扇形區域主幅角範圍改變

$f(z) = z^{\alpha}$ ， α 為正實數。

可將**扇形** (wedge) 區域的主幅角範圍改變成原來的 α

倍。例如， $f(z) = z^2$ 可將扇形區域 $0 \le \text{Arg } z \le 60°$ 映射扇

形區域 $0 \le \text{Arg } \omega \le 120°$ 。

在求兩區域 R 和 R′ 之間的複函映射時，有時先將 R 映射到第三區域 R″，然後在將 R″ 映射到 R′ 會比較方便。更清楚的說，若 $\lambda = f(z)$ 為從 R 映射至 R″ 的複函，$\omega = g(\lambda)$ 為從 R″ 映射至 R′ 的複函，則**合成複函** (composite function)，$\omega = g\big(f(z)\big)$ 為從 R 映射至 R′ 的函數。

【例2】求一複函，可將扇形 $\dfrac{\pi}{3} \le \text{Arg } z \le \dfrac{5\pi}{6}$。映射至上半平面 $v \ge 0$。

解：首先，利用，$\lambda = f(z) = e^{-i\pi/3}z$ 將扇形 R，

$\dfrac{\pi}{3} \le \text{Arg } z \le \dfrac{5\pi}{6}$ 順時針旋轉 $\dfrac{\pi}{3}$ 後，得一扇形 R″，

$0 \le \text{Arg } \lambda \le \dfrac{\pi}{2}$。

其次，利用 $\omega = g(\lambda) = \lambda^2$ 將 R″ 的角度範圍放大 2 倍，得上半平面 R′，$0 \le \text{Arg } \omega \le \pi$。所以，

$$\omega = g\big(f(z)\big) = \left(e^{-i\pi/3}z\right)^2 = e^{-i\frac{2\pi}{3}}z^2 \text{ 為所求的複函映射。}$$

B. 等角映射

對於區域 D 內的複函映射 $\omega = f(z)$ 而言，若 D 內任意兩

條相交於 z_0 的曲線夾角不受此映射的影響，則稱 f 於 $z = z_0$ 點爲**等角映射** (conformal mapping)。如圖十六所示，

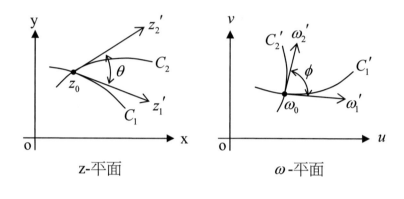

z-平面　　　　　　　ω-平面

圖十六

C_1 和 C_2 爲區域 D 內的兩條曲線，相交於 z_0，其夾角爲 θ。C_1' 和 C_2' 爲映射後的對應曲線，相交於 ω_0，夾角爲 ϕ。若 f 於 z_0 點爲等角映射，則 $\theta = \phi$。

假設 z_1' 和 z_2' 分別爲 C_1 和 C_2 的切向量 (tangent vector)，ω_1' 和 ω_2' 分別爲 C_1' 和 C_2' 的切向量。則由三角形的餘弦定律可得

$$\left| z_1' - z_2' \right|^2 = \left| z_1' \right|^2 + \left| z_2' \right|^2 - 2 \left| z_1' \right| \left| z_2' \right| \cos \theta$$

或　$\theta = \cos^{-1} \left(\dfrac{\left| z_1' \right|^2 + \left| z_2' \right|^2 - \left| z_1' - z_2' \right|^2}{2 \left| z_1' \right| \left| z_2' \right|} \right)$　（1）

同理，$\phi = \cos^{-1}\left(\dfrac{\left|\omega_1'\right|^2 + \left|\omega_2'\right|^2 - \left|\omega_1' - \omega_2'\right|^2}{2\left|\omega_1'\right|\left|\omega_2'\right|} \right)$ （2）

下面的定理說明 $\theta = \phi$ 的充分條件：

【定理二十六】（等角映射的充分條件）

若 $f(z)$ 於區域 D 內可解析，且 $f'(z_0) \neq 0$，則 f 於 $z = z_0$ 點為等角映射。

證：若 D 內的任一曲線為 $z = z(t)$，則 $\omega = f\big(z(t)\big)$ 代表 ω-平面上的映射曲線。利用微積分的鏈結律 (chain rule)，得 $\omega' = f'(z(t))z'(t)$。若 D 內的曲線 C_1 和 C_2 相交於 z_0 點，則 $\omega_1' = f'(z_0)z_1'$ 且 $\omega_2' = f'(z_0)z_2'$。由於 $f'(z_0) \neq 0$，所以(2)式可寫成

$$\phi = \cos^{-1}\left(\frac{\left|f'(z_0)z_1'\right|^2 + \left|f'(z_0)z_2'\right|^2 - \left|f'(z_0)z_1' - f'(z_0)z_2'\right|^2}{2\left|f'(z_0)z_1'\right|\left|f'(z_0)z_2'\right|} \right)$$

$$= \cos^{-1}\left(\frac{\left|z_1'\right|^2 + \left|z_2'\right|^2 - \left|z_1' - z_2'\right|^2}{2\left|z_1'\right|\left|z_2'\right|} \right)$$

$$= \theta \circ$$

■

【例3】求條形(strip)區域 $0 \le x \le \pi$ 在 $\omega = \cos z$ 的映射下之成像區域。此題相當於求 $-\dfrac{\pi}{2} \le x \le \dfrac{\pi}{2}$ 區域在 $\omega = \sin z$ 的映射下之成像區域。

解:(1)在 $0 \le x \le \pi$ 區域內的垂直線 $x = a$ 可以寫成

$$z(t) = a + it \ , \quad -\infty < t < \infty \ \circ$$

由於 $\cos z = \cos x \cosh y - i \sin x \sinh y$

所以 $u + iv = \cos(a + it) = \cos a \cosh t - i \sin a \sinh t$

因爲 $\cosh^2 t - \sinh^2 t = 1$,所以

$$\frac{u^2}{\cos^2 a} - \frac{v^2}{\sin^2 a} = 1 \quad (a \ne 0, a \ne \pi)$$

意即**垂直線 $x = a$ 的成像爲雙曲線(hyperbola)**,其與 u 軸的交點爲 $\pm \cos a$。由於 $0 \le a \le \pi$,所以,所有雙曲線與 u 軸的交點在 $u = -1$ 和 $u = 1$ 之間。此外,若 $a = 0$,則 $\omega = \cosh t$,故垂直線 $x = 0$ 之成像爲正 u 軸上的 $[1, \infty)$ 區間。若 $a = \pi$,則 $\omega = -\cosh t$,故垂直線 $x = \pi$ 之成像爲負 u-軸上的 $(-\infty, -1]$ 區間。

(2)在 $0 \le x \le \pi$ 區域內的水平線段可表示成

$$z(t) = t + ib \ , \quad 0 < t < \pi \ , \quad 其中 -\infty < b < \infty \ \circ$$

所以 $u+iv=\cos(t+ib)=\cos t\cdot\cosh b-i\sin t\cdot\sinh b$

由 $\cos^2 t+\sin^2 t=1$，可得

$\dfrac{u^2}{\cosh^2 b}+\dfrac{v^2}{\sinh^2 b}=1$，其中 $b\neq 0$

意即水平線段，$z(t)=t+ib$，的成像爲橢圓

(ellipse)。若 $b=0$，則 $\omega=\cos t$，即成像爲 u 軸上

的 $[-1,1]$ 區間。因爲 $f(z)=\cos z$ 爲全函數且

$f'(z)=-\sin z$，所以，從【定理二十六】得知，

f 除了在 $z=0$ 和 π 兩點之外，於其餘點均爲等

角映射。由於在 z- 平面上得垂直線和水平線段

互相垂直，所以在 ω-平面上的**雙曲線和橢圓**也

會互相正交，其映射見圖十七。

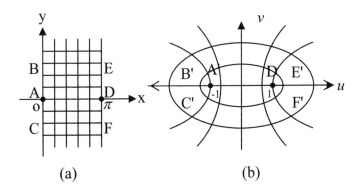

$$(a) \qquad\qquad (b)$$

圖十七

由於 $\sin z=\cos\left(\frac{\pi}{2}-z\right)$，所以圖十七(b)爲區域 $\dfrac{-\pi}{2}\le z\le\dfrac{\pi}{2}$

在 $\sin z$ 映射下的圖。

C. 調諧函數與 Dirichlet 問題

Dirichlet 問題的解可以視爲平面上區域 R 內部的穩態溫度分佈,而此此溫度分佈則來至於在邊界的溫度保持在恆溫的清況。於第八章中,吾人使用傅立葉級數積分和轉換的方法,來解 Laplace 方程式之 Dirichlet 問題。

然而這些方法至少有兩個缺點:其一是區域形狀簡單,如矩形、圓形等;其二是解的形式只能以無窮級數或瑕積分的方式呈現。由於沒有封閉解,因此,欲分析**等溫線** (isotherms)和**熱流線** (lines of flow) 相當困難。

吾人曾於 9-2 節中介紹過調諧 (harmonic) 函數。調諧函數是具有連續的二階偏倒數且滿足 Laplace 方程式的實函數。此外,解析函數的實部和虛部皆爲調諧函數。由於解析函數相當多,因此比較容易能夠求出許多邊界形狀的 Dirichlet 問題之封閉解,進而從這些解中,來分析等溫線和熱流線。

接下來,吾人討論如使用等角映射來解決 Dirichlet 問題。此方法是以下面的定理爲基礎。

【定理二十七】（調諧函數的轉換）

假設 $f(z)$ 爲從區域 R 映射到區域 R' 的解析函數。若實函數 U 在 R' 內爲調諧函數，則實函數 $u(x, y) = U(f(z))$ 在 R 內爲調諧函數。

證：下面的證明，只考慮 R' 爲單連域的情形。若 U 在 R' 內有調諧共軛函數 V，則 $H = U + iV$ 於 R' 內爲解析。此外，由於 $f(z)$ 於 R 內爲解析，所以合成函數

$H(f(z)) = U(f(z)) + iV(f(z))$ 於 R 內爲解析。由【定理七】可知，$U(f(z))$ 於 R 內爲調諧函數，即可得證。

∎

【定理二十七】可用來解區域 R 內的 Dirichlet 問題。其觀念爲將原來的 Dirichlet 問題轉換到區域 R' 的 Dirichlet 問題，使得在 R' 內的解可能是顯而易見或者可由前述的方法（包括傅立葉級數、積分或轉換）或下面即將介紹的線性分式轉換法求得。使用等角映射法來求 R 內 Dirichlet 問題之解的步驟如下：

1. 求一等角映射 $\omega = f(z)$，使其映射 R 至 R'。R' 的選取以 Dirichlet 問題的解爲已知或容易求得爲原則。

2. 將 R 的邊界條件 $u(\lambda)$（λ 為邊界點），指定成 U 在其對應的邊界點 $f(\lambda)$ 之值，即 $U(f(\lambda)) = u(\lambda)$，如圖十八所示（範例）：

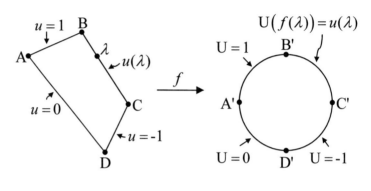

圖十八

3. 求在 R′ 內對應的 Dirichlet 問題的解。求解的方法可能為第八章所提及的方法或下面即將介紹的線性分式轉換法或其他方法。

4. 原來在 R 內的 Dirichlet 問題的解為 $u(x,y) = U(f(z))$。

【例4】已知 $g(\omega) = \dfrac{1}{\pi} \text{Ln } \omega$ 於上半平面 $v > 0$ 內為解析函數

（參見 9-3 節對數函數之性質二），所以由【定理七】

得知，$g(\omega)$ 的虛部 $U(u,v) = \dfrac{1}{\pi} \text{Arg } \omega$ 為調諧函數。

利用 U 函數，求圖十九(a)的 Dirichlet 問題之解。

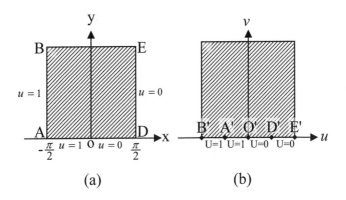

(a)　　　　　　　　(b)

圖十九

解：由【例 3】得知，解析函數 $f(z) = \sin z$ 映射圖十九

(a)的陰影區域至上半平面 $v > 0$ 及映射邊界線段至

u 軸上，如圖十九(b)所示。由調諧函數

$$U(u,v) = \frac{1}{\pi} \text{Arg } \omega \text{，得 } U(u,0) = \begin{cases} 0 & ,u > 0 \\ 1 & ,u < 0 \end{cases} \text{。所以，}$$

上式滿足轉換後的邊界條件。因此，由【定理二十

七】得知，$u(x,y) = U(\sin z) = \dfrac{1}{\pi} \text{Arg}(\sin z)$ 為所求之

Dirichlet 問題的解。若 $\tan^{-1}\left(\dfrac{v}{u}\right)$ 選擇在 0 和 π 之間，

則　$u(x,y) = \dfrac{1}{\pi} \tan^{-1}\left(\dfrac{\cos x \cdot \sinh y}{\sin x \cdot \cosh y}\right)$。

■

D. 線性分式轉換

　　線性分式轉換 (linear fractional transformation) 為具有

下列形式的複變函數

$$f(z) = \frac{az+b}{cz+d} \qquad\qquad (3)$$

其中 a,b,c 和 d 爲複常數。因爲 $f'(z) = \dfrac{ad-bc}{(cz+d)^2}$ ，所以在

$\Delta = ad - bc \neq 0$ 且 $z \neq -\dfrac{d}{c}$ 的條件下，(3)式的 f 函數爲等角映

射。

若(3)式中的 $c = 0$ ，則 $f(z) = \dfrac{a}{d}z + \dfrac{b}{d}$ 爲線性映射，可視

爲旋轉、長度改變和平移的合成映射。線性映射可將 z-平面

上的圓映射成 ω-平面上的圓。

若(3)式中的 $c = 0$ ，則 $f(z)$ 可寫成

$$f(z) = A \cdot \frac{1}{cz+d} + B \qquad\qquad (4)$$

其中 $A = (bc - ad)/c$ 和 $B = a/c$ 。(4)式可視爲下列三個轉換合

成：

$$z_1 = cz + d \ , \ z_2 = \frac{1}{z_1} \ , \ \omega = A z_2 + B \qquad\qquad (5)$$

，即兩個線性映射和一個倒置 (inversion) 映射的合成。**倒置**

映射 $\omega = \dfrac{1}{z}$ 可將 z-平面上的圓映射至 ω-平面上的圓或直線，

其理由如下：

考慮 z-平面上的圓 $|z - z_0| = r$ 。在 $\omega = \dfrac{1}{z}$ 的映射下，

$$\left|\frac{1}{\omega} - \frac{1}{\omega_0}\right| = \frac{|\omega - \omega_0|}{|\omega||\omega_0|} = r$$

或 $\quad |\omega - \omega_0| = \left(r|\omega_0|\right)|\omega - 0| \triangleq \lambda|\omega - 0| \qquad (6)$

當 $\lambda = 1$ 時，(6)式代表連結 0 和 ω_0 兩點的垂直中分線 (orthogonal bisector)。由於 $\lambda = r|\omega_0|$，故 $\lambda = 1$ 相當於

$r = \dfrac{1}{|\omega_0|} = |z_0|$，因此在 z-平面上通過原點 (origin) 的任何圓將被映射成直線。

當 $\lambda \neq 1$ 且 $\lambda > 0$ 時，(b)式可證明為圓（請讀者練習）。

綜合上面的討論，線性分式轉換具有下面的性質：

【定理二十八】（圓形不變(circle-preserving)）

　　線性分式轉換將 z-平面上的圓映射至 ω-平面上的圓或直線。此映射的成像為直線的充要條件為原來的圓通過此線性分式轉換的極點。

　　為了使用線性分式轉換來解 Dirichlet 問題，吾人必須找出具體的方法來建構特殊的函數，使其可將原來的圓形區域 R 映射至欲求的區域 R'。由於圓形邊界可由三個邊界點 z_1, z_2 和 z_3 來決定，所以需從(3)式中找到一函數 $\omega = f(z)$，使得 z_1, z_2 和 z_3 三點可被映射至 R' 區域內的 ω_1, ω_2 和 ω_3 三點。以下

介紹兩種方法：

■ 方法一：矩陣法

對於 $f(z) = (az+b)/(cz+d)$ 而言，令其相關矩陣為

$A = \begin{pmatrix} a & b \\ c & d \end{pmatrix}$。若 $f_1(z) = (a_1z+b_1)/(c_1z+d_1)$ 和

$f_2(z) = (a_2z+b_2)/(c_2z+d_2)$，則合成函數 $T(z) = f_2(f_1(z))$ 可以

$T(z) = (az+b)/(cz+d)$ 來表示，其中

$$\begin{pmatrix} a & b \\ c & d \end{pmatrix} = \begin{pmatrix} a_2 & b_2 \\ c_2 & d_2 \end{pmatrix}\begin{pmatrix} a_1 & b_1 \\ c_1 & d_1 \end{pmatrix} \tag{7}$$

反之，若 $\omega = T(z) = (az+b)/(cz+d)$，則解之可得

$z = T^{-1}(\omega) = (d\omega - b)/(-c\omega + a)$，而其相關矩陣為 A 的伴隨

(adjoint) 矩陣，$\text{adj } A = \begin{pmatrix} d & -b \\ -c & a \end{pmatrix}$。

■ 方法二：交叉比值 (cross-ratio) 法

複數 z, z_1, z_2 和 z_3 的交叉比值定義為 $\dfrac{z-z_1}{z-z_3} \cdot \dfrac{z_2-z_3}{z_2-z_1}$。若有

一線性分式轉換為 $T(z) = \dfrac{z-z_1}{z-z_3} \cdot \dfrac{z_2-z_3}{z_2-z_1}$，則 $T(z_1) = 0$，

$T(z_2) = 1$ 和 $T(z_3) = \infty$。所以 $T(z)$ 分別將三個相異複數 z_1, z_2 和

z_3 映射至 $0, 1$ 和 ∞。同理函數 $S(\omega) = \dfrac{\omega - \omega_1}{\omega - \omega_3} \cdot \dfrac{\omega_2 - \omega_3}{\omega_2 - \omega_1}$ 分別將

ω_1, ω_2 和 ω_3 映射至 $0, 1$ 和 ∞。所以，S^{-1} 分別映射 $0, 1$ 和 ∞ 至

ω_1, ω_2 和 ω_3。如此一來，$\omega = \mathrm{S}^{-1}\left(\mathrm{T}(z)\right)$ 會將 z_1, z_2 和 z_3 三點分

別映射至 ω_1, ω_2 和 ω_3 三點，意即 $\mathrm{S}(\omega) = \mathrm{T}(z)$ 或

$$\boxed{\frac{\omega - \omega_1}{\omega - \omega_3} \cdot \frac{\omega_2 - \omega_3}{\omega_2 - \omega_1} = \frac{z - z_1}{z - z_3} \cdot \frac{z_2 - z_3}{z_2 - z_1}} \qquad （8）$$

當 $z_k = \infty$，$k = 1$ 或 2 或 3 時，交叉比值的定義需改成將

含有 z_k 的每一子式以 1 來代替。例如，若 $z_1 = \infty$，則 $z - z_1$ 和

$z_2 - z_1$ 兩子式改成 1，使交叉比值為 $(z_2 - z_3)/(z - z_3)$。

【例5】求一線性分式轉換，使其分別映射 $\infty, 0$ 和 1 三點至

$|\omega| = 1$ 圓上的 $1, i$ 和 -1 三點。

解：由於 $z_1 = \infty$，所以(8)式中的 $z - z_1$ 和 $z_2 - z_1$ 兩子式以

1 代替，得

$$\frac{\omega - 1}{\omega + 1} \cdot \frac{i + 1}{i - 1} = \frac{1}{z - 1} \cdot \frac{0 - 1}{1}$$

或 $\quad \mathrm{S}(\omega) \triangleq -i \cdot \dfrac{\omega - 1}{\omega + 1} = \dfrac{-1}{z - 1} \triangleq \mathrm{T}(z) \qquad (9)$

解之，可得 $\quad \omega = \dfrac{z - 1 - i}{z - 1 + i}$。

若用矩陣法解(9)式，即求 $\omega = \mathrm{S}^{-1}\left(\mathrm{T}(z)\right)$，

則 $\begin{pmatrix} a & b \\ c & d \end{pmatrix} = \left(adj \begin{pmatrix} -i & i \\ 1 & 1 \end{pmatrix} \right) \cdot \begin{pmatrix} 0 & -1 \\ 1 & -1 \end{pmatrix} = \begin{pmatrix} -i & -1+i \\ -i & 1+i \end{pmatrix}$

所以，$\omega = \dfrac{-iz-1+i}{-iz+1+i} = \dfrac{z-1-i}{z-1+i}$。

■

【例 6】利用線性分式轉換的等角映射法，求 Dirichlet 問題

的解，其映射如圖二十所示：

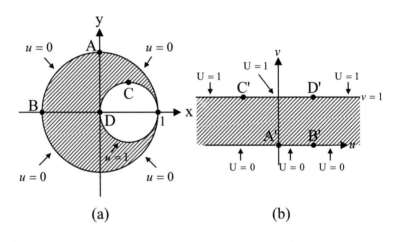

(a)   (b)

圖二十

解：由於 z-平面上的兩個邊界圓 $|z|=1$ 和 $\left|z-\dfrac{1}{2}\right|=\dfrac{1}{2}$ 均通

過 $z=1$ 點，所以，由【定理二十八】可以利用線性

分式轉換 $f(z)$ 使其極點為 $z=1$，則此兩圓分別映射

成直線。若欲將另兩點 $z_1 = i$ 和 $z_2 = -1$ 分別映射

成 $\omega_1 = 0$ 和 $\omega_2 = 1$，再加上 $z_3 = 1$ 映射至 $\omega_3 = \infty$，則由

(8)式可得　$\dfrac{\omega-0}{1}\cdot\dfrac{1}{1-0}=\dfrac{z-i}{z-1}\cdot\dfrac{-1-1}{-1-i}$

或　$\omega=f(z)=(1-i)\cdot\dfrac{z-i}{z-1}$

由於 $f(0)=1+i$ 和 $f(\frac{1}{2}+\frac{i}{2})=-1+i$，所以 f 映射

$|z|=1$ 的內部至上半平面及映射圓 $\left|z-\frac{1}{2}\right|=\frac{1}{2}$ 至直線

$v=1$。所以，$\omega=f(z)=(1-i)\cdot\dfrac{z-i}{z-1}$ 即為所求的等角

映射。

■

由於 $U(u,v)=v$ 為 ω-平面上映射區域的調諧函數，所以

由【定理二十七】可得，$u(x,y)=U\big(f(z)\big)$ 為 z-平面上原區

域的 Dirichlet 問題解。由於 $f(z)$ 的虛部為 $\dfrac{1-x^2-y^2}{(x-1)^2+y^2}$，所以

$$U(x,y)=\dfrac{1-x^2-y^2}{(x-1)^2+y^2}$$

由於等溫線 $u(x,y)=c$ 可寫成

$$\left(x-\dfrac{c}{1+c}\right)^2+y^2=\left(\dfrac{1}{1+c}\right)^2$$

所以，等溫線為通過 $z=1$ 點的圓，如圖二十一所示：

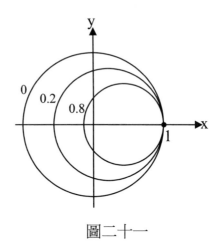

圖二十一

習題（9－8節）

1. 於下列各小題中，有 z-平面上的曲線或區域，和複函映射
   $\omega = f(z)$，求在 ω-平面上的像或像域。

   (a) $xy = 1$, $\omega = z^2$

   (b) $e^x \cos y = 1$, $\omega = e^z$

   (c) 第一象限，$\omega = \dfrac{1}{z}$

(d) $0 \le \text{Arg } z \le \dfrac{\pi}{4}$ ， $\omega = z^3$

2. 下列各小題中，求出所給予的複函爲等角映射的範圍：

(a) $f(z) = \cos z$

(b) $f(z) = z + e^z + 1$

(c) $f(z) = z^3 - 3z + 1$

3. 於下列各小題中，使用適當的等角映射和調諧函數

$U = \left(\dfrac{1}{\pi}\right) \text{Arg } \omega$ 來解圖二十二給定的 Dirichlet 問題：

(a)　　　　　　　　　　(b)

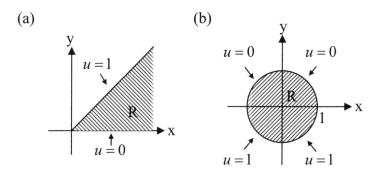

4. (a) 使用 $f(z) = \dfrac{z+2}{z-1}$ ，求 $|z| < 1$ 和 $|z| < 2$ 經 $f(z)$ 映射後的像域。

(b) 利用(a)小題的結果，並使用調諧函數 $U = \ln r / \ln r_0$ ，求圖

二十三所給定的 Dirichlet 問題之解，並求其等位線(level

curve)的方程式。

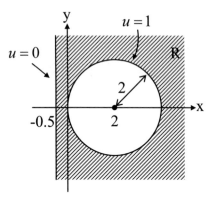

圖二十三

附錄一　習題解答

第六章

<u>6－1節</u>

1. $(4, -2, 2)$

2. $\left(\dfrac{1}{\sqrt{6}}, \dfrac{2}{\sqrt{6}}, \dfrac{1}{\sqrt{6}} \right)$

3. $x = 1 + t$

   $y = t$

   $z = 4 - 3t$

   其中 t 為實數

5. $3x - y + 4z = 4$

6. $11x - 12y + 5z = -8$

7. 面積 $= 15.9$

9. $\left(\dfrac{-2}{\sqrt{6}}, \dfrac{-1}{\sqrt{6}}, \dfrac{1}{\sqrt{6}} \right)$ 和 $\left(\dfrac{2}{\sqrt{6}}, \dfrac{1}{\sqrt{6}}, \dfrac{-1}{\sqrt{6}} \right)$

11. 10

12. (a),(b),(c)皆為錯誤

<u>6－2節</u>

1. 位置向量函數 $f(t) = (t\cos t, t\sin t, t)$ ；是。

2. 在 x-y 平面上的圓，其圓心為座標原點，半徑為 1。

3. 位置量函數 $f(\theta,\phi)=(a\sin\phi\cos\theta, a\sin\phi\sin\theta, a\cos\phi)$；是。

6－3節

1. (a) $g'(t)=(0,1,2t)$

   (b) $g'(t)=(0,-2t,1)$

4. 在原點之曲率值為 2

5. $f(t)=(\cos t,\sin t,0)$

   圓周長 $=2\pi$

6. 位置向量函數 $r(x)=(x,f(x),0)$

   最大曲率發生於 $x=\dfrac{1}{2}\ln\left(\dfrac{1}{2}\right)$。

7. $T=\dfrac{1}{\sqrt{3}}(1,1,1)$；$N=\dfrac{1}{\sqrt{2}}(0,1,-1)$；$B=\dfrac{1}{\sqrt{6}}(-2,1,1)$

8. $v(t)=\left(e^{t},1,-e^{-t}\right)$；$a(t)=\left(e^{t},0,e^{-t}\right)$

9. $a_{\mathrm{T}}=\dfrac{e^{2t}-e^{-2t}}{\sqrt{e^{2t}+1+e^{-2t}}}$，$a_{\mathrm{N}}=\dfrac{\sqrt{e^{-2t}+4+e^{2t}}}{\sqrt{e^{2t}+1+e^{-2t}}}$

10. $\theta=\dfrac{\pi}{4}$

6－4節

1. $\dfrac{e}{\sqrt{2}}(\cos 2 - \sin 2)$

2. $8\sqrt{2}$

4. (a) 向量 $(-4, -1, -6)$ 所指的方向

   (b) $\sqrt{53} \cdot e^{-7}$

5. 向量 $(40, 200, 1)$ 所指的方向

6. 切平面：$4x - 4y - z = 8$

   法線：$x = 2 + 4t$，$y = -2 - 4t$，$z = 8 - t$

   　　　其中 t 爲參數

7. 切平面：$3x - 6y + 2z = -18$

   法線：$x = -2 - t$，$y = 1 + 2t$，$z = -3 - \dfrac{2}{3}t$

   　　　其中 t 爲參數

6－5節

1. (a) 3；(b) $e^x \cos y - e^y \sin z$

2. (a) $(0, 0, 0)$；(b) $(0, 0, 0)$

6－6節

1. $\dfrac{3}{2}$

2. $\dfrac{132}{5}$

3. 質量 $=4$ ，質心座標爲 $\bar{x}=\dfrac{4}{3}$ ， $\bar{y}=\dfrac{4}{3}$ ， $\bar{z}=3$ 。

4. 0

5. $\dfrac{-1}{2\sqrt{3}}$

8. 是，潛位函數爲 $\phi(x,y,z)=e^{xyz}+yz-2x^2+\sin y$

6－7節

2. 0

3. $5\sin 2+2\cos 3-2\cos 2$

5. πab

7. 0

6－8節

1. $(0,0,\dfrac{r}{2})$

2. 8π

3. $4\pi kq$

6－9節

1. $4\pi(b-a)$

2. 0

3. 0

6－10節

1. 16π

2. 2π

第七章

7－1節

1. (a) $f(x) = \dfrac{1}{2} + \displaystyle\sum_{n=1}^{\infty} \dfrac{2\left[(-1)^n - 1\right]}{n^2\pi^2} \cos(n\pi x)$

2. (a) $f(x) = \dfrac{7}{4} + \displaystyle\sum_{n=1}^{\infty}\left[\dfrac{5\left[(-1)^n - 1\right]}{n^2\pi^2}\cos\left(\dfrac{n\pi x}{5}\right) + \dfrac{1 + 4(-1)^n}{n\pi}\sin\left(\dfrac{n\pi x}{5}\right)\right]$

(b) $f(x) = \dfrac{1}{\pi} + \dfrac{1}{2}\sin x + \dfrac{1}{\pi}\sum_{n=2}^{\infty}\dfrac{(-1)^n+1}{1-n^2}\cos nx$

(c) $f(x) = \dfrac{2\sinh\pi}{\pi}\left[\dfrac{1}{2} + \sum_{n=1}^{\infty}\dfrac{(-1)^n}{1+n^2}(\cos nx - n\sin nx)\right]$

4. $f(x) = 3 + \sum_{n=1}^{\infty}\dfrac{9}{n^2\pi^2}\sqrt{1+n^2\pi^2}\cos\left(\dfrac{2n\pi x}{3} + \tan^{-1} n\pi\right)$

7－2節

1. (a) $f(x) = \dfrac{L^2}{3} + \dfrac{4L^2}{\pi^2}\sum_{n=1}^{\infty}\dfrac{(-1)^n}{n^2}\cos\left(\dfrac{n\pi x}{L}\right)$

(b) $f(x) = \dfrac{2L^2}{\pi}\sum_{n=1}^{\infty}\left\{\dfrac{(-1)^{n+1}}{n} + \dfrac{2[(-1)^n-1]}{n^3\pi^2}\right\}\sin\left(\dfrac{n\pi x}{L}\right)$

(c) $f(x) = \dfrac{L^2}{3} + \dfrac{L^2}{\pi}\sum_{n=1}^{\infty}\left[\dfrac{1}{n^2\pi}\cos\left(\dfrac{2n\pi x}{L}\right) - \dfrac{1}{n}\sin\left(\dfrac{2n\pi x}{L}\right)\right]$

2. (a) 為奇函數

   (b),(c)和(d)為偶函數

3. $f(t) = \sum_{n=1}^{\infty}\dfrac{8}{n^2\pi^2}\sin\dfrac{n\pi}{2}\sin\dfrac{n\pi t}{L}$

4. $f(t) = \dfrac{1}{2}(e^2-1) + \sum_{n=1}^{\infty}4\dfrac{e^2(-1)^n-1}{4+n^2\pi^2}\cos(n\pi t)$

7－3節

1. $f(x) = \dfrac{-2E}{\pi} \displaystyle\sum_{n=-\infty}^{\infty} \dfrac{1}{4n^2-1} e^{i2n\omega_0 t}$ 0

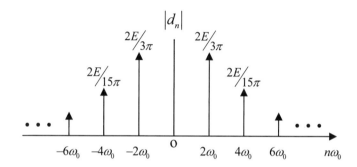

2. $\displaystyle\sum_{n=-\infty}^{\infty} |d_n|^2 = \dfrac{1}{2L} \int_{-L}^{L} f^2(t)\,dt$

3. $f(t) = \dfrac{1}{2} e^{-i\pi t} + \dfrac{1}{2} e^{i\pi t}$

$g(t) = \dfrac{i}{2} e^{-i\pi t} - \dfrac{i}{2} e^{i\pi t}$

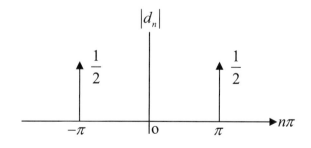

這兩個函數的振幅譜相同

7－4節

1. $f(x) = \int_0^\infty \dfrac{-2\omega\pi\cos(\omega\pi) + 2\sin(\omega\pi)}{\omega^2\pi}\sin\omega x\,dx$

2. $f(x) = \int_0^\infty \dfrac{2}{\pi(1+\omega^2)}\cos\omega x\,d\omega$

7－5節

1. $f(x)\int_0^\infty \dfrac{2k(1-\cos\omega a)}{\pi\omega}\sin\omega x\,d\omega$

2. $f(x) = \int_0^\infty e^{-\omega}\cos\omega x\,d\omega$

   $g(x) = \int_0^\infty e^{-\omega}\sin\omega x\,d\omega$

7－6節

1. (a) $\dfrac{1}{3+i\omega}$ ；(b) $\dfrac{2}{1+\omega^2}$ ；(c) $\dfrac{1}{(1+i\omega)^2}$ ；(d) $\dfrac{1}{4+\omega^2}$ ；(e) $2\pi e^{-2|\omega|}$

2. (a) $te^{-t}u(t)$ ；(b) $\begin{cases} 0 & ,t<-3 \\ \dfrac{1}{4}\left(1-e^{-2(t+3)}\right) & ,-3<t<3 \\ \dfrac{1}{4}\left(e^6 - e^{-6}\right)e^{-2t} & ,t>3 \end{cases}$ ；(c) $\dfrac{1}{20}e^{-2|t|} - \dfrac{1}{30}e^{-3|t|}$

4. 3π

6. $\left[\dfrac{1}{4}e^{-(t-1)} - \dfrac{1}{4}e^{-5(t-1)}\right]u(t-1)$

7－7節

1. $F_c(\omega) = \dfrac{1}{2}\left[\dfrac{1+\omega}{1+(1+\omega)^2} + \dfrac{1-\omega}{1+(1-\omega)^2}\right]$

   $F_s(\omega) = \dfrac{1}{2}\left[\dfrac{1}{1+(1-\omega)^2} - \dfrac{1}{1+(1+\omega)^2}\right]$

7－8節

1. $x(t) = \displaystyle\sum_{n=1}^{\infty}\left[\dfrac{4(25-n^2)}{\left[(25-n^2)^2+(0.02n)^2\right]n^2\pi}\cos nt\right.$

   $\left. + \dfrac{0.08}{\left[(25-n^2)^2+(0.02n)^2\right]n\pi}\sin nt\right]$

3. $i(t) = \displaystyle\sum_{n=1}^{\infty}\left[\dfrac{800n^2(1600\pi)^2\big/\pi(1-4n^2)}{\left[10^6-(1600\pi n)^2\right]^2+10^4(1600\pi n)^2}\cos(1600\pi nt)\right.$

   $\left. + \dfrac{-8n\cdot1600\pi\left[10^6-(1600\pi n)^2\right]\big/\pi(1-4n^2)}{\left[10^6-(1600\pi n)^2\right]^2+10^4(1600\pi n)^2}\sin(1600\pi nt)\right]$

4. $F(k) = \dfrac{1}{2i}\dfrac{1-e^{i5\sqrt{2}}}{1-e^{i\sqrt{2}-2\pi ik/5}} - \dfrac{1}{2i}\dfrac{1-e^{-i5\sqrt{2}}}{1-e^{-i\sqrt{2}-2\pi ik/5}}$

   $k = 0,1,2,3,4$

第八章

8－1節

1. $u(0,t) = u(L,t) = 0$, $t > 0$

   $u(x,0) = x(L-x)$, $0 \le t \le L$

2. $u(0,t) = u(L,t) = 0$, $t > 0$

   $u'(x,0) = \cos(\pi x / L)$, $0 \le x \le L$

3. $u(0,t) = 0$, $\dfrac{\partial u}{\partial x}(L,t) = 0$, $t > 0$

   $u(x,0) = x(L-x)$, $0 \le x \le L$

4. $u(0,t) = 50$, $\dfrac{\partial u}{\partial x}(L,t) = h\big[u(L,t)-0\big]$, $t > 0$

   $u(x,0) = f(x)$, $0 \le x \le L$

5. $u(0,y) = u(x,0) = 0$, $u(\pi,y) = 1$; $0 \le x \le \pi$, $y \ge 0$

6. $u(1,\theta) = f(\theta)$, $-\pi \le \theta < \pi$

8－2節

1. $u(x,t) = \dfrac{1}{c}\sin ct \sin x$

2. $u(x,t) = \sin x \cos(2ct) + t$

3. $u(x,t) = \displaystyle\sum_{n=1}^{\infty} a_n \sin\left(\dfrac{n\pi x}{2}\right)\cos\left(\dfrac{\sqrt{3}n\pi t}{2}\right) - \dfrac{1}{9}x^3 + \dfrac{4}{9}x$ ；其中

$$a_n = \int_0^2 \left(\frac{x^3}{9} - \frac{4}{9}x \right) \sin\left(\frac{n\pi x}{2} \right) dx$$

4. $u(x,t) = \int_0^\infty 8\sin\omega \cdot \cos\omega \frac{2\cos^2\omega - 1}{\omega^2 - \pi^2} \sin(\omega x)\cos(4\omega t)d\omega$

5. $u(x,t) = 2e^{-5|x+3t|} + 2e^{-5|x-3t|}$

8－3節

1. $u(x,t) = \sum_{n=1}^\infty \left(\frac{\int_0^L f(x)\sin(z_n\lambda/L)d\lambda}{\int_0^L \sin^2(z_n\lambda/L)d\lambda} \right) \sin\left(\frac{z_n x}{L} \right) e^{-z_n^2 kt/L^2}$

其中 z_n 爲 $\tan z = -\dfrac{1}{AL}z$ 之根。

2. $u(x,t) = \dfrac{1}{2}c_0 + \sum_{n=1}^\infty c_n \cos\left(\dfrac{n\pi x}{L} \right) e^{-n^2\pi^2 kt/L^2}$

其中 $c_n = \dfrac{2}{L}\int_0^L f(\lambda)\cos\left(\dfrac{n\pi\lambda}{L} \right)d\lambda$ ，$n = 0,1,2,\cdots$

4. $u(x,t) = e^{-2(x+t)}\dfrac{2}{\pi}\sum_{n=1}^\infty \left[\int_0^\pi e^{2\lambda}\lambda(\pi-\lambda)\sin(n\lambda)d\lambda \right] e^{-n^2 kt}\sin(nx)$

5. $u(x,t) = \dfrac{1}{2\pi}\int_{-\infty}^\infty \int_{-\infty}^\infty f(\lambda)\cos\big(\omega(\lambda - x)\big)e^{-\omega^2 kt}d\lambda d\omega$

8－4節

1. $u(x,y) = \sum_{n=1}^\infty c_n \sinh\left(\dfrac{n\pi x}{b} \right)\sin\left(\dfrac{n\pi y}{b} \right)$ 其中

$$c_n = \frac{2}{b \sinh\left(n\pi a/b\right)} \int_0^b f(y) \sin\left(\frac{n\pi y}{b}\right) dy$$

2. $u(x,y) = \dfrac{y}{\pi} \displaystyle\int_0^\infty \left(\dfrac{1}{y^2 + (\lambda - x)^2} - \dfrac{1}{y^2 + (\lambda + x)^2} \right) f(\lambda) d\lambda$

3. $u(x,y) = \displaystyle\sum_{n=1}^\infty \left(a_n e^{\frac{n\pi y}{L}} + b_n e^{-\frac{n\pi y}{L}} \right) \sin\left(\dfrac{n\pi x}{a}\right)$

其中，$a_n = \dfrac{1}{a \sinh\left(\dfrac{n\pi b}{L}\right)} \left[\displaystyle\int_0^a g(x) \sin\left(\dfrac{n\pi x}{L}\right) dx \right.$

$$\left. -e^{-\frac{n\pi b}{L}} \int_0^a f(x) \sin\left(\frac{n\pi x}{L}\right) dx \right]$$

$$b_n = \frac{1}{a \sinh\left(\dfrac{n\pi b}{L}\right)} \left[e^{\frac{n\pi b}{L}} \int_0^a f(x) \sin\left(\frac{n\pi x}{L}\right) dx \right.$$

$$\left. -\int_0^a g(x) \sin\left(\frac{n\pi x}{L}\right) dx \right]$$

4. $c_n\{f''\} = -\dfrac{n^2\pi^2}{L^2} F_c(n) - f'(0) + (-1)^n f'(L)$, $n = 1, 2, \cdots$

8－5節

1. $u(r\theta) = \dfrac{2u_0}{\pi} \displaystyle\sum_{n=1}^\infty \dfrac{1-(-1)^n}{n} \left(\dfrac{r}{R}\right)^n \sin n\theta$

2. $u(r,\theta) = A_0 \ln\left(\dfrac{r}{b}\right) + \displaystyle\sum_{n=1}^\infty \left[\left(\dfrac{b}{r}\right)^n - \left(\dfrac{r}{b}\right)^n \right] \left[A_n \cos n\theta + B_n \sin n\theta \right]$

其中，$A_0 = \dfrac{1}{2\pi \ln\left(\frac{a}{b}\right)} \displaystyle\int_0^{2\pi} f(\theta)d\theta$

$$A_n = \frac{1}{\left[\left(\frac{b}{a}\right)^n - \left(\frac{a}{b}\right)^n\right]\pi} \int_0^{2\pi} f(\theta)\cos n\theta d\theta$$

$$B_n = \frac{1}{\left[\left(\frac{b}{a}\right)^n - \left(\frac{a}{b}\right)^n\right]\pi} \int_0^{2\pi} f(\theta)\sin n\theta d\theta$$

3. $u(r) = \dfrac{V}{\ln\left(\frac{r_2}{r_1}\right)} \ln\left(\dfrac{r}{r_1}\right)$

4. $u(r) = \dfrac{V r_1 r_2}{r_2 - r_1}\left(\dfrac{1}{r} - \dfrac{1}{r_2}\right)$

第九章

9－1節

1. (a)i ；(b)$\dfrac{3}{2} - \dfrac{1}{2}i$ ；(c)$-2 + 2i$

2. (a) $\left(\sqrt{2}\right)^9 e^{i\frac{9\pi}{4}}$

   (b) $2^{-10} e^{i\frac{5\pi}{4}}$

3. $\cos 2\theta = \cos^2\theta - \sin^2\theta$

$$\sin 2\theta = 2\sin\theta\cos\theta$$

4. (a) $-\dfrac{\pi}{2}$; (b) $\dfrac{\pi}{4}$

7. (a) $8^{\frac{1}{3}}$, $8^{\frac{1}{3}}e^{i\frac{2\pi}{3}}$, $8^{\frac{1}{3}}e^{i\frac{4\pi}{3}}$

   (b) $2^{\frac{1}{8}}e^{i\frac{\pi}{16}}$, $2^{\frac{1}{8}}e^{i\frac{9\pi}{16}}$, $2^{\frac{1}{8}}e^{i\frac{17\pi}{16}}$

8. (a) 第一象限

   (b) $x^2 - y^2 = \dfrac{1}{2}$

9－2節

1. (a) $f(z) = \dfrac{x^2 + y^2 + x}{(x+1)^2 + y^2} + i\dfrac{y}{(x+1)^2 + y^2}$

   (b) $f(z) = x^2 + 2y^2 + ix$

2. (a) $2i$; (b) $4\sqrt{2}\,e^{i\frac{5\pi}{4}}$

3. (a) $f'(z) = 6(z^2 + i)^2 z$

   (b) $f'(z) = \dfrac{i-3}{(3z+i)^2}$

6. $f'(z) = e^x\cos y + ie^x\sin y$

7. (a) $v(x,y) = y + c$; (b) $v(x,y) = 2\tan^{-1}\dfrac{y}{x} + c$

8. (a) i ; (b) $2i$ 和 $-2i$

9－3節

3. (a) $\dfrac{1}{2}+i\dfrac{\sqrt{3}}{2}$ ；(b) $e\cos 1-ie\sin 1$

4. (a) $z=i(2n+1)\pi$，n 為所有整數

   (b) $z=i\left(2n\pm\dfrac{1}{3}\right)\pi$，$n$ 為所有整數

   (c) $z=2n\pi+i\cosh^{-1}(2)$，n 為所有整數

   (d) $z=n\pi+i\ln\left(\sqrt{2}-(-1)^{n}\right)$，$n$ 為所有整數

5. (a) $\sqrt{2}e^{\left(2n-\frac{1}{4}\right)\pi}\left[\cos\left(\dfrac{\pi}{4}+\ln\sqrt{2}\right)-i\sin\left(\dfrac{\pi}{4}+\ln\sqrt{2}\right)\right]$

   (b) $\cos\left(\dfrac{\ln 2}{\pi}\right)+i\sin\left(\dfrac{\ln 2}{\pi}\right)$

   (c) $\dfrac{1}{2}\left(e+e^{-1}\right)$

   (d) $\cos 1\cdot\cosh(1)-i\sin 1\cdot\sinh(1)$

   (e) $\cos 1$

   (f) i

9－4節

1. (a) $-\dfrac{1}{2}+\dfrac{1}{2}i$

   (b) 0

(c) πi

2. (a) $\oint_C \frac{dz}{(z-z_0)^n} = \begin{cases} 2\pi i, & n=1 \\ 0, & n\text{為}1\text{除外的正整數} \end{cases}$

(b) $2\pi i$

(c) $-\pi(1+i)$

3. (a) 0

(b) $-0.9056+1.77i$

(c) $11.49+0.97i$

4. (a) $-2\pi i$

(b) $48\pi i$

(c) $\frac{\pi}{3}\sinh(1)+i\frac{\pi}{3}\cosh(1)$

9－5節

1. (a)發散；(b)收斂；(c)發散

2. (a)發散；(b)收斂，其值為 $\frac{-1}{5}+\frac{2}{5}i$；(c)收斂，其值為 $-i$

3. (a) $|z-1|=2$，$R=2$

(b) $|z+i|=\sqrt{2}$，$R=\sqrt{2}$

4. (a) $\sum_{n=1}^{\infty}(-1)^{n+1}nz^{n-1}$；$R=1$

(b) $1+\sum_{n=1}^{\infty}\frac{(-1)^n 2^{2n-1}}{(2n)!}z^{2n}$; $R=\infty$

(c) $\sum_{n=0}^{\infty}\left(\frac{1+i}{2i^n}+\frac{(-1+i)(-1)^n}{2}\right)z^n$; $R=1$

5. (a) $\sum_{n=0}^{\infty}\frac{(-1)^n}{(1+i)^{n+1}}(z-1)^n$; $|z-1|<\sqrt{2}$

(b) $\sum_{n=0}^{\infty}\frac{1}{2}\left[\frac{(-1)^n}{(1+2i)^{n+1}}+(-1)^n\right](z-1-i)^n$; $|z-1-i|<1$

7. (a) $-\frac{1}{3z}-\frac{1}{3^2}-\frac{z}{3^3}-\frac{z^2}{3^4}-\cdots$

(b) $\frac{1}{3(z-3)}-\frac{1}{3^2}+\frac{z-3}{3^3}-\frac{(z-3)^2}{3^4}+\cdots$

(c) $\cdots-\frac{1}{3(z-4)^2}+\frac{1}{3(z-4)}-\frac{1}{12}+\frac{z-4}{3\cdot4^2}-\cdots$

9－6節

4. (a) $-i$ 為二階零點。

(b) $n\pi$, n 為所有整數，為二階零點。

(c) $2n\pi i$, n 為所有整數，為單零點。

5. (a) $(2n+1)\pi/2$, n 為所有整數，為單極點。

(b) 1 , $\frac{1+\sqrt{3}i}{2}$ 和 $\frac{1-\sqrt{3}i}{2}$ 均為單極點。

9－7節

1. (a) $\operatorname{Res}(f(z),2i)=1-\dfrac{3}{2}i$

    $\operatorname{Res}(f(z),-2i)=1+\dfrac{3}{2}i$

    (b) $\operatorname{Res}(f(z),3)=\dfrac{1}{4}$, $\operatorname{Res}(f(z),1)=\dfrac{-1}{4}$

    (c) $\operatorname{Res}(f(z),0)=-\dfrac{3}{\pi^4}$, $\operatorname{Res}(f(z),\pi)=\dfrac{\pi^2-6}{2\pi^4}$

2. (a) $-4\pi i$; (b) $2\pi i \cosh 1$; (c) πi

3. (a) $\dfrac{\pi}{\sqrt{3}}$; (b) $\dfrac{\pi}{6}$; (c) $\dfrac{\pi}{2}$; (d) πe^{-3} ;

    (e) $\dfrac{a\pi}{\left(\sqrt{a^2-1}\right)^3}$; (f) $\dfrac{2\pi}{b^2}\left(a-\sqrt{a^2-b^2}\right)$

9－8節

1. (a) $v=2$ 的直線

    (b) $v=1$ 的直線

    (c) 第四象限

    (d) $0\le \operatorname{Arg}\omega\le \dfrac{3\pi}{4}$ 之扇形區域

2. (a) $z=n\pi$ 除外的所有點

    (b) $z=\pi i\pm 2n\pi i$ 除外的所有點

    (c) $z=\pm 1$ 除外的所有點

（以上的 n 為任意整數）

3. (a) $u = \dfrac{1}{\pi} \mathrm{Arg}(z^4)$ 或 $u(r,\theta) = \dfrac{4\theta}{\pi}$

   (b) $u = \dfrac{1}{\pi} \mathrm{Arg}(i\dfrac{1-z}{1+z}) = \dfrac{1}{\pi} \tan^{-1}\left(\dfrac{1-x^2-y^2}{2y}\right)$

4. (a) $|z| < 1$ 經映射後的區域為 $u < -\dfrac{1}{2}$ ；

   $|z| < 2$ 經映射後的區域為 $|\omega - 2| > 2$ 。

   (b) $u = \dfrac{1}{\ln z} \ln \left|\dfrac{z+2}{z-1}\right|$ 。

   等位線 (level curve) 為 $|\omega| = r$ ，$1 < r < 2$ 。

附錄二　微分和積分公式

一、微分公式

下列各式中，f 和 g 均為 x 的函數且為可微分，c 為常數。

A、基本微分公式

$$\left(cf\right)' = cf'$$

$$\left(f \pm g\right)' = f' \pm g'$$

$$\left(fg\right)' = f'g + fg'$$

$$\left(\frac{f}{g}\right)' = \frac{f'g - fg'}{g^2}$$

若 $y = f\left(g\left(x\right)\right)$，則 $y'\left(x\right) = f'\left(g\left(x\right)\right)g'\left(x\right)$

$$\frac{d}{dx}c = 0$$

$$\frac{d}{dx}\left(x^n\right) = nx^{n-1}$$

B、三角函數的微分公式

$$\left(\sin x\right)' = \cos x$$

$$\left(\cos x\right)' = -\sin x$$

$$\left(\tan x\right)' = \sec^2 x$$

$$\left(\csc x\right)' = -\csc x \bullet \cot x$$

$$\left(\sec x\right)' = \sec x \bullet \tan x$$

$$\left(\cot x\right)' = -\csc^2 x$$

C、反三角函數的微分公式

$$\left(\sec^{-1} x\right)' = \frac{1}{\sqrt{1-x^2}}$$

$$\left(\cos^{-1} x\right)' = \frac{-1}{\sqrt{1-x^2}}$$

$$\left(\tan^{-1} x\right)' = \frac{1}{1+x^2}$$

$$\left(\cot^{-1} x\right)' = \frac{-1}{1+x^2}$$

$$\left(\sec^{-1} x\right)' = \frac{1}{|x|\sqrt{x^2-1}}$$

$$\left(\csc^{-1} x\right)' = \frac{-1}{|x|\sqrt{x^2-1}}$$

D、指數和對數函數的微分公式

$$\left(e^x\right)' = e^x$$

$$\left(\ln x\right)' = \frac{1}{x}$$

E、**hyperbolic** 函數的微分公式

$$\left(\sinh x\right)' = \cosh x$$

$$\left(\cosh x\right)' = \sinh x$$

$$\left(\tanh x\right)' = \text{sech}^2 x$$

$$\left(\coth x\right)' = -\csc h^2 x$$

$$\left(\text{sech}\, x\right)' = -\text{sech}\, x \cdot \tanh x$$

$$\left(\text{csch}\, x\right)' = -\text{csch}\, x \cdot \coth x$$

F、hyperbolic 逆函數的微分公式

$$\left(\sinh^{-1} x\right)' = \frac{1}{\sqrt{1+x^2}}$$

$$\left(\cosh^{-1} x\right)' = \frac{1}{\sqrt{x^2-1}}$$

$$\left(\tanh^{-1} x\right)' = \frac{1}{1-x^2}$$

$$\left(\coth^{-1} x\right)' = \frac{1}{1-x^2}$$

$$\left(\text{sech}^{-1} x\right)' = \frac{-1}{x\sqrt{1-x^2}}$$

$$\left(\text{csch}^{-1} x\right)' = \frac{-1}{|x|\sqrt{x^2+1}}$$

二、積分公式

下列各式中，u 和 v 均為 x 的函數，a，b 和 c 均為常數。

1、$\int u\,dv = uv - \int v\,du$

2、$\int u^n dv = \dfrac{1}{n+1} u^{n+1} + c$，$n \neq -1$

3、$\int \dfrac{du}{u} = \ln|u| + c$

4、$\int e^u du = e^u + c$

5、$\int a^u du = \dfrac{1}{\ln a} a^u + c$

6、$\int \sin u\, du = -\cos u + c$

7、$\int \cos u\, du = \sin u + c$

8、$\int \sec^2 u\, du = \tan u + c$

9、$\int \csc^2 u\, du = -\cot u + c$

10、$\int \sec u \cdot \tan u\, du = \sec u + c$

11、$\int \csc u \cdot \cot u\, du = -\csc u + c$

12、$\int \tan u\, du = \ln|\sec u| + c$

13、$\int \cot u\, du = \ln|\sin u| + c$

14、$\int \sec u\, du = \ln|\sec u + \tan u| + c$

15、$\int \csc u\, du = \ln|\csc u - \cot u| + c$

16、$\int \dfrac{du}{\sqrt{a^2 - u^2}}\, du = \sin^{-1} \dfrac{u}{a} + c$

$17 \cdot \int \dfrac{du}{a^2+u^2}\,du = \dfrac{1}{a}\tan^{-1}\dfrac{u}{a}+c$

$18 \cdot \int \dfrac{du}{u\sqrt{u^2-a^2}}\,du = \dfrac{1}{a}\sec^{-1}\dfrac{u}{a}+c$

$19 \cdot \int \dfrac{du}{a^2-u^2}\,du = \dfrac{1}{2a}\ln\left|\dfrac{u+a}{u-a}\right|+c$

$20 \cdot \int e^{au}\sin bu\,du = \dfrac{e^{au}}{a^2+b^2}\left(a\sin bu - b\cos bu\right)+c$

$21 \cdot \int e^{au}\cos bu\,du = \dfrac{e^{au}}{a^2+b^2}\left(a\cos bu + b\sin bu\right)+c$

$22 \cdot \int \ln u\,du = u\ln u - u + c$

$23 \cdot \int u^n \ln u\,du = \dfrac{u^{n+1}}{(n+1)^2}\left[(n+1)\ln u - 1\right]+c$

$24 \cdot \int \dfrac{1}{u\ln u}\,du = \ln\left|\ln u\right|+c$

附錄三　常用三角函數公式

1、 $\sin^2 x + \cos^2 x = 1$

2、 $\tan^2 x + 1 = \sec^2 x$

3、 $\cot^2 x + 1 = \csc^2 x$

4、 $\sin(-x) = -\sin x$

5、 $\cos(-x) = \cos x$

6、 $\sin(x+y) = \sin x \cdot \cos y + \cos x \cdot \sin y$

7、 $\cos(x+y) = \cos x \cdot \cos y - \sin x \cdot \sin y$

8、 $\tan(x+y) = \dfrac{\tan x + \tan y}{1 - \tan x \cdot \tan y}$

9、 $\sin(2x) = 2\sin x \cdot \cos x$

10、 $\cos(2x) = \cos^2 x - \sin^2 x$

11、 $\sin x \cdot \cos y = \dfrac{1}{2}\left[\sin(x+y) + \sin(x-y)\right]$

12、 $\cos x \cdot \cos y = \dfrac{1}{2}\left[\cos(x+y) + \cos(x-y)\right]$

13、 $\sin x \cdot \sin y = \dfrac{1}{2}\left[\cos(x-y) - \cos(x+y)\right]$

14、尤拉公式： $e^{ix} = \cos x + i\sin x$

家圖書館出版品預行編目資料

工程數學=Engineering mathematics／洪賢昇
　編著. -- 初版. -- 臺北市 : 五南, 2006-
　2007[民95-96]
　　冊；　公分.

SBN 978-957-11-4383-5 (上冊：平裝)
SBN 978-957-11-4626-3 (下冊：平裝)

　1. 工程數學

40.11　　　　　　　　　95014607

5BB6

工程數學(下)
Engineering Mathematics

編　　著 ― 洪賢昇(167.2)

發 行 人 ― 楊榮川

總 經 理 ― 楊士清

主　　編 ― 王者香

責任編輯 ― 許子萱

封面設計 ― 莫美龍

出 版 者 ― 五南圖書出版股份有限公司

地　　址：106台北市大安區和平東路二段339號4樓

電　　話：(02)2705-5066　傳　　真：(02)2706-6100

網　　址：http://www.wunan.com.tw

電子郵件：wunan@wunan.com.tw

劃撥帳號：01068953

戶　　名：五南圖書出版股份有限公司

法律顧問　林勝安律師事務所　林勝安律師

出版日期　2007年1月初版一刷
　　　　　2018年4月初版二刷

定　　價　新臺幣490元